普通高等院校教材

概念力学系列丛书

概念生物力学

CONCEPTUAL BIOMECHANICS

胡 列著

哈爾濱工業大學出版社

内容简介

本书旨在为读者提供一个全面和综合的视角，从应用导向方面去解读生物力学的基本概念、原理及其应用，并深入探讨生物力学与其他学科，如基因学、神经科学、人工智能等的交叉融合。从前沿研究与通识教育的视角，帮助读者建立综合性的视野和思维方式，并全面展望生物力学的发展方向和面临的挑战。本书从生物力学的基本理论开始，探索了生物分子力学、细胞力学、组织力学、生物流体力学、运动生物力学、生物材料力学、生物力学在医疗器械设计、运动伤害预防与康复、人体力学、人工智能和机器人技术，以及航空航天中的应用，从而使读者能够全方位地理解生物力学的多个维度。

图书在版编目（CIP）数据

概念生物力学 / 胡列著. —哈尔滨：哈尔滨工业大学出版社，2025. 7——（概念力学系列丛书）
ISBN 978-7-5767-1482-1

Ⅰ.Q66

中国国家版本馆CIP数据核字第2024A4J328号

概念生物力学

GAINIAN SHENGWU LIXUE

策划编辑　李艳文　范业婷
责任编辑　张　颖
出版发行　哈尔滨工业大学出版社
社　　址　哈尔滨市南岗区复华四道街10号　邮编 150006
传　　真　0451-86414749
网　　址　http://hitpress.hit.edu.cn
印　　刷　哈尔滨市石桥印务有限公司
开　　本　787毫米×1 092毫米　1/16　印张 16　字数 345 千字
版　　次　2025年7月第1版　2025年7月第1次印刷
书　　号　ISBN 978-7-5767-1482-1
定　　价　76.00 元

作者简介

胡列，博士，教授，1963年出生，毕业于西北工业大学，1993年初获工学博士学位，师从中国航空学会原理事长、著名教育家季文美大师。现任西安理工大学高科学院董事长，西安高新科技职业学院董事长。

胡列博士先后被中央电视台《东方之子》栏目特别报道，荣登《人民画报》封面，被评为“陕西省十大杰出青年”“陕西省红旗人物”“中国十大民办教育家”“中国民办高校十大杰出人物”“中国民办大学十大教育领袖”“影响中国民办教育界十大领军人物”“改革开放30年中国民办教育30名人”“改革开放40年引领陕西教育改革发展功勋人物”等，被众多大型媒体誉为创新教育理念最杰出的教育家之一。

胡列博士先后发表上百篇论文和著作，近年分别在西安交通大学出版社、华中科技大学出版社、哈尔滨工业大学出版社、清华大学出版社、人民日报出版社、未来出版社等出版的专著和教材见下表。

复合人才培养系列丛书：

高新科技中的高等数学
高新科技中的计算机技术
大学生专业知识与就业前景
制造新纪元：智能制造与数字化技术的前沿
仿真技术全景：跨学科视角下的理论与实践创新
艺术欣赏与现代科技
科技驱动的行业革新：企业管理与财务的新视角
实践与认证全解析：计算机－工程－财经
在线教育技术与创新
完整大学生活实践与教育管理创新
大学生心理健康与全面发展

科教探索系列丛书：

科技赋能大学的未来
科技与思想的交融
未来科技与大学生学科知识演进
未来行业中的数据素养与职场决策支持
跨学科驱动的技能创新与实践
大学生复杂问题分析与系统思维应用
古代觉醒：时空交汇与数字绘画的融合
思维永生
时空中的心灵体验
新工科时代跨学科创新
智能时代教育理论体系创新
创新成长链：从启蒙到卓越

概念力学系列丛书：

概念力学导论
概念机械力学
概念建筑力学
概念流体力学
概念生物力学
概念地球力学
概念复合材料力学
概念力学仿真

实践数学系列丛书：

科技应用实践数学
土木工程实践数学
机械制造工程实践数学
信息科学与工程实践数学
经济与管理工程实践数学

未来科教探索系列丛书：

大学生计算机与电子创新创业实践
大学生智能机械创新创业实践
大学物理应用与实践
大学生现代土木工程创新创业实践
建筑信息化演变：CAD－BIM－PMS融合实践
创新思维与创造实践
大学生人文素养与科技创新
我与女儿一同成长
智能时代的数据科学实践

“概念力学系列丛书”序一

力学作为自然科学与工程技术的基石，具有广泛而深远的影响力。“概念力学系列丛书”以其深入的理论剖析和广泛的实际应用，开创了力学教育与科研的新篇章。这套丛书覆盖了力学的多个重要分支，系统性地展现了力学在当代科学和工程中的关键作用，并为未来力学的应用与研究指明了方向。

本系列包括八部著作：《概念力学导论》为整个系列奠定了坚实的理论基础，涵盖了传统力学与新兴学科的广泛交叉，是学习力学的理想起点；《概念机械力学》则深入探讨了机械力学的基本原理与工程实践，从产品设计到制造工艺，涵盖了机械工程的核心内容；《概念建筑力学》带领读者探索建筑结构中的力学原理，结合实际工程案例，展示了如何通过力学分析优化建筑设计；《概念流体力学》以流体力学为核心，揭示了流体在自然界和工程领域中的复杂行为，从微观流动到宏观动力学，均有详尽探讨。

与此同时，《概念生物力学》突破了传统力学的范畴，揭示了力学在生物系统中的作用，如医学、运动与生物工程等领域的应用；《概念地球力学》通过对地球内部和表面力学的解析，展示了地质灾害、资源开发等领域的力学研究成果；《概念复合材料力学》专注于复合材料在航空航天、汽车等高科技领域的应用，探讨了复合材料的力学性能与设计原则；最后，《概念力学仿真》深入探讨了仿真技术在工程分析中的关键作用，帮助读者掌握利用计算机模拟复杂力学系统的现代方法。

胡列博士凭借其深厚的学术积淀与丰富的教学经验，精心撰写了这套丛书，为力学的教学和研究提供了坚实的基础和广泛的视野。这套丛书不仅仅是力学知识的传递者，更是创新思维的启发者。通过理论与实践的紧密结合，本丛书为学生和研究者提供了宝贵的学习资源，帮助他们将力学理论应用于解决实际工程问题。

此外，本套丛书特别关注新兴力学领域的前沿发展，如智能力学、仿真力学、纳米力学等，展示了力学如何在现代科技的快速发展中继续发挥核心作用。胡列博士以其卓越的学术视野和对力学教育的深刻理解，将这一系列著作打造为力学教育和科研创新的重要里程碑。

我相信，“概念力学系列丛书”不仅会为力学学科的教学和研究注入新的活力，也将为培养具备跨学科视野和创新能力的复合型人才提供坚实的理论与实践支持。这套丛书的出版，将在未来的科学研究与工程实践中发挥重要作用。

中国工程院院士

2024年12月

“概念力学系列丛书”序二

在力学领域，理论与实践的结合始终是推动科学进步和技术创新的核心动力。胡列博士所著的“概念力学系列丛书”正是这种结合的生动体现，为力学教育与科研领域的发展做出贡献。这套丛书不仅传承了经典力学的核心原理，还在现代科学技术发展的背景下，系统地展现了力学在多学科交叉中的应用和创新。

“概念力学系列丛书”涵盖了多个力学分支，如机械、建筑、流体、生物、地球、复合材料力学等，涉及力学在现代工程、医学、地质、航空航天等多个领域的实际应用。这些著作不仅为读者提供了理论基础，更通过精心挑选的案例的分析和工程应用，帮助读者将理论知识应用于实际问题的解决。正如胡列博士所强调的，力学不仅仅是抽象的学科，它更是推动各行各业向前发展的基础工具，特别是在创新科技与工程设计领域，力学的应用无处不在。

胡列博士通过这套丛书，推动了力学教育模式的革新，倡导以实践为导向、融合多学科知识的教学理念。这不仅适用于高校的专业教学，还为力学领域的科研工作者和工程技术人员提供了丰富的参考资源。书中所涵盖的实际案例和技术应用，不仅能加深读者对力学原理的理解，也能提高他们解决实际问题的能力。

该丛书难能可贵的是还强调了新兴领域中的研究方向，如智能力学、量子力学、仿真力学等新技术的发展趋势。这种前瞻性视角为当今力学教育和科研注入了新的活力，为读者提供了跨学科的思维方法和实践路径，展示了如何通过跨学科的学习与创新培养新一代工程人才。

“概念力学系列丛书”是一套优秀的教材，是一套探索力学教育与科研创新的重要著作。我相信，随着这套丛书的出版，它将在力学学科的教育和科研领域产生重要的影响，为力学教育的未来发展提供宝贵的参考。

中国工程院院士

2024年11月

序

《概念生物力学》是一部具有创新性、全面性和实用性的学术著作，它以独特的视角展示了生物力学学科的深度与广度。作为现代科学与技术不可或缺的学科，生物力学在医学、运动科学、生物工程及人工智能等众多前沿领域都扮演着关键角色。本书不仅介绍了生物力学的基础理论，还深入探讨了其在实际应用中的广泛性与重要性。

本书特别注重理论与实践的结合，以生动的案例分析与应用场景为读者提供了真实的学习体验。通过对生物力学在医疗设备设计、康复治疗、运动分析及生物材料中的应用，读者不仅可以掌握基础理论，还能够运用这些知识解决现实世界中的复杂问题。将力学概念融入现实体会中，通俗易懂，引人入胜，兴趣盎然。这种应用导向的写作方式，使得本书不仅适合于高等教育中的教学使用，也为研究人员和工程技术人员提供了宝贵的参考。

同时，本书也关注生物力学与其他学科的交叉融合，尤其是在基因学、神经科学和人工智能等领域的应用。这种跨学科的视角，展示了生物力学未来的发展方向，为进一步推动科学研究和技术创新奠定了坚实的基础。

我相信，《概念生物力学》不仅是一部重要的学术参考书，更是生物力学教育和研究领域的一部力作。它将为从事相关研究与应用的读者提供全新的视角与丰富的知识储备，推动生物力学学科的进一步发展。

中国工程院院士

2024年12月

前　言

欢迎阅读《概念生物力学》。本书的目标是使读者通过一个全面和综合的视角去解读生物力学的基本概念、原理及其应用，并深入探讨其与其他学科如基因学、神经科学、人工智能等的交叉融合。同时，我们结合前沿研究与通识教育的视角，以帮助读者建立综合性的视野和思维方式，并全面展望生物力学的未来发展与挑战。

全面性是本书的基础。本书从生物力学的基本理论开始，探索了生物分子力学、细胞力学、组织力学、生物流体力学、运动生物力学、生物材料力学、生物力学在医疗器械设计、运动伤害预防与康复、人体力学、人工智能和机器人技术，以及航空航天中的应用，这种全面的视角使读者能够全方位地理解生物力学的多个维度。

应用导向是本书的核心。本书强调生物力学理论在实际应用中的价值，不仅讲解理论和原则，同时也展示如何将这些理论应用到实际问题的解决上，包括在医疗器械设计、运动伤害预防与康复、人工智能和机器人技术，以及航空航天等领域。

综合性是本书的特色。本书致力于打破学科壁垒，将生物力学与其他学科如基因学、神经科学、人工智能等领域的知识进行交叉融合，涵盖了理论、实验和计算模拟等方面，帮助读者建立一个宽广的知识视野和全面的思维方式。

本书着重强调前沿研究与通识教育的结合，不仅深入探讨了生物力学的未来发展和挑战，还详细介绍了新兴领域和前沿技术的应用。另外，本书旨在帮助读者理解生物力学与日常生活、社会和环境的紧密联系，以及其在解决人类面临的重大问题中的重要作用。

无论是学生、研究人员还是专业从业人员，《概念生物力学》这本全面、应用导向、综合的参考书都将成为您理解和应用生物力学知识的宝贵资源。期待您在阅读这本书的过程中，探索生物力学的奥秘，发现与其他学科的交叉融合，建立起全面的视野和思维方式，为推动科学技术进步、提高人类健康和生活质量做出自己的贡献。

另外，本书撰写过程中任佳春和杨谌参与了部分图片的修订，致谢！

胡列

2024年3月

目　录

第 1 章　引言

1.1　生物力学的定义及其重要性

1.1.1　生物力学的定义

生物力学是生物医学工程学的一个分支，它运用物理学的原理，特别是力学来解释生物体在各种环境和条件下的行为和功能。它涵盖了从生物分子到整个生物体的各个尺度。生物力学可以帮助人们理解和预测生物体如何与外部力交互，包括但不限于肌肉骨骼系统的动态、心血管系统的流体动力学，以及细胞和分子力学等。

生物力学在医学、生物学、工程学、运动科学等许多领域都有广泛的应用。例如，在医学中，生物力学的应用可以帮助人们设计更有效的假肢，理解和预测疾病的发展，如骨质疏松症、动脉粥样硬化等，以及提供手术和物理治疗等治疗策略。在运动科学中，生物力学可以帮助人们优化运动员的训练方法，提高运动表现并减少运动伤害。

1.1.2　生物力学的重要性

生物力学是一个十分重要的研究领域，其影响和价值在许多方面得到体现。

(1) 医疗领域：生物力学为理解多种疾病(如关节炎、心血管疾病等)的发生、发展和预防提供了基础。此外，生物力学也被用于设计和优化医疗装置，如假肢、矫形器和生物兼容性的植入物。在疾病治疗方面，生物力学也在手术计划和康复治疗中起到重要的作用。

(2) 运动科学：生物力学能够帮助人们更好地理解人体运动的机制，从而优化运动员的表现，提高效率，减少伤害，并提供更有效的康复训练策略。

(3) 生物学研究：生物力学有助于人们理解生物系统的运作，例如，理解动物如何运动和适应其环境，以及细胞如何响应力的变化等。这些理解能够为生物进化、生物体设计提供研究基础。

(4) 人类工程学和设计：生物力学在人体工程学中的应用可以帮助人们设计出更加人性化的产品和环境，以适应人体的生物力学特性，比如更舒适的家具、更有效的工具和更安全的车辆等。

(5) 人工智能和机器人技术：通过对生物力学的研究，可以在设计高效、灵活的机器人和人工智能系统方面获取灵感，从而使这些技术更接近自然生物的运动效率和适应性。

因此，生物力学是一个跨学科的领域，它在提高人们的生活质量、优化运动表现、改善康复过程、提高工作环境安全性、理解生命现象等许多方面都起到了关键性的作用。

1.2 生物力学的历史发展及现状

1.2.1 生物力学的历史发展

生物力学作为一门学科，具有悠久的历史发展。以下是生物力学发展历史中的一些重要里程碑和阶段。

(1) 古代时期：早期的生物力学思想可以追溯到古代文明时期，例如古希腊的亚里士多德和古罗马的维特鲁威等学者，他们对动物运动和力学原理进行了初步的探索和描述。

(2) 文艺复兴时期：在文艺复兴时期，达芬奇等艺术家和科学家开始对人体解剖学和机械原理进行深入研究，奠定了生物力学研究的基础。

(3) 运动科学的兴起：随着现代运动科学的发展，生物力学开始在运动和运动技能领域得到应用。20世纪初，人们开始利用生物力学原理解释运动的基本原理，并应用于运动和训练优化中。

(4) 计算机技术的进步：随着计算机技术的飞速发展，生物力学研究方法得到了极大的改进。计算机模拟和仿真技术的引入，使得人们能够更准确地模拟和分析人体运动以及生物系统的力学行为。

(5) 跨学科融合：近年来，生物力学与其他学科的交叉融合日益加深，如生物工程、材料科学、医学和人工智能等领域的发展为生物力学研究提供了新的视角和机会。

生物力学的历史发展见证了人类对于理解和解释生物系统力学行为的不断努力。随着科技的进步和学科的融合，生物力学将继续为人类的健康、运动和技术创新提供重要的支持和指导。

1.2.2 生物力学的现状

生物力学作为一门跨学科的学科，目前正处于快速发展和不断演变的阶段。以下是生物力学发展现状的几个重要方面。

(1) 跨学科合作：生物力学的研究越来越多地涉及不同学科领域之间的合作，如工程学、医学、生物学和计算机科学等。这种跨学科合作促进了知识和技术的交流，推动了生物力学研究的发展。

(2) 技术进步：随着科学技术的不断进步，生物力学研究受益于各种先进的测量和分析工具。高精度的运动捕捉系统、力学测量设备、成像技术和计算机模拟方法等为研究人员提供了更全面和精确的数据，有助于深入理解生物系统的力学行为。

(3) 应用领域的拓展：生物力学的应用领域不断扩展。除了传统的运动科学和医学领域，生物力学也在康复工程、人体工程学、生物材料和健康技术等方面发挥重要作用。生物力学的研究成果直接应用于改善人类健康、优化运动表现、设计人机界面和提升生活质量等方面。

(4) 数据驱动的研究方法：随着大数据和人工智能技术的兴起，生物力学研究越来越多地依赖于数据驱动的方法。通过收集和分析大量的生物力学数据，研究人员可以发现规律、识别关键因素，并提供个性化的解决方案。

(5) 可视化和交互性的发展：随着计算机图形学和虚拟现实技术的发展，生物力学研究越来越注重可视化和交互性。这种发展使得研究人员能够更直观地观察和分析生物力学数据，进一步加深对生物系统行为的理解。

生物力学的现状充满着挑战和机遇，随着科学技术的进步和跨学科合作的加强，可以预见生物力学将在医学、工程和科学领域继续发挥重要作用，为人类的健康、运动和技术创新做出更大的贡献。

1.3 本书的目的与结构

1.3.1 本书的目的

本书的目的是介绍生物力学的基本概念、原理和应用，并探讨其在不同领域的重要性和应用前景。通过本书的阅读，读者将能够了解生物力学的核心概念、理论和方法，并掌握如何将生物力学应用于运动、医疗器械、航空航天等领域中的问题解决和创新设计中。

本书旨在为读者提供以下内容：

(1) 生物力学的基本概念和定义，包括力学原理、力的作用、力学模型等。

(2) 运动生物力学的基本概念和原理，包括力和运动的关系、运动优化等。

(3) 生物材料的基本概念和性质，以及生物力学与生物材料的关系。

(4) 生物力学在医疗器械设计中的应用，包括力学分析、生物材料力学等。

(5) 生物力学在运动伤害预防和康复中的应用，包括运动技术优化、训练方法优化和康复器械设计等。

(6) 生物力学在航空航天中的应用，包括航空和航天领域的生物力学需求、研究方法和技术等。

(7) 生物力学的未来发展方向和面临的挑战，包括新兴领域、技术推动和理论实践差距等。

通过对这些内容的学习，读者将能够深入理解生物力学的原理和应用，并在相关领域中应用生物力学知识解决问题、改进设计和推动创新。本书旨在为学生、研究人员和专业从业人员提供一本全面而实用的参考书。

1.3.2 本书的结构与特点

本书的结构与特点如下。

1. 结构

本书分为多个章节，每个章节涵盖了生物力学的特定主题和应用领域。章节之间有逻辑性和连贯性，构建了一个完整的知识框架。

2. 特点

(1) 全面性：本书涵盖了生物力学的多个方面，包括组织力学、生物流体力学、运动生物力学、人体力学等。这些方面相互补充，形成了对生物力学的全面认识。

(2) 应用导向：本书强调生物力学的应用价值和实际应用。每个章节都包含案例分析，介绍了生物力学在不同领域中的具体应用，如医疗器械设计、运动伤害预防和康复、航空航天等。

(3) 案例研究：每个章节都包含实际案例，以帮助读者更好地理解和应用生物力学知识。这些案例涉及真实的问题和挑战，展示了生物力学在解决实际问题中的作用。

(4) 综合性：本书整合了生物力学不同领域和专业的知识，涵盖了理论、试验和计算模拟等方面内容。读者可以全面地了解生物力学的多个方面，并灵活运用相关知识。

(5) 未来展望：本书还关注生物力学的未来发展方向和面临的挑战，探讨了新兴领域和前沿技术的应用，为读者提供了对未来生物力学研究和应用的展望。

综上所述，本书强调应用导向和案例研究，适用于学生、研究人员和专业从业人员，既可以作为学习参考，也可以作为实际工作中的指南。

1.4 应用综述

1.4.1 生物力学在人体运动研究中的应用

生物力学在人体运动研究中发挥着重要作用，通过测量和分析人体运动的力学特征，可以深入了解人体的运动机制、优化运动表现并改善训练方法(图1.1)。关于生物力学在人体运动研究中的应用介绍如下。

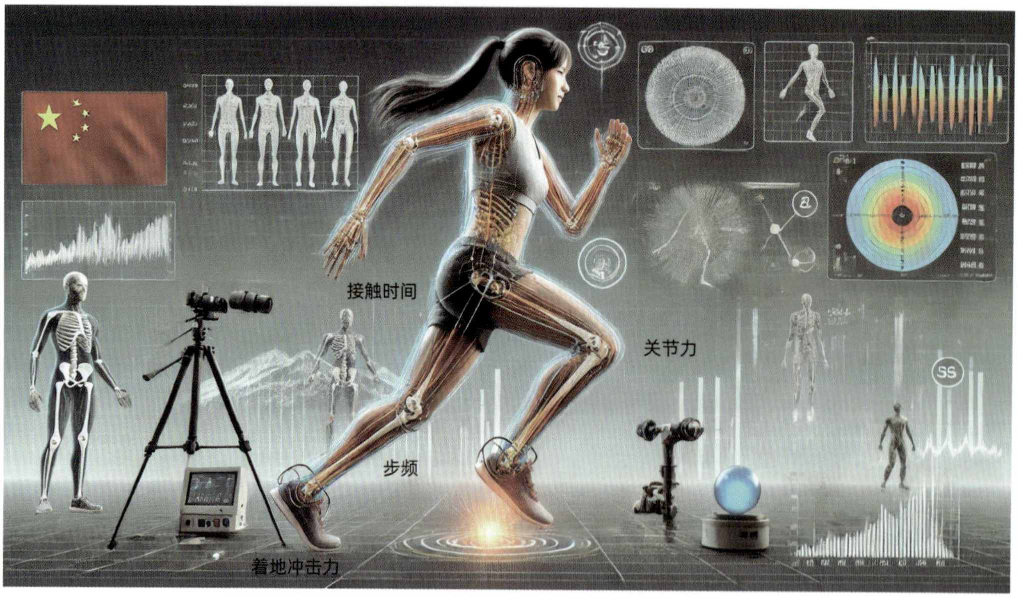

图1.1 生物力学在人体运动研究中的应用概念图

(1) 研究目标：分析田径运动员的长跑步态和步频变化，以优化长跑表现和降低受伤风险。

⑵ 研究方法：运用生物力学的试验和计算模拟方法进行研究。通过运动捕捉系统和力平台，收集长跑运动员在不同速度下的运动数据，包括步幅、步频、触地时间、着地冲击力等。使用多体动力学模型和优化算法，建立人体运动模拟模型，并分析模型中关节力和肌肉力的分布情况。

⑶ 研究发现：通过生物力学分析，发现在较高速度下，提高步频和减小步幅可以有效提升长跑表现。此外，通过优化步态、减少触地时间和着地冲击力可以降低运动员的受伤风险。

⑷ 应用意义：生物力学在人体运动中的研究为长跑运动员提供了科学的训练指导。运动员可以通过调整步频和步幅来优化长跑表现，并采取相应的步态调整措施来降低受伤风险。这对于运动员的训练和竞技表现具有重要意义，并有助于提高长跑运动的整体水平。

以上应用展示了生物力学在人体运动研究中的应用。通过生物力学的测量和分析，可以深入了解人体运动的力学特征，为运动员提供科学的训练指导，并改善运动表现。生物力学的应用还可以延伸到其他运动项目和不同人群的运动研究中，为运动科学领域的发展做出贡献。

1.4.2　生物力学在疾病诊断中的应用

生物力学在疾病诊断中具有广泛的应用，通过测量和分析人体运动的力学特征，可以帮助医生诊断和评估各种疾病的病情和进展(图1.2)。关于生物力学在疾病诊断中的应用介绍如下。

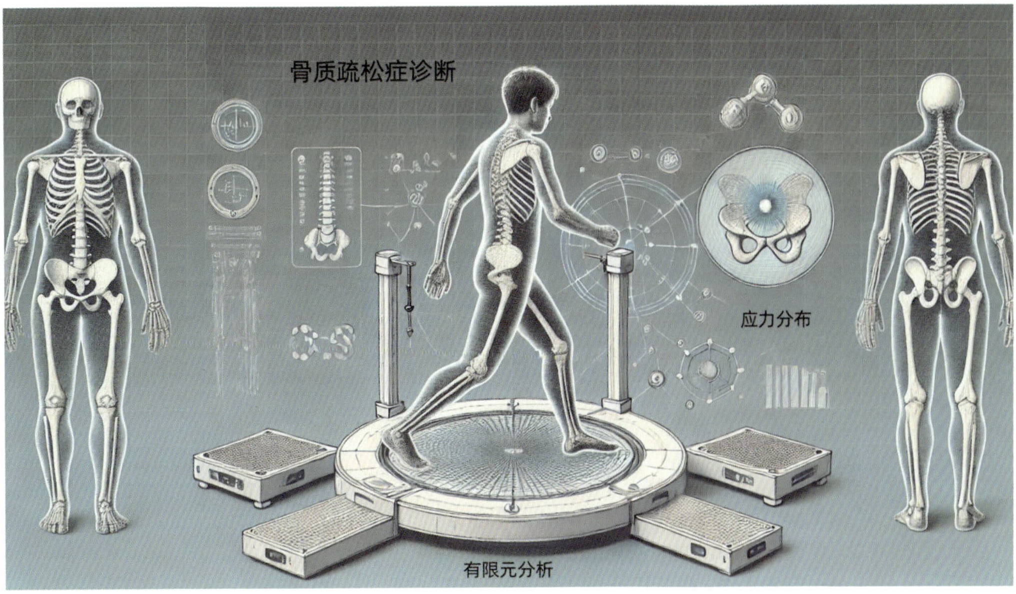

图1.2　生物力学在骨质疏松症诊断概念图

⑴ 研究目标：利用生物力学分析方法诊断和评估骨质疏松症患者的骨骼健康状况。

(2) 研究方法：通过运动捕捉系统和力平台，测量参与者进行不同活动时的运动数据，如行走、跳跃、下蹲等。利用有限元分析(finite element analysis，FEA)方法建立骨骼模型，模拟骨骼受力分布和应力应变情况。比较健康人群和骨质疏松症患者的运动数据和模拟结果，分析骨骼健康状况的差异。

(3) 研究发现：通过生物力学分析，发现骨质疏松症患者在运动时骨骼的应力分布和应力水平与健康人群存在显著差异。骨质疏松症患者骨骼强度较低，在行走和跳跃等活动中，骨骼的应力集中程度较高。这些差异可作为骨质疏松症的诊断和评估依据。

(4) 应用意义：生物力学在疾病诊断中的应用研究为骨质疏松症的诊断和治疗提供了新的方法和依据。通过生物力学分析，医生可以对患者的骨骼健康状况进行客观评估，了解病情的严重程度和进展情况。这有助于医生制订更精准的治疗方案，提供个性化的康复指导，并预测骨骼损伤的风险。

以上应用展示了生物力学在疾病诊断中的应用。通过生物力学的测量和分析，可以了解疾病对人体运动和骨骼的影响，为医生提供更准确的诊断和评估依据，从而改善疾病的诊断和治疗效果。生物力学的应用还可以延伸到其他疾病领域，为临床医学带来新的研究和诊断方法。

1.4.3 分子生物力学的发展历程

分子生物力学是生物力学领域的一个重要分支，它研究分子水平上的生物力学现象和机制，探索生物分子在力学作用下的结构、功能和相互作用。关于分子生物力学发展历程的介绍如下。

(1) 早期研究：分子生物力学的研究始于20世纪中叶，当时科学家开始关注细胞和生物分子在力学作用下的行为。早期研究主要集中在蛋白质的力学特性、细胞力学和细胞外基质的力学特性等方面。

(2) 进展和应用：随着科学技术的发展和研究手段的进步，分子生物力学取得了显著的进展。例如，原子力显微镜(AFM)和光学镊子等工具的发展使得科学家能够直接观察和测量生物分子的力学行为。此外，分子动力学模拟(molecular dynamics，MD)和计算方法的发展也为分子生物力学研究提供了重要工具。

(3) 应用案例：分子生物力学的应用涵盖了许多领域。例如，在药物研发中，科学家可以通过分子生物力学研究药物和受体之间的相互作用，预测药物的结合亲和力和效果。此外，分子生物力学还可以帮助解析蛋白质的折叠机制、细胞内力学信号传导、细胞外基质的力学调控等。

(4) 未来展望：随着科学技术和方法的不断发展，分子生物力学将继续在生物科学的研究和应用中发挥重要作用。未来的研究可能涉及更复杂的生物分子系统和机制，如细胞骨架的力学行为、DNA/RNA的力学性质等。此外，与其他学科的交叉融合，如生物信息学、人工智能等，也将为分子生物力学的发展提供新的机会和挑战。

以上应用展示了分子生物力学的发展历程。通过分子生物力学的研究，能够深入了解生物分子在力学作用下的行为和相互作用，揭示生物体内的力学机制和生物功能。随着科学技术和方法的进步，分子生物力学将继续推动生物科学的发展，并为医药、生物工程等领域的应用提供新的机遇。

1.4.4 运动生物力学的发展历程

运动生物力学是生物力学领域的一个重要分支，它研究人体在运动过程中的力学特性和机制。关于运动生物力学发展历程的介绍如下。

(1) 早期研究：运动生物力学的研究可以追溯到19世纪末和20世纪初。早期研究主要集中在对人体运动的描述和测量，如步态分析、力量和力的测量等。这些研究为后续的运动生物力学研究奠定了基础。

(2) 运动分析技术的发展：随着科学技术的进步，运动分析技术得到了极大的发展。运动捕捉系统、力平台、肌电图等工具的应用使得科学家能够更精确地测量和分析人体运动过程中的力学参数，如关节角度、力的大小和方向、肌肉活动等。

(3) 生物力学模型的应用：运动生物力学的研究还包括建立和应用生物力学模型来解析运动过程中的力学行为和机制。生物力学模型可以基于刚体动力学、多体动力学和有限元分析等原理，模拟和预测人体在运动中的力学特性。

(4) 应用案例：运动生物力学的应用非常广泛。例如，在运动训练中，科学家和教练可以利用运动生物力学分析运动员的技术和运动模式，提供个体化的训练指导和改进建议。此外，运动生物力学也在运动损伤的预防和康复中发挥重要作用，通过分析运动过程中的力学参数，帮助预防和治疗运动相关的伤害。

(5) 未来展望：随着科学技术和方法的不断发展，运动生物力学将继续深入研究人体运动的力学特性和机制。未来的研究可能包括更复杂的运动模式和技术，如高级运动技能、运动控制和协调等。此外，结合其他学科的交叉融合，如人工智能、虚拟现实等，也将为运动生物力学的发展提供新的机会和挑战。

以上应用展示了运动生物力学的发展历程。通过运动生物力学的研究，能够深入了解人体运动过程中的力学特性和机制，揭示人体运动的本质和规律。随着科学技术和方法的进步，运动生物力学将继续推动运动科学领域的发展，并为运动训练、运动医学等领域的应用提供新的机遇。

1.4.5 生物力学在现代医疗技术中的应用与发展

生物力学在现代医疗技术中的应用日益广泛，为医学诊断、治疗和康复提供了重要的支持。关于生物力学在现代医疗技术中的应用与发展如下。

(1) 医学影像分析：生物力学可以结合医学影像学，如X射线、磁共振成像(MRI)和层析成像(CT)等，对患者的骨骼结构和关节功能进行分析。通过测量关节角度、骨骼变形和运动范围等参数，医生可以评估患者的病情和制订个体化的治疗方案。

(2) 人工关节设计：生物力学在人工关节设计中发挥着重要作用。通过分析人体关节的力学特性和运动模式，工程师可以设计出与自然关节相似的人工关节，以提高其运动功能和耐用性(图1.3)。

(3) 康复工具和辅助设备：生物力学在康复工具和辅助设备的设计和优化中发挥

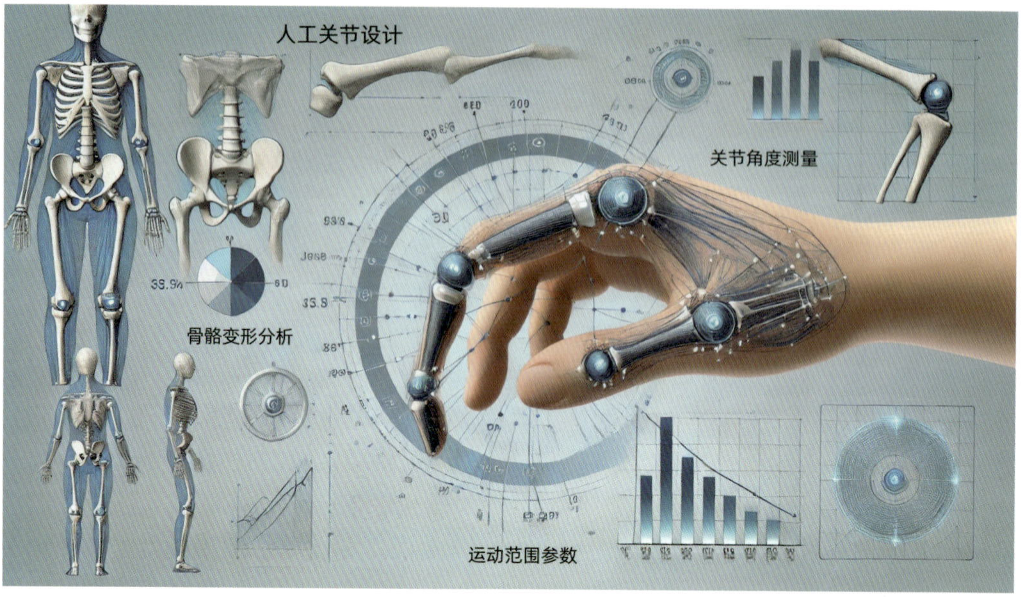

图 1.3　生物力学在人工关节设计中的应用概念图

着重要作用。例如，通过分析肢体运动的力学特性，工程师可以设计出符合人体力学原理的假肢和辅助器具，以帮助患者恢复正常的运动能力。

(4) 运动损伤预防和康复：生物力学在运动损伤预防和康复中具有重要作用。通过分析运动过程中的力学参数和力的分布，医生和康复专家可以制订针对性的康复训练计划，帮助患者恢复受损的肌肉功能、平衡能力和运动控制能力。

(5) 仿生医学技术：生物力学为仿生医学技术的发展提供了基础。通过模仿人体的力学特性和运动模式，工程师可以设计出更先进的仿生医学设备，如智能假肢、外骨骼和可穿戴医疗设备，以改善患者的生活质量和健康状况。

(6) 未来展望：随着科学技术的不断发展，生物力学在现代医疗技术中的应用将继续推动医学领域的发展。未来的研究可能涉及更复杂的生物力学模型和仿真技术，以更精确地模拟和预测人体的力学行为。此外，结合其他领域的交叉融合，如人工智能、纳米技术和生物材料等，也将为现代医疗技术带来新的突破和创新。

以上应用展示了生物力学在现代医疗技术中的广泛应用。通过运用生物力学原理和技术，医学领域可以更准确地诊断和治疗疾病，提供个性化的康复方案，改善患者的生活质量。随着科学技术的不断进步和交叉学科的融合，生物力学在现代医疗技术中的应用将持续发展，为人类健康带来更多的益处和突破。

1.4.6　生物力学在现代运动科学中的应用与发展

生物力学在现代运动科学中发挥着重要的作用，帮助人们深入理解人体在运动过程中的力学行为和运动机制。关于生物力学在现代运动科学中的应用与发展的介绍如下。

(1) 运动技术分析：生物力学可以用来分析和评估运动员的技术动作。通过测量运动员的关节角度、肌肉活动和力的分布等参数，可以揭示运动员的技术优势和改进空间。这种分析可以帮助教练和运动员制订有针对性的训练计划，优化运动技术，提高竞技表现。

(2) 运动生物力学研究：生物力学为运动生物力学研究提供了理论基础和试验手段。通过测量和分析运动过程中的力学参数，如力的大小、方向和分布可以深入了解肌肉力量、关节稳定性、平衡控制和运动控制等方面的机制。这种研究对于运动技能的优化和运动损伤的预防具有重要意义。

(3) 运动器材设计与优化：生物力学在运动器材设计和优化中发挥着关键作用。通过模拟和分析运动器材与人体之间的相互作用，可以改进器材的性能和安全性(图1.4)。例如，在跑鞋设计中，生物力学可以帮助确定合适的缓冲和支撑结构，以减少对关节和肌肉的冲击，提高跑步效率和舒适性。

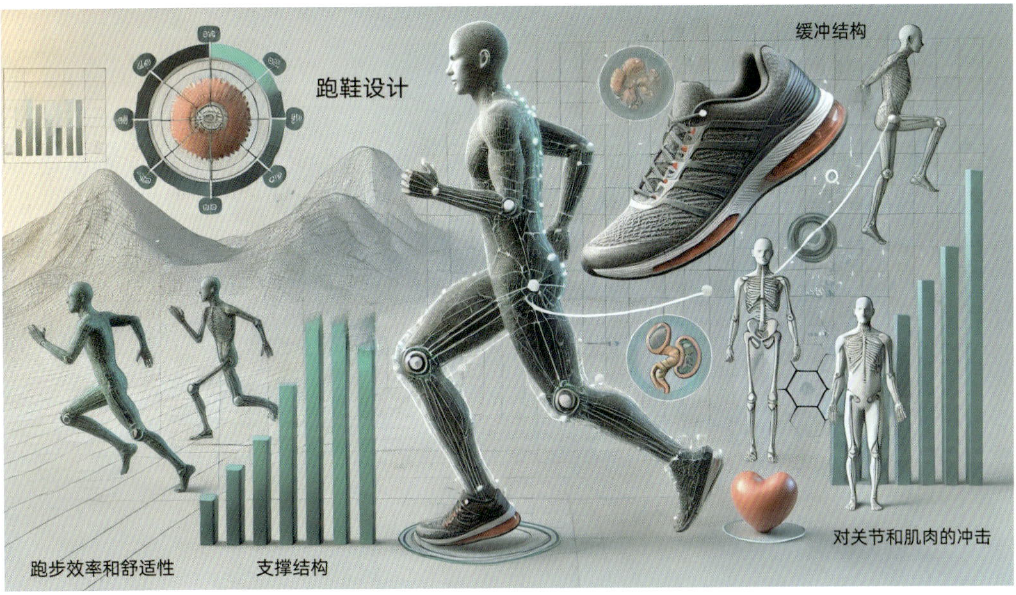

图1.4 生物力学在运动器材设计与优化应用概念图

(4) 运动损伤预防和康复：生物力学为运动损伤预防和康复提供了重要的指导。通过分析运动过程中的力学参数和力的分布，可以识别潜在的风险因素和运动损伤的机制。在康复过程中，生物力学可以帮助评估康复训练的效果，指导恢复运动功能和预防再次受伤。

(5) 竞技体育和运动工程：生物力学在竞技体育和运动工程中有广泛应用。通过运用生物力学原理和技术，可以提高运动员的表现，优化运动器材的设计。例如，生物力学可以用来优化游泳姿势、改进击球动作、提高跳远效果等。此外，生物力学在运动工程中的应用可以帮助改进运动器材的设计和性能，提高运动员的竞争力。

(6) 未来展望：随着科学技术的不断进步，生物力学在现代运动科学中的应用将不断发展和创新。未来的研究可能涉及更复杂的运动模型和仿真技术，以更准确地模拟和预测运动过程。此外，结合其他学科的交叉融合，如人工智能、虚拟现实和生物材料等，将为现代运动科学带来新的突破和创新。

以上应用展示了生物力学在现代运动科学中的广泛应用。通过运用生物力学原理和技术可以深入了解运动机制、优化运动技术、改进运动器材、预防运动损伤和提高竞技表现。随着科学技术的不断进步和学科交叉的融合，生物力学在现代运动科学中的应用将持续发展，为运动员和运动爱好者提供更好的训练和竞技环境。

1.4.7 生物力学在人体工程学和设计中的应用

生物力学在人体工程学和设计领域中具有重要的应用价值。以下是生物力学在人体工程学和设计中的应用。

(1) 人体工效学设计：生物力学可以帮助进行人体工效学设计，以确保产品与人体的良好适应性。通过研究人体的姿势、手部和脚部运动等特征，可以确定人体与产品之间的最佳接触点、姿势要求和运动范围。这种设计方法可以提高产品易用性、人体舒适性和工作效率。

(2) 座椅和座椅设计：生物力学在座椅和座椅设计中发挥着重要作用。通过研究人体的姿势、压力分布和脊柱曲度等因素，可以设计符合人体工程学原理的座椅形状、支撑结构和材料(图1.5)。这种设计可以减少因坐姿不良引起的不适感和疲劳，提高座椅的舒适性和健康性。

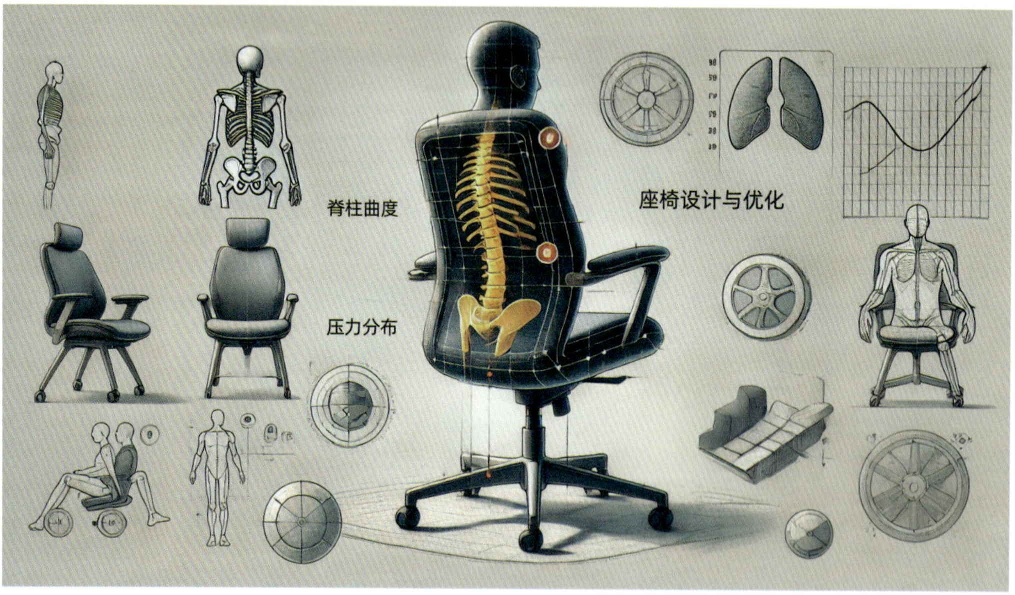

图1.5 生物力学在座椅设计应用概念图

(3) 工具和设备设计：生物力学可以指导工具和设备的设计，使其与人体的解剖结构和运动特性相匹配。通过研究人体的手部力学和手指运动能力，可以设计符合人体手部功能和操作要求的工具和设备。这种设计可以提高工作效率、减少劳损和错误操作。

(4) 人机界面设计：生物力学在人机界面设计中具有重要意义。通过研究人体的感知、认知和运动特性，可以设计直观、易于操作的人机界面。这种设计可以提高用户的使用体验、降低误操作风险，并满足不同人群的需求和特殊群体的特殊要求。

(5) 运动装备和防护设备设计：生物力学在运动装备和防护设备设计中发挥着关键作用。通过研究人体在运动过程中的力学特性和运动需求，可以设计符合人体运动要求的装备和设备。例如，在运动鞋的设计中，生物力学可以帮助确定合适的缓冲和支撑结构，以减少对关节和肌肉的冲击，提高运动表现，保护身体安全。

综上所述，生物力学在人体工程学和设计中发挥着重要作用。通过深入了解人体的生物力学特性，可以优化产品的设计，提高人体舒适性和产品性能。这种应用不仅可以改善产品的易用性和人体适应性，还可以减少劳损和提高工作效率。随着生物力学研究的不断深入和技术的进步，人体工程学和设计将更加科学化和人性化，为人们提供更好的使用体验和工作环境。

1.4.8 生物力学在人工智能和机器人技术中的应用

生物力学在人工智能和机器人技术领域中发挥着重要的作用。通过研究人体的生物力学特性和运动行为，可以为人工智能系统和机器人设计提供基础知识和灵感。生物力学在人工智能和机器人技术中的应用如下。

(1) 运动控制和机器人动作规划：生物力学为机器人运动控制和动作规划提供了关键的参考和指导。通过研究人体的运动学和动力学特性，可以开发出更加自然和高效的机器人运动控制算法和规划方法。这些方法可以使机器人在执行任务时更加灵活、准确和安全。

(2) 仿生机器人设计：生物力学为仿生机器人的设计提供了重要的灵感和原则。通过模仿人体的解剖结构、肌肉力学和运动模式，可以设计出具有人类特征和功能的仿生机器人。这些仿生机器人可以在各种领域中应用，如医疗、救援、工业和娱乐。

(3) 人机交互和情感识别：生物力学对人机交互和情感识别技术具有重要影响。通过研究人体的姿势、表情和动作，可以开发出能够识别和理解人类情感状态的人工智能系统和机器人。这种情感识别能力可以使机器人更加智能化和人性化，提供更加个性化和人性化的服务。

(4) 康复和辅助技术：生物力学为康复和辅助技术的开发提供了重要的指导。通过研究人体的运动功能和康复需求，可以设计出具有生物力学特性和功能的康复机器人和辅助装置。这些技术可以帮助人们恢复运动功能，提高生活质量和独立性。

(5) 人工智能辅助诊断和治疗：生物力学与人工智能的结合在医疗诊断和治疗中具有一定潜力。通过分析人体的生物力学数据和运动模式，可以开发出人工智能算法和模型，辅助医生进行疾病诊断和做出治疗决策。这种结合可以提高诊断准确性、个体化治疗和康复效果。

综上所述，生物力学在人工智能和机器人技术中的应用具有广泛的应用和潜力(图1.6)。通过借鉴人体的生物力学原理和运动行为，可以推动人工智能系统和机器人技术的发展，使其更加智能、灵活和人性化。这种融合将为人们带来更多的便利、安全和舒适，推动科技与人类生活的融合。

图 1.6　危险环境人工智能机器人概念图

1.4.9　生物力学在航空航天领域中的应用

生物力学在航空航天领域中扮演着重要的角色，帮助科学家和工程师理解和解决与人类在太空环境中的适应性和生理挑战相关的问题(图 1.7)。生物力学在航空航天领域中的应用如下。

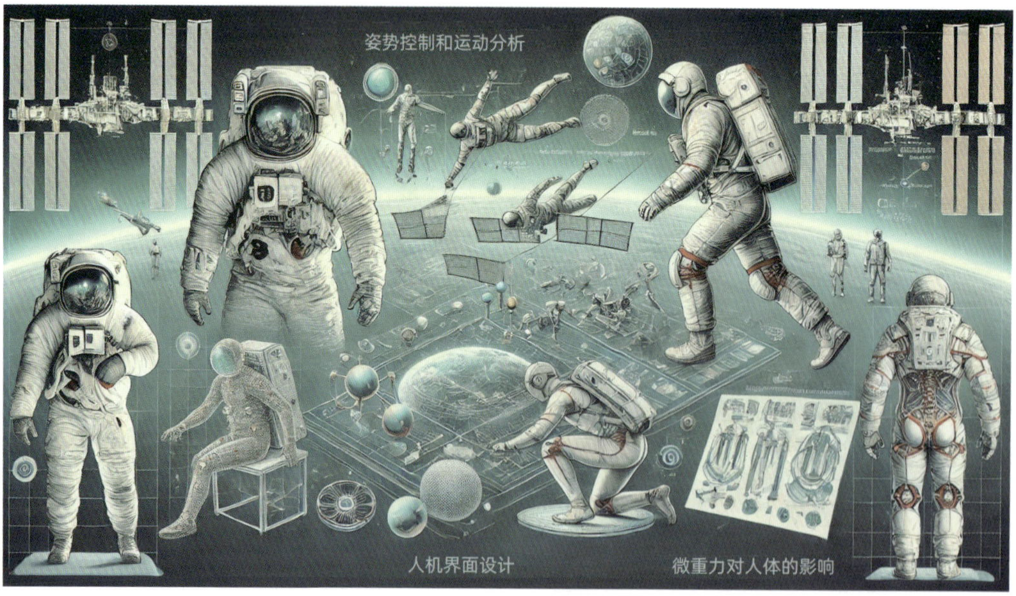

图 1.7　生物力学在航空航天领域中的应用概念图图

(1) 重力对人体的影响：生物力学可以帮助研究人员理解重力对人体的影响，特别是在微重力或零重力环境下。通过研究人体的骨骼、肌肉和神经系统的变化，可以制订出针对太空旅行和长期在太空站生活的宇航员的训练和康复方案，这些方案有助于减轻重力对宇航员的不良影响，维持宇航员的身体健康，提高工作效能。

(2) 姿势控制和运动分析：生物力学在航空航天中用于研究和改善宇航员在太空环境中的姿势控制和运动技能。通过分析宇航员在不同任务和工作条件下的姿势和动作，可以优化工作效率和降低运动损伤的风险。此外，生物力学还可用于开发太空舱内的人机界面，确保宇航员的舒适性和工作效率。

(3) 器械和设备设计：生物力学在航空航天器械和设备的设计中发挥着重要作用。通过研究人体的力学特性和运动需求，可以设计出适应太空环境的仪器和设备。这些设备需要考虑宇航员在微重力环境中的姿势控制、操作力和工作空间的限制。生物力学的应用可以帮助改善太空航天器的人机交互性和功能性，提高宇航员的工作效率和任务完成能力。

(4) 飞行员训练和人机界面：生物力学在航空领域的飞行员训练和人机界面的设计中具有重要意义。通过研究人体的运动学和动力学特性，可以开发出更加人性化和高效的飞行员训练方案和飞行控制界面，这有助于提高飞行员的操作技能，减少训练时间和降低飞行事故的风险。

综上所述，生物力学在航空航天领域中的应用广泛而重要。通过研究人体的生物力学特性，可以改善宇航员的适应性提高工作效率和安全性，这种应用不仅有助于太空探索的顺利进行，也可对航空工业的发展和飞行员的培训产生积极影响。生物力学的研究和应用将继续推动航空航天领域的创新和进步。

1.5 展望

1.5.1 生物力学未来发展的趋势

生物力学作为一个不断发展和演进的领域，将在未来面临一系列的发展趋势。生物力学未来发展的几个趋势如下：

(1) 跨学科合作：生物力学将与其他学科，如生物医学工程、计算机科学、材料科学等进行更加紧密的跨学科合作，这种合作将促进不同领域的知识和技术的交流，推动生物力学的创新和进步。

(2) 新材料和新技术的应用：随着新材料和新技术的不断涌现，生物力学将应用这些创新成果来改善测量、模拟和操作人体力学的能力。例如，生物材料的发展和纳米技术的应用将为生物力学提供更多的研究和应用可能性。

(3) 数据驱动的研究：大数据和机器学习等技术的兴起将对生物力学的研究产生深远影响。通过收集和分析大量的生物力学数据，可以揭示人体运动和力学特征的更深层次的规律和模式，从而为个性化医疗、运动训练和康复提供更准确的指导和决策支持。

(4) 个性化医疗和运动优化：生物力学的发展将推动个性化医疗和运动优化的实现。通过精确测量和分析个体的生物力学特征，可以为每个人制订个性化的治疗和训练方案，提高治疗效果和运动表现。

(5) 虚拟现实和增强现实技术的应用：虚拟现实和增强现实技术将为生物力学研

究和应用带来新的可能性。通过结合虚拟现实和增强现实技术，可以模拟和可视化人体运动和力学过程，提供更直观、沉浸式的研究和培训环境。

(6) 对生物力学伦理的关注：随着生物力学应用的不断发展，对生物力学伦理的关注也将增加。研究人员和从业者需要更加注重隐私保护、知情同意和道德准则，确保生物力学研究和应用的合法性和可持续性。

综上所述，生物力学未来的发展将受到跨学科合作、新材料和新技术的推动。数据驱动的研究和个性化医疗将成为重要的趋势，而虚拟现实和增强现实技术的应用也将带来新的可能性。同时，生物力学伦理的关注也将得到更多的重视，这些趋势将推动生物力学在医疗、运动和人机交互等方面的进一步发展。

1.5.2　生物力学研究的潜在挑战

尽管生物力学在许多领域中具有广泛的应用前景，但在其发展过程中仍面临一些潜在的挑战。生物力学研究可能面临的一些挑战如下。

(1) 复杂性和多样性：人体是一个复杂多样的系统，具有多种组织、结构和功能的相互作用。因此，生物力学研究需要面对不同生理状况和运动模式的个体差异，以及解释复杂生物力学现象所涉及的多种因素和相互作用。

(2) 数据获取和处理：生物力学研究需要大量的数据，包括运动轨迹、力学参数、生理信号等。然而，数据的获取和处理可能面临困难，例如，需要高精度的测量设备和技术，并处理复杂的数据集。此外，数据的准确性、一致性和标准化也是一个挑战，特别是在多中心研究和跨学科合作中。

(3) 模型和计算复杂性：建立准确和可靠的生物力学模型是生物力学研究的关键。然而，模型的建立和计算的复杂性可能受到限制，尤其是对于复杂的生物系统和多尺度问题。此外，模型的验证和验证方法也是一个挑战，需要与实际生物数据相结合进行验证和比较。

(4) 伦理和隐私问题：生物力学研究可能涉及个人隐私和伦理问题。例如，获取和使用个人生物力学数据时需要确保隐私和知情同意。此外，生物力学研究涉及人体试验和干预，需要遵守伦理准则和法律法规，确保研究的道德性和安全性。

(5) 跨学科合作和沟通：生物力学研究往往需要跨学科的合作，涉及生物学、工程学、医学等多个领域的专业知识。跨学科合作的挑战包括不同学科之间的语言和方法论差异，以及团队合作和沟通的有效性。

(6) 应用转化和实际应用：生物力学研究的最终目标是将其成果应用于实际生活中，如医疗、康复、运动训练等。然而，将研究成果转化为实际应用可能面临一些挑战，如技术成熟度、可行性、成本效益等。此外，有效的知识传播和教育也是促进生物力学应用转化的关键。

综上所述，生物力学研究面临着复杂性和多样性、数据获取和处理、模型和计算复杂性、伦理和隐私问题、跨学科合作和沟通及应用转化和实际应用等挑战。解决这些挑战需要不断创新和合作，同时关注伦理和法规的要求，以推动生物力学研究的发展和应用。

第 2 章　基础理论

2.1　力学基础

2.1.1　生物力学中的基本力学概念

1. 力的概念与性质

力是生物力学中的基本概念之一，它在研究生物体运动和力学行为时起着至关重要的作用。力可以被定义为施加在物体上的一种作用，能够改变物体的运动状态或形状。在生物力学中，通常将力描述为矢量，具有大小、方向和作用点三个基本性质。

首先，力的大小指的是力的强度或大小程度。它通常用标量表示，并使用国际单位制中的牛顿(N)作为力的单位。力的大小可以通过力传感器或测力仪器进行测量，这些工具能够准确地记录施加在物体上的力的数值。

其次，力的方向指的是力作用的指向或作用线的方向。力是一个矢量，因此它有一个确定的方向。在力学分析中，通常使用坐标系来表示和描述力的方向，例如直角坐标系或极坐标系。了解力的方向对于准确描述物体运动和受力情况至关重要。

最后，力的作用点是指力施加的具体位置或点。力的作用点可以是物体的任意部分，它对物体的运动和变形产生影响。在生物力学研究中，经常关注力的作用点，特别是在分析关节力和骨骼负荷时，力的作用点对于准确评估生物体力学特性至关重要。

在概念力学的系列丛书中，关于力的概念和性质有更详细的讨论和说明，读者可以参考这些书籍以获取更深入的了解。本书将以简要的方式介绍力的概念和基本性质，以确保读者在后续章节中理解和应用这些基本概念。

2. 质量与惯性

质量是生物力学中另一个重要的力学概念，它与力密切相关。质量可以定义为物体所含物质的量度，是物体对于力的响应和抵抗能力的一个度量。质量通常用千克(kg)作为单位。

质量与力之间存在着牛顿第二定律的关系，根据牛顿第二定律，力等于质量乘以加速度。质量决定了物体在受到力的作用下产生的加速度大小。质量越大，物体对力的抵抗能力越强，所产生的加速度越小；相反，质量越小，物体对力的抵抗能力越弱，所产生的加速度越大。

质量还与物体的惯性密切相关。惯性是物体保持其原有状态的性质,即物体在受到外力作用之前,会保持静止或匀速直线运动。根据牛顿第一定律,一个物体将保持其静止状态或匀速直线运动状态,除非受到外力的作用。质量越大的物体惯性越大,需要更大的力才能改变其运动状态。而质量较小的物体具有较小的惯性,需要较小的力就能改变其运动状态。

在生物力学研究中,质量和惯性的概念对于理解生物体的运动和力学行为至关重要。通过测量物体的质量和考虑其惯性特性,可以更好地分析和解释生物体在受力下的运动和反应。

了解质量和惯性的概念有助于理解物体运动和受力的基本原理,并为后续章节中的力学分析奠定基础。

3. 加速度与运动

在生物力学中,加速度是另一个重要的力学概念,它描述了物体速度变化的快慢和方向。加速度可以定义为单位时间内速度的变化率,它是一个矢量,具有大小和方向。

加速度与力之间存在着牛顿第二定律的关系,根据牛顿第二定律,力等于物体的质量乘以加速度。这意味着,当物体受到外力作用时,它会产生加速度。加速度的大小与施加在物体上的力成正比,而与物体的质量成反比。如果施加在物体上的力增大,它的加速度会增大;如果物体的质量增大,它的加速度会减小。

加速度与物体的运动密切相关。根据运动学的基本原理,加速度是速度随时间的变化率。当物体的加速度为零时,即速度不随时间变化,物体保持匀速直线运动。当物体的加速度不为零时,速度随时间变化,物体的运动状态会发生变化。加速度的方向决定了物体的加速度类型,可以是正向加速度(加速运动)、负向加速度(减速运动)或侧向加速度(曲线运动)。

在生物力学研究中,加速度的概念对于分析和解释生物体的运动行为非常重要。通过测量物体的加速度,可以了解它们的运动状态和受力情况。加速度的测量可以通过运动捕捉系统、加速度计等传感器设备进行。

了解加速度与运动的关系可以帮助人们更好地理解生物体的运动特性和运动过程中受到的力的作用。它对于研究运动控制、姿势控制、运动评估等方面具有重要意义,并为后续章节中的运动分析和力学建模提供基础。

4. 力的单位及测量方法

力是物体之间相互作用的结果,用于描述物体受到的推或拉的效果。在生物力学中,力通常用标准国际单位牛顿来表示。牛顿是基本单位制中力的单位,它表示单位质量物体在单位时间内所受到的加速度。牛顿的定义为:1 N等于使1 kg质量的物体获得1 m/s^2的加速度。

测量力的方法因具体应用而异,下面介绍几种常用的测量方法。

(1) 力传感器:力传感器是一种专门设计用于测量力的设备,它可以基于不同的原理进行测量,例如应变计、压电效应或电磁感应等。力传感器可以直接安装在被测物体上，通过测量传感器的输出信号来获得力的大小。

(2) 弹簧测力计：弹簧测力计是一种简单而常用的力测量工具，它基于胡克定律，利用弹簧的弹性变形来测量受力物体所受的力大小。弹簧测力计的工作原理是将受力物体连接到弹簧上，当受力物体发生位移时，弹簧发生弹性变形，通过测量弹簧的伸长量来推断受力的大小。

(3) 力平台：力平台是一种广泛应用于生物力学试验和研究中的测力设备，它通常由多个传感器组成，可以测量物体受力的大小和方向。力平台可以用于测量静态力和动态力，广泛应用于步态分析、平衡评估、运动力学研究等领域。

(4) 运动捕捉系统：运动捕捉系统是一种高精度的力测量方法，它结合了光学、惯性或磁性传感器来测量物体的位置、速度和加速度等运动参数。通过分析物体的运动轨迹和力学模型，可以推断物体受到的力的大小和方向。

这些测量方法在生物力学研究中被广泛应用，能够提供准确的力学数据，帮助研究人员了解生物体受力情况、运动特性和力学行为。根据具体研究需求和测量对象的特点，选择适当的测量方法对于获得准确可靠的力学数据至关重要。

案例1：力学概念在描述肌肉收缩中的应用

肌肉收缩是生物体运动的基本机制之一，力学概念在描述肌肉收缩过程中发挥重要作用。一些力学概念在肌肉收缩中的应用案例如下。

(1) 肌肉力的产生：根据力的定义，肌肉力是肌肉产生的推或拉的效果。力的大小取决于肌肉的收缩程度和肌肉纤维的数量。通过力平台等测力设备可以测量肌肉产生的力的大小，进而研究肌肉的力学特性和力量发展过程(图2.1)。

(2) 肌肉力的应变关系：根据胡克定律，当肌肉受到外力作用时，它会发生弹性变形。肌肉的弹性变形可以通过应变计等测量设备进行监测和记录。通过分析肌肉的应变与外力的关系，可以研究肌肉的力学行为和力–长度关系。

(3) 肌肉力的速度–力关系：根据肌肉的速度–力关系，当肌肉快速收缩时，它所能产生的力量相对较小；而当肌肉缓慢收缩时，它所能产生的力量相对较大。这一关系可以通过力平台等测量设备和运动捕捉

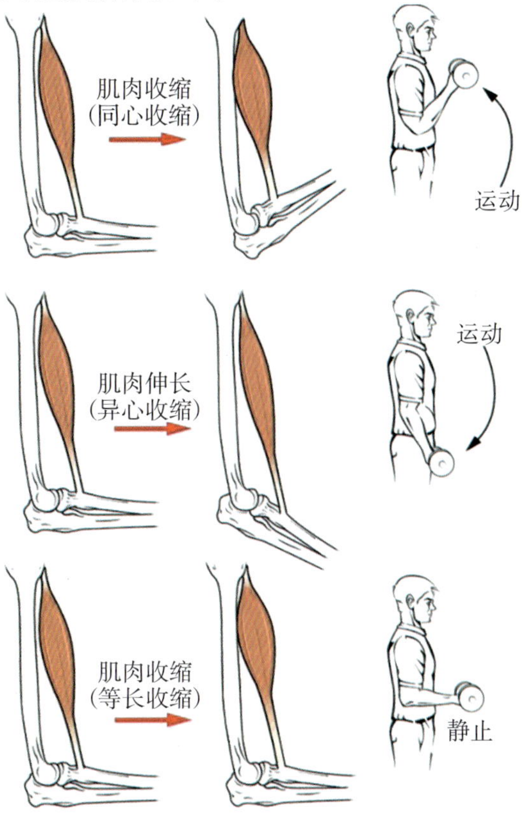

图2.1 肌肉收缩的力学特性

系统来研究，从而深入了解肌肉收缩的力学特性。

(4) 肌肉力的力矩应用：肌肉的收缩产生力矩，从而产生关节运动。通过力矩测量设备和运动分析系统，可以测量和分析肌肉力矩在关节运动中的作用，进一步研究肌肉收缩对人体运动的影响。

以上案例展示了力学概念在描述肌肉收缩中的应用。通过运用力学概念，研究人员能够深入理解肌肉收缩的力学特性，揭示肌肉力量的发展、肌肉的弹性变形、速度–力关系以及力矩对关节运动的作用。这些研究对于运动科学、康复医学和运动训练等领域具有重要的理论和实际意义。

案例2：力学概念在解析细胞内部力的作用中的应用

细胞内部力的生成和传递是细胞生物力学研究的重要课题之一，力学概念在解析细胞内部力的作用中发挥了关键作用(图2.2)。力学概念在解析细胞内部力的作用中的应用如下。

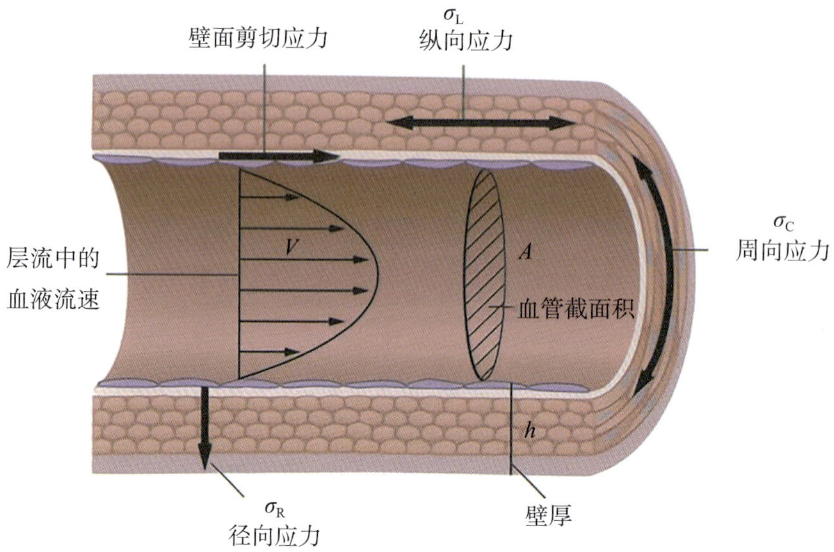

图2.2　血液流动和细胞之间的作用力示意图

(1) 紧束连接中的张力：细胞内的紧束连接(tight junctions)是细胞间质连接的重要组成部分，起到细胞间黏附和物质通过的调节作用。力学概念中的张力概念可以应用于描述紧束连接的内部力。通过力学模型和力学试验，可以研究紧束连接的张力分布、张力调控以及对细胞结构和功能的影响。

(2) 细胞内骨架力的传递：细胞骨架(cytoskeleton)是细胞内部的支架结构，负责维持细胞形态和机械特性。力学概念中的力传递和力平衡原理可以应用于研究细胞内骨架力的传递过程。通过应用力学模型和生物力学试验，可以探究细胞内骨架力的产生、传递和调控机制，进一步理解细胞形态的动态调节和机械适应性。

(3) 细胞运动和变形中的力学原理：细胞在生物过程中经常发生运动和变形，如细胞迁移、细胞分裂等。力学概念中的力矩、动力学方程和振动动力学等原理可以应用于解析细胞运动和变形的力学特性。通过试验和数值模拟，可以研究细胞的力学响应、细胞力的产生和作用，揭示细胞运动和变形的力学机制。

以上案例展示了力学概念在解析细胞内部力的作用中的应用。通过运用力学概念，研究人员能够深入理解细胞内部力的产生、传递和作用，揭示细胞间连接和细胞骨架的力学特性，以及细胞运动和变形的力学机制。这些研究对于细胞生物力学、组织工程学和疾病研究等领域具有重要的理论和实际意义。

2.1.2 生物力学中的力学定律和原理

1. 牛顿第一定律(惯性定律)

牛顿第一定律，也称为惯性定律，是经典力学的基本原理之一，它表明一个物体如果没有受到外力的作用，将保持静止或匀速直线运动的状态。

具体来说，牛顿第一定律可以描述为：一个物体在没有外力作用的情况下，保持其静止状态或恒定速度直线运动的状态。

这一定律的重要性在于揭示了物体运动的基本规律。根据牛顿第一定律，当一个物体处于静止状态时，其所受合力为零；当一个物体处于匀速直线运动状态时，其所受合力仍为零。这意味着物体具有惯性，即物体会保持其原有的运动状态，除非有外力作用于它。

牛顿第一定律对于理解物体的运动行为以及力的作用具有重要意义。它为后续的力学定律提供了基础，并为力学的研究奠定了基本原理。在实际应用中，牛顿第一定律也常被用于解析各种物体的运动状态，以及评估力的作用与影响。

牛顿第一定律作为力学的基本定律之一，揭示了物体运动的惯性特性。它为人们理解和分析物体的运动提供了基本的概念和原理，为后续的力学研究奠定了基础。

2. 牛顿第二定律(动力学定律)

牛顿第二定律，也称为动力学定律，是经典力学的基本原理之一，它描述了物体的加速度与作用在其上的合力之间的关系。

具体来说，牛顿第二定律可以表述为：当作用在一个物体上的合力不为零时，该物体的加速度与作用力成正比，与物体的质量成反比。数学表达式为$F=ma$，其中，F表示作用在物体上的合力；m表示物体的质量；a表示物体的加速度。

牛顿第二定律的意义在于揭示了力对物体运动状态的影响。根据牛顿第二定律，当物体受到合力作用时，它将产生加速度，即物体的运动状态将发生改变。加速度的大小与作用力成正比，与物体的质量成反比。这意味着较大的作用力会导致更大的加速度，而较大的质量则会减小物体的加速度。

牛顿第二定律是经典力学的核心定律之一，它描述了物体运动与作用力之间的关系，这一定律对于理解物体的加速度、力的作用以及运动的动力学行为具有重要意义。在实际应用中，牛顿第二定律常被用于计算物体的加速度、力的大小以及物体的运动状态。

牛顿第二定律是力学中的重要定律，描述了物体运动状态与作用力之间的关系。它为人们理解和分析物体的动力学行为提供了基本的定律和原理，对于解析物体的运动和力的作用具有重要意义。

3. 牛顿第三定律(作用–反作用定律)

牛顿第三定律，也称为作用–反作用定律，是经典力学的基本定律之一，它描述了两个物体之间相互作用的力具有相等大小、方向相反的特性。

根据牛顿第三定律，当两个物体之间发生相互作用时，其中一个物体对另一个物体施加的力被称为作用力，而另一个物体对第一个物体施加的力被称为反作用力。这两个力的大小相等，方向相反，且作用在不同的物体上。

具体来说，如果物体 A 对物体 B 施加一个力 F，那么根据牛顿第三定律，物体B对物体A将施加一个大小相等、方向相反的力 $-F$，这意味着作用力和反作用力总是成对出现，并且彼此相互作用。

牛顿第三定律可以这样总结：对于任何一个物体施加的力，都会产生一个与之大小相等、方向相反的作用力。这表明力是一种相互作用的现象，任何力的产生都需要两个物体之间的相互作用。

牛顿第三定律的重要性在于它揭示了物体之间相互作用的本质。通过理解作用–反作用力对的关系，可以更好地分析和预测物体的运动行为。在实际应用中，牛顿第三定律经常被用于解析和计算物体之间的相互作用力，以及其对运动状态和力学系统的影响。

总结起来，牛顿第三定律是经典力学中的一个基本定律，描述了两个物体之间相互作用的力具有相等大小、方向相反的特性。这一定律对于理解物体之间的相互作用、分析力的产生和影响具有重要意义，并在实际应用中起到关键作用。

4. 力矩定律(扭矩定律)

力矩定律，也称为扭矩定律，是力学中描述物体受到扭转力影响的定律，它规定了力矩的大小和方向与力的作用点和旋转轴之间的关系。

根据力矩定律，当一个力作用在物体上时，会在旋转轴周围产生一个力矩。力矩是一个向量，其大小等于力的大小乘以力臂的长度，而方向垂直于力的作用平面，遵循右手螺旋法则。力矩的作用是使物体产生转动或扭曲的效果。

在物体的旋转运动中，特别重要的是扭矩这个概念，它实际上是力矩的一种特殊情况。扭矩常用于描述转轴或轴心受到的使其发生旋转的效果。扭矩的大小等于力乘以力臂，力臂是从旋转轴到力的作用点的垂直距离。扭矩的正负号表示了扭矩的方向，顺时针扭矩用正号表示，逆时针扭矩用负号表示。

力矩和扭矩在很多领域都有重要的应用，尤其在机械工程、结构力学和运动学中。例如，它们可以用于分析杠杆的平衡条件，研究旋转物体的动力学行为，以及设计复杂机械系统的扭转部件。总结起来，力矩和扭矩描述了物体受到使其发生旋转的力的影响，这在力学中具有重要的地位，并在机械工程和结构力学等领域被广泛应用，对于分析和设计具有转动效果的系统起到关键作用。

5. 能量守恒定律

能量守恒定律是物理学中的一条基本定律，它表明在一个封闭系统中，能量总量保持不变，即能量既不能被创造也不能被消灭，只能从一种形式转化为另一种形式。

根据能量守恒定律，能量的转移和转化可以发生，但总能量保持恒定。系统中的能量可以以多种形式存在，包括动能、势能、内能、热能等。当一个物体或系统经历能量转移或转化时，其中一种形式的能量减少，而另一种形式的能量增加，但总能量保持不变。

能量守恒定律可以用以下方式总结：在一个封闭系统中，能量的总量保持不变。当物体或系统之间发生能量转移或转化时，能量的形式可以改变，但总能量保持不变。

能量守恒定律在物理学和工程学中有广泛的应用。例如，在机械系统中，能量守恒定律可用于分析物体的机械运动和碰撞过程。在热力学中，能量守恒定律可以用于研究热能的传递和转化。在电磁学中，能量守恒定律可以用于分析电磁场中能量的流动和转换。

总结起来，能量守恒定律是一个基本的物理定律，表明在一个封闭系统中，能量总量保持不变。能量守恒定律对于理解物体和系统中能量的转移、转化以及能量形式的变化具有重要意义，广泛应用于物理学和工程学的各个领域。

6. 动量守恒定律

动量守恒定律是物理学中的一条基本定律，它表明在一个封闭系统中，系统的总动量保持不变。动量是物体的运动属性，它与物体的质量和速度有关。

根据动量守恒定律，当一个物体或系统内部没有外部作用力时，系统的总动量保持不变。这意味着如果一个物体或系统的总动量在某个时刻为零，那么在接下来的运动过程中总动量仍将保持为零。

动量的守恒可以通过以下方式来理解：当物体或系统之间发生碰撞或相互作用时，它们的动量可以相互转移，但总动量保持不变。这意味着如果一个物体获得了更大的动量，那么其他物体的动量会相应减小，使得系统的总动量保持恒定。

动量守恒定律在物理学和工程学中具有广泛的应用。例如，在力学中，动量守恒定律可以用于分析碰撞和运动过程中物体的动量变化。在流体力学中，动量守恒定律可以用于研究流体的运动和力学特性。在电磁学中，动量守恒定律可以应用于分析电磁波的传播和相互作用。

总结起来，动量守恒定律是一个基本的物理定律，它表明在一个封闭系统中，系统的总动量保持不变。动量守恒定律对于理解物体的碰撞、相互作用以及动量转移具有重要意义，广泛应用于物理学和工程学的各个领域。

案例1：牛顿定律在解析骨骼运动中的应用

牛顿定律是经典力学的基础，它描述了物体的运动状态与作用力之间的关系。在解析骨骼运动中，牛顿定律可以应用于分析骨骼系统中的力学行为(图2.3)。

根据牛顿第一定律，如果骨骼系统没有受到外部力的作用，骨骼将保持静止或匀速直线运动。这意味着骨骼系统中各个部分的合力和合力矩为零。通过对骨骼系统进行力学分析，可以确定骨骼关节的平衡状态、肌肉的拉力以及其他关节反应力的大小和方向。

牛顿第二定律在解析骨骼运动中也起着重要作用。根据牛顿第二定律，物体的加速度与作用在物体上的合力成正比，与物体的质量成反比。对于骨骼系统，可以应用牛顿第二定律来分析关节中的力学行为，如关节反作用力和肌肉产生的力。

此外，牛顿第三定律在解析骨骼运动中也有应用。根据牛顿第三定律，任何两个物体之间的作用力与其施加的反作用力大小相等、方向相反。在骨骼系统中，关节中的力对是根据牛顿第三定律相互作用的。例如，在步行过程中，人的腿部肌肉产生的力向下推地面，而地面也会产生与之相等大小、方向相反的力推动人向前行走。

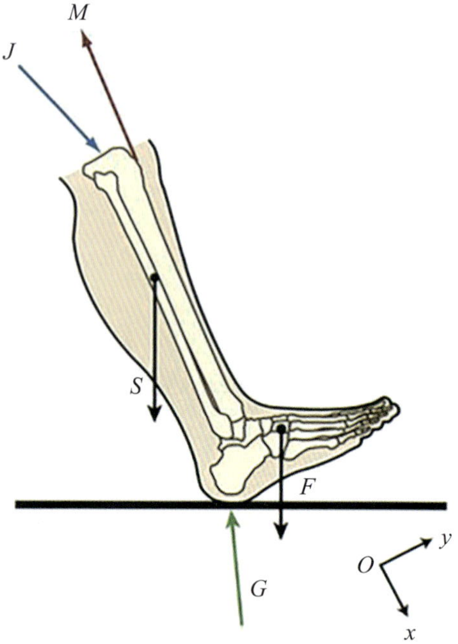

图2.3　解析骨骼运动中的力

通过应用牛顿定律，研究人体骨骼运动可以帮助人们深入理解人体力学和运动机制。在运动科学、康复医学和人体工程学等领域，牛顿定律的应用可以为设计运动训练方案、评估运动损伤、优化人机界面等提供重要依据和指导。因此，牛顿定律在解析骨骼运动中具有广泛的应用价值。

案例2：力矩定理在分析关节力效应中的应用

力矩定理是力学中描述力矩与物体平衡的关系的重要原理。在分析关节力效应时，力矩定理可以确定关节处的力和力矩的大小和方向(图2.4)。

在人体关节中，力矩定理可以帮助人们理解关节处的力学行为，特别是在考虑到肌肉的作用时。根据力矩定理，当一个物体处于平衡状态时，合外力矩和合内力矩之间存在平衡关系。

对于关节力效应的分析，可以考虑肌肉力对关节的力矩贡献。肌肉的收缩产生的力矩对关节力效应至关重要。通过力矩定理，可以计算出关节处的力矩平衡条件，从而推断肌肉产生的力和关节反作用力的大小和方向。

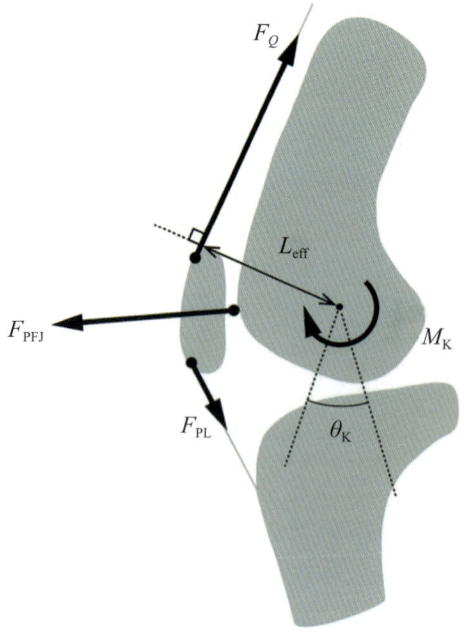

图2.4　关节力效应的分析图

以肩关节为例，当举起物体时，肩关

节处承受着相应的力。通过应用力矩定理，可以计算出引起肩关节力效应的力矩平衡条件。这有助于理解肌肉如何协同工作以保持关节的稳定性，并且可以为康复训练和运动优化提供指导。

力矩定理的应用还可以扩展到其他关节，如膝关节、踝关节等。在分析这些关节的力效应时，可以考虑肌肉的力矩、关节的几何结构和关节处的力平衡条件。这种分析可以帮助人们更好地了解关节处的力学特性，指导康复治疗、运动训练和人体工程设计。

因此，力矩定理在分析关节力效应中具有重要的应用价值，通过其应用，可以更深入地了解人体关节的力学行为和力的传递机制。

2.2　生物材料的物理特性

2.2.1　生物材料的力学性质

1.弹性性质

生物材料的力学性质是指其对外加力的响应和变形行为。其中，弹性性质是生物材料最基本的力学性质之一。弹性性质描述了材料在受力后能够恢复原始形状和大小的能力。

在生物力学中，弹性性质广泛应用于描述生物组织、骨骼、软组织等材料的力学行为。弹性性质的研究对于理解生物体的力学特性、疾病诊断和治疗、材料设计等具有重要意义。

弹性性质通常用应力–应变关系来描述。应力是材料内部的力分布，而应变是材料的变形程度。在弹性材料中，应力与应变之间存在线性关系，称为胡克定律。胡克定律可以表示为应力等于材料的弹性模量乘以应变。

生物材料的弹性模量可以反映其对应力的响应和变形的刚度。不同类型的生物组织和材料具有不同的弹性模量。例如，骨骼组织通常具有较高的弹性模量，而软组织如皮肤和血管则具有较低的弹性模量。

弹性性质在生物力学研究中的应用广泛。例如，通过测量生物材料的弹性模量，可以评估其组织结构和力学性能，从而帮助研究人员更好地理解生物体的力学行为。此外，弹性性质还可以用于开发仿生材料、设计生物医学器械以及进行组织工程等领域的应用。

总之，弹性性质是生物材料力学性质中的重要方面，其研究对于深入了解生物体的力学行为、开发新型生物材料和提高医学应用具有重要意义。

2. 塑性性质

除了弹性性质，生物材料还具有塑性性质，它描述了材料在受力后发生永久变形的能力。与弹性性质不同，塑性性质表示材料在受到应力时会保持一定程度的变形。在生物力学中，塑性性质常常与强度和可塑性相关。强度指的是材料在受到外部力量作用下的抵抗能力，而塑性则是指材料在受到应力时发生永久性形变的能力。生物材料的塑性性质可以通过材料的应力–应变曲线来描述。在塑性材料中，应力与应变之间的关系不再是线性的，而是呈现非线性的行为。当材料受到较大的应力时，会发生塑性变形，即材料无法完全恢复其原始形状和大小。

塑性性质在生物力学研究中具有重要意义。例如，骨骼组织具有一定的塑性性质，这使得骨骼能够吸收冲击和承受外力，从而保护内部的器官和组织。此外，塑性性质还对于材料设计、医学器械开发和生物材料工程等领域具有重要意义。

在生物力学研究中，了解和控制材料的塑性性质对于预测和改善生物体的力学行为至关重要。通过对生物材料的塑性性质进行深入研究，可以改善材料的可塑性和韧性，提高其耐久性和应用范围。

塑性性质是生物材料力学性质中的重要方面，它描述了材料在受力后发生永久变形的能力。在生物力学研究中，深入理解和应用塑性性质可以帮助人们更好地理解生物体的力学行为，设计更好的生物材料和医学器械，并推动生物力学领域的发展。

3. 韧性性质

韧性是生物材料的另一个重要力学性质，它描述了材料在受力后能够吸收能量并延展变形的能力。韧性性质是衡量材料在断裂之前能够发生大变形的能力。

与弹性性质和塑性性质不同，韧性性质表明材料在受力过程中能够承受较大的应力而不发生破坏，并能够吸收能量。韧性材料具有高强度和高延展性，能够在受到冲击或剧烈变形时保持相对完整。

韧性性质常常以材料的应力–应变曲线中的面积来表示。曲线下方的面积表示材料在受力过程中所吸收的能量，这个面积越大，材料的韧性就越高。

在生物力学中，韧性性质对于生物体的结构和功能至关重要。例如，肌腱和韧带等组织具有较高的韧性，能够在运动过程中吸收冲击和保持结构的稳定性。此外，韧性材料还广泛应用于人工关节、骨折固定器材和软组织修复等医疗器械和工程领域。研究和理解材料的韧性性质对于生物力学领域具有重要意义。通过控制和改善

材料的韧性，可以提高生物材料的功能性能、延长其寿命，并增加其在医学和工程领域的应用范围。

韧性性质是生物材料力学性质中的重要方面，它描述了材料在受力过程中能够吸收能量并发生大变形的能力。在生物力学研究中，深入理解和应用韧性性质有助于改善生物材料的功能和可靠性，并推动生物力学领域的发展。

4. 刚性性质

刚性性质是生物材料的一种力学性质，它描述了材料在受力下不发生形变或仅发生微小形变的能力。刚性材料在受到外力作用时能够保持其原有的形状和结构。

刚性材料具有高刚度和高弹性模量，其应变响应呈线性关系，即应变与应力成正比。在受到小幅度应力作用时，刚性材料的形变非常小，可以近似看作不发生形变。在生物体中，有些组织和结构具有较高的刚性性质。例如，骨骼是一种具有很高

刚性的生物组织，它能够提供机械支撑和保护内部器官。此外，一些生物材料如贝壳和硬壳动物的外骨骼也具有较高的刚性性质，能够保护生物体免受外界环境的损害。

刚性性质对于生物力学的研究和应用具有重要意义。通过理解和控制材料的刚性性质，可以设计和制造具有特定功能和性能的生物材料和工程结构。此外，在医学领域，刚性材料也常用于骨折固定器材和人工骨骼等医疗器械的制造。

尽管刚性材料在一定范围内表现为不发生形变，但在超过其极限强度时，刚性材料也会发生破坏或断裂。因此，在实际应用中需要根据不同的需求和场景选择合适的材料和结构，以确保系统的稳定性和安全性。

刚性性质是生物材料力学性质的一种重要特征，它描述了材料在受力下不发生形变或仅发生微小形变的能力。在生物力学研究和应用中，深入理解和应用刚性性质有助于设计和开发具有所需功能和性能的生物材料和工程结构。

案例 1：韧性在描述肌肉和韧带性质中的应用

韧性是生物材料的一种重要力学性质，它描述了材料在受力下发生形变但不破坏的能力。在肌肉和韧带等生物组织中(图 2.5)，韧性的存在起着关键的功能和保护作用。

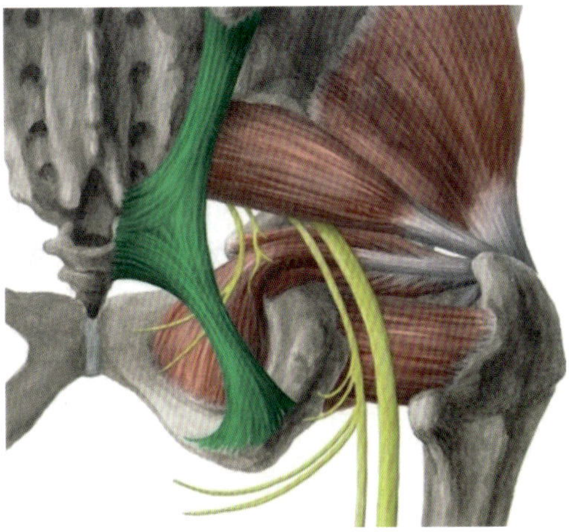

图2.5　肌肉和韧带

肌肉是人体中重要的运动器官，它具有高度的韧性，能够承受大范围的拉伸和收缩。肌肉的韧性使其能够适应各种运动需求，从而实现灵活的运动和稳定的姿势。当肌肉受到外部力的作用时，其纤维组织能够发生弹性变形并迅速恢复原状，这使得肌肉能够吸收和缓冲运动中的冲击力，并保护关节和骨骼免受损伤。

韧带是连接骨骼的弹性组织，也具有很高的韧性。韧带的主要功能是提供关节的稳定性和限制过度运动。当关节受到外力作用时，韧带能够拉伸和变形，吸收和分散力量，并在恢复原状后保持关节的稳定性。韧带的韧性使得它能够承受拉伸力和扭转力，确保关节的正常运动和功能。

通过研究肌肉和韧带的韧性性质，能够更好地理解它们的功能和作用机制，并在医学和运动领域中应用这些知识。例如，在运动损伤预防和康复中，通过了解肌肉和韧带的韧性特点，可以制订合适的训练和康复计划，提高运动员的耐力和灵活性，减少运动损伤的发生。此外，对于人工韧带和其他生物材料的开发，也需要考虑其韧性特性，以确保其适应人体运动和生理需求。

韧性在描述肌肉和韧带等生物组织性质中具有重要应用。通过深入研究和理解韧性特性，能够更好地了解肌肉和韧带的功能和保护作用，并将这些知识应用于运动损伤预防、康复和生物材料开发等领域。

案例 2：弹性在解析血管壁性质中的应用

血管壁是人体血管的关键组成部分，它们承担着输送血液和维持血液循环的重要功能。血管壁的弹性性质对于血液的流动和血压的调节具有重要影响。

血管壁主要由血管内皮、中膜和外膜组成，其中中膜是血管壁的主要弹性组织。中膜由弹性纤维和平滑肌细胞构成，它们赋予血管壁弹性特性，血管壁的受力如图2.6所示。血管壁的弹性使得它们能够在心脏的搏动下展开和收缩，实现血液的顺利流动。当心脏收缩时，血管壁能够收缩和收紧，将血液推向全身。而在心脏舒张期，血管壁则能够扩张和放松，吸收来自心脏的冲击力，保持血液流动的连续性。

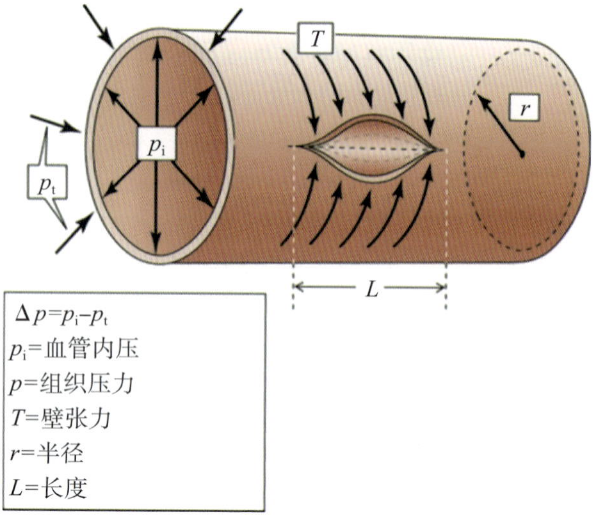

图2.6　血管壁的受力

血管壁的弹性性质对于血压的调节至关重要。当心脏收缩推出血液时，血管壁的弹性能够储存一部分能量，并在舒张期释放，从而维持血液流动的连续性。这种能量的储存和释放使得血管壁能够平滑地调节血液流动速度，降低血压的剧烈波动。

通过研究血管壁的弹性性质，能够更好地理解血管的功能和调节机制，并在医学和生物工程领域中应用这些知识。例如，在血管病理学研究中，通过分析血管壁的弹性特性，可以了解血管硬化、动脉瘤等疾病的发生机制，并为其预防和治疗提供依据。此外，将弹性材料应用于人工血管和血管支架的设计中，可以模拟自然血管的弹性特性，促进血管再生和修复。

综上所述，弹性在解析血管壁性质中具有重要应用。通过深入研究和理解血管壁的弹性特性能够更好地了解血管的功能和调节机制，并将这些知识应用于血管疾病的研究、预防和治疗，以及人工血管和血管支架的设计中。

2.2.2　生物材料的物理性质

1.密度

密度是物体质量与体积之比的物理量，用于描述物体内部物质分布的紧密程度。在生物力学中，密度是研究生物材料物理性质的重要参数之一。

生物材料的密度可以影响其力学性能和功能。较高的密度通常意味着物质更加紧密地排列，从而增加了材料的质量和惯性。例如，在骨骼系统中，骨质的密度较高，能够提供更好的结构支撑和抵抗外部力的作用，保护内部器官和组织；相反，较低的密度可以降低材料的质量和刚度，适用于柔性结构或需要减轻负荷的应用，如柔软的软组织或轻质材料。

测量生物材料的密度通常使用质量和体积的测量方法。质量可以通过称重设备进行测量，而体积则可以通过各种方法测量，如几何测量、排水法或气体置换法。通过将质量与体积相除，可以计算出物体的密度。常见的密度单位包括千克/立方米(kg/m^3)、克/立方厘米(g/cm^3)等。

了解生物材料的密度对于理解其力学性能、设计和制造相关器械、模拟仿真等方面都具有重要意义。通过对生物材料的密度进行研究和分析，可以深入了解其结构与功能的关系，并为生物力学领域的应用提供基础数据和理论依据。

2. 热传导率

热传导率是描述物质导热性能的物理性质，它能够衡量物质传导热量的能力。在生物力学中，热传导率对于研究生物材料的热传递过程和热平衡具有重要意义。

热传导率表示物质对热量的传导速率。具有高热传导率的物质能够更有效地传导热量，而具有低热传导率的物质则较难传导热量。生物材料的热传导率在一定程度上影响着生物体对温度变化的响应和调节。

生物体内的组织和材料具有不同的热传导率。例如，金属材料通常具有较高的热传导率，因此在人工关节等应用中，选择具有适当热传导率的金属材料可以更好地传递体内的热量，提高人工关节的效果。相比之下，某些绝缘材料或生物组织具有较低的热传导率，能够提供更好的保温性能，防止热量的散失。

热传导率通常以单位时间内单位面积的热量传导量和温度梯度之比来表示。常见的热传导率单位包括瓦特/(米・开尔文)[W/(m•K)]和卡路里/(秒・厘米・摄氏度)[cal/(s•cm•℃)]。

研究生物材料的热传导率有助于了解其在热环境中的行为和性能。在医学领域中，研究生物材料的热传导率可以帮助设计和选择适当的材料用于敷料、人工器官和医疗设备等应用，以满足热平衡和温度控制的需求。此外，了解生物材料的热传导率还对于仿生材料的开发和生物工程学的研究具有重要意义。

3. 电导率

电导率是描述物质导电性能的物理性质，它能够衡量物质对电流的传导能力。在生物力学中，电导率对于研究生物材料的电传导过程和电平衡具有重要意义。

电导率表示物质对电流的传导速率。具有高电导率的物质能够更有效地传导电流，而具有低电导率的物质则较难传导电流。生物体内的组织和材料具有不同的电导率，这对于细胞内的电活动、神经传导和生物电信号的传递具有重要影响。

生物材料的电导率在一定程度上决定了其对电流的传导能力。例如，在神经科学研究中，了解神经组织的电导率有助于理解神经信号的传递和神经电活动的特性。此外，电导率的研究也在生物医学工程和生物电子学等领域中具有重要应用，例如用于设计和开发生物传感器、神经调控设备和生物电子器件等。

电导率通常以单位长度内的电阻和横截面积之比来表示。常见的电导率单位包括西门子/米(S/m)和欧姆・米(Ω•m)。

研究生物材料的电导率有助于深入了解其电特性和对电流的响应，这对于设计和优化生物医学器械、神经接口技术和电刺激治疗等应用具有重要意义，有助于改善治疗效果和提高生物体与电子设备之间的界面互动。

4.光学性质

光学性质是指物质对光的传播和相互作用的特性。在生物力学中，了解生物材料的光学性质对于研究光在生物体内的传播、组织成像和光学诊断具有重要意义。

生物材料的光学性质涉及吸收、散射、透射和折射等过程。不同的生物材料对光的行为有所不同，这取决于其化学组成、结构和微观特性。

吸收是指物质吸收光能量的过程。吸收光谱能够提供有关物质吸收不同波长光的信息，这对于分析物质的组成和浓度具有重要意义。例如，在生物医学领域中，通过测量血液中的血红蛋白吸收光谱，可以实现非侵入性的血氧饱和度监测。

散射是指光在物质中的随机传播过程。生物体内的组织和细胞常常具有不同程度的散射特性，这对于光在组织中的传播和成像具有重要影响。例如，在光学成像技术中，通过测量散射光可以获得组织的结构和形态信息。

透射是指光通过物质而不被吸收或散射的能力。透射光谱可以提供关于物质透射光的特性和传播行为的信息。例如，在生物体内进行光学成像时，透射光可以穿透组织并提供图像信息，这在医学诊断和研究中具有广泛应用。

折射是指光在从一种介质到另一种介质时改变传播方向的现象。不同的生物组织和材料对光的折射率具有不同的影响，这对于设计光学器件和光导设备具有重要意义。

了解生物材料的光学性质有助于理解光在生物体内的传播和相互作用机制，以及在生物医学和生物光子学等领域的应用。光学性质的研究对于光学成像技术、光学诊断和光学治疗等领域的发展具有重要推动作用。

案例 1：热传导率在解析体温调节中的应用

热传导率是描述物质导热性能的物理性质，它在生物力学中具有重要的应用，尤其在解析人体体温调节过程中起着关键作用。

人体通过热传导来调节体温，确保身体处于适宜的温度范围内(图 2.7)。热传导率描述了物质传导热量的能力，它衡量了热量在物质中传播的速率。在人体中，热传导率影响着热量在组织和器官之间的传递和分布，对于维持身体的正常温度非常重要。

例如，皮肤是人体最外层的组织，它起到了保护内部组织的作用。皮肤的热传导率决定了从皮肤表面传导出去的热量。当环境温度较高时，皮肤的热传导率较高，能够加快热量的传递和散发，帮助身体降温；相反，当环境温度较低时，皮肤的热传导率较低，可以减少热量的散失，保持身体温暖。

此外，热传导率在医学诊断和治疗中也具有重要的应用。例如，在体温测量中，测温设备需要考虑到被测部位的热传导率，以确保测量结果的准确性。在热疗中，了解不同组织和器官的热传导率可以帮助调整治疗参数，确保热量能够有效传递到目标区域。

因此，热传导率在解析人体体温调节过程中的应用非常重要。通过了解和研究热传导率，能够更好地理解人体的热平衡机制，并在医学诊断、治疗和温度控制方面做出更准确的决策。

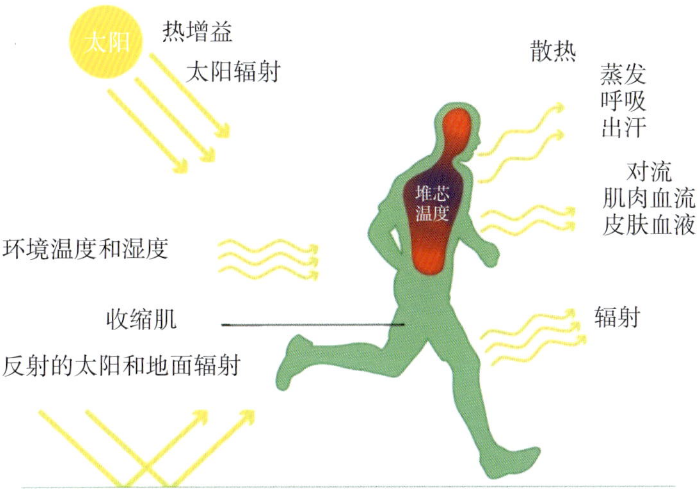

图2.7 人体通过热传导来调节体温示意图

案例 2：电导率在解析神经信号传输中的应用

电导率是描述物质导电性能的物理性质，它在生物力学中有着重要的应用，尤其在解析神经信号传输过程中起着关键作用。

神经信号传导方式如图2.8所示，图中是具有树突和长轴突的神经元。电流形式的信号通过树突和突触到达细胞体，刺激神经元产生自己的信号，沿着轴突发送。细胞膜上电压的产生原理如图2.9所示，细胞的半透膜内部和外部的离子浓度不同，扩散使K+和Cl−沿所示方向移动，直到库仑力停止进一步转移。这导致外部有一层正电荷，内部有一层负电荷，从而在细胞膜上产生电压。通常Na^+是不可渗透该膜的。

神经信号是人体中神经系统传递的电信号，它对于控制身体各种生理功能至关重要。神经信号的传输涉及神经组织中的离子流动，而电导率则决定了离子在神经组织中传播的速率和程度。

神经组织中的电导率主要受到组织结构和组成的影响。例如，神经细胞的细胞膜具有较高的电导率，可以有效地传导电信号。而神经纤维的髓鞘具有较低的电导率，可以形成电信号的传播障碍。

了解神经组织中的电导率有助于理解神经信号传输的机制。例如，在神经病学研究中，通过测量神经组织的电导率可以评估神经功能的正常与异常，进而帮助诊断和治疗神经系统疾病。

此外，电导率在神经刺激和神经调控领域也有重要应用。例如，通过应用外部电流刺激神经组织，可以调节神经信号的传输和

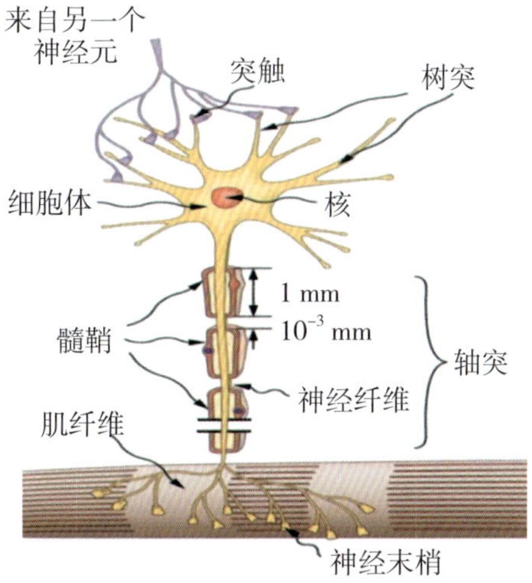

图2.8 神经信号传导方式

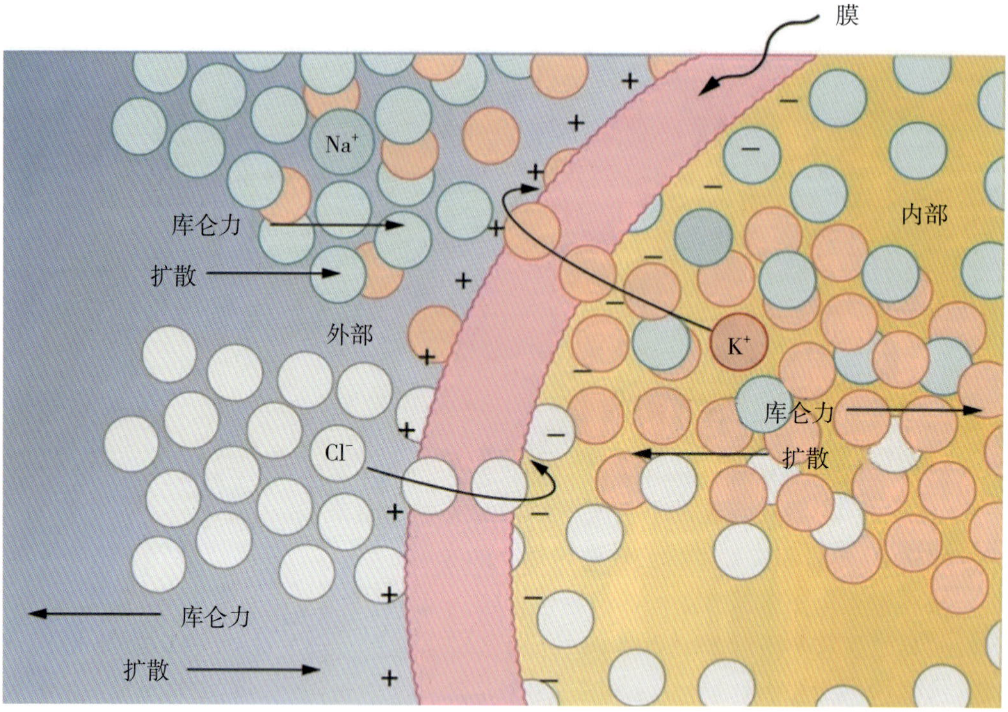

图2.9 细胞膜上电压的产生原理

神经元的活动。了解不同组织的电导率，可以指导刺激参数的选择，实现针对性的神经调控。

因此，电导率在解析神经信号传输中的应用非常重要。通过了解和研究电导率，能够更好地理解神经系统的功能和疾病机制，并在神经学研究、神经医学诊断和神经调控等方面做出更准确的决策。

2.3 动态与静态生物力学原理

2.3.1 静态生物力学的原理与应用

1.静力平衡

静力平衡是生物力学中的一个重要概念，它涉及物体在静止状态下所受到的力平衡关系。在静态平衡中，物体的合力和合力矩均为零，使物体能够保持稳定的静止状态。

静力平衡的原理是基于牛顿定律的应用。根据牛顿第一定律，物体在没有外力作用时将保持静止或匀速直线运动。当物体处于静止状态时，对物体的所有作用力和力矩进行平衡分析，可以推导出静力平衡的条件。

在生物力学中，静力平衡的原理广泛应用于解析和分析人体姿势、关节力效应和平衡控制等方面。

例如，在人体姿势分析中，静力平衡原理可以帮助解析人体姿势中各关节的受力情况。通过分析各关节处的力矩平衡，可以确定关节肌肉的力量和力矩分配，进而评估姿势的稳定性和肌肉协调性。

此外，在平衡控制研究中，静力平衡原理被用来分析人体在站立、行走和运动中的平衡控制机制。通过研究人体重心位置和身体的力矩平衡关系，可以揭示平衡控制的神经机制，并为改善平衡能力和预防跌倒提供理论基础。

静力平衡原理的应用还可以扩展到工程领域，例如建筑结构和机械设计中的稳定性分析。通过应用静力平衡原理可以评估结构的稳定性和强度，并优化设计方案，确保结构的安全性。

总之，静力平衡原理在生物力学中具有重要意义，它可以帮助人们理解和分析静态条件下物体的力学行为，对于人体姿势、关节力效应和平衡控制等方面的研究具有重要价值。

2.应力–应变关系

应力–应变关系是生物力学中一个关键的概念，它描述了物体在受到外力作用下的变形行为。应力指的是单位面积上的内部力，而应变是物体由于受力而发生的变形量。应力–应变关系描述了应力与应变之间的函数关系，它可以用来描述材料的力学性质和变形行为。

在生物力学研究中，应力–应变关系被广泛应用于材料测试和力学模拟等方面。通过对材料的应力–应变关系进行试验测量或建立数学模型可以了解材料的强度、刚度和可变形性等特性。

常见的应力–应变关系包括线性弹性关系、非线性弹性关系和塑性关系等。

线性弹性关系是指在小应变范围内，应力与应变之间存在线性关系。根据胡克定律，线性弹性材料的应力与应变成正比，且比例常数为弹性模量，这种关系在一些生物组织如肌肉和骨骼中是近似成立的。

非线性弹性关系指的是材料在较大应变范围内，应力与应变之间的关系不再呈线性关系。此时，材料的应力–应变曲线可能呈现出弯曲、凸起或递增的形状，表明材料具有非线性的变形行为。在生物力学中，一些软组织如皮肤和血管就具有非线性弹性特性。

塑性关系表示材料在受到较大应力时会发生不可逆的变形。在塑性阈值以上，材料会发生塑性变形，应变将会累积，而应力不再回复到初始状态，这种关系在一些可塑性材料如软土和软骨中是常见的。

通过研究和理解材料的应力–应变关系，可以评估材料的力学性能、预测其行为，并为材料选择、工程设计和医学应用提供重要参考。

因此，应力–应变关系在生物力学中起着重要的作用，它是研究和分析生物材料力学行为的基础，也为材料工程和生物医学领域的应用提供了重要依据。

案例 1：静态生物力学在人体姿势维持中的应用

静态生物力学是研究物体在静止状态下受力和力的平衡的分支学科，它在人体姿势维持和姿势控制方面有着广泛的应用。

人体姿势维持是指在静止的状态下人体能够保持平衡和稳定的姿势，不倒地或失去平衡。静态生物力学可以帮助人们理解人体在姿势维持过程中所受到的力以及身体各部分之间的力平衡关系(图2.10)。

通过静态生物力学的研究，可以测量和分析人体在不同姿势下的力分布和力矩，以及关节和肌肉的受力情况。这些数据可以帮助人们了解身体各部分的力学负荷和平衡要求，以及关节和肌肉在姿势维持中所承受的压力和负荷。

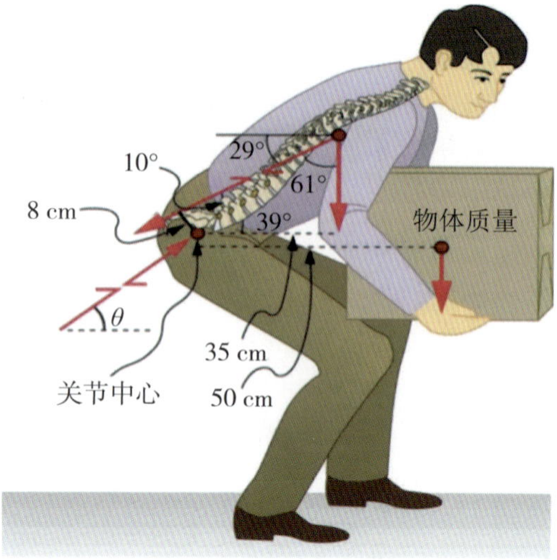

图2.10　人体姿势维持

静态生物力学的应用可以帮助人们研究姿势维持的稳定性和控制机制。例如，在体育运动和人体工程学领域，研究人体在不同姿势下的平衡能力和稳定性，可以为运动员的训练和技术改进提供指导。此外，对于特定群体，如老年人和运动受伤者，静态生物力学的研究可以帮助设计康复和辅助装置，以提高他们的姿势控制能力和减少跌倒的风险。

静态生物力学在人体姿势维持中的应用帮助人们了解人体在静止状态下的力学特性和力的平衡关系对于研究姿势控制，平衡能力、评估、改善，康复和辅助装置设计等方面具有重要意义。

案例 2：应力 – 应变关系在分析骨质疏松中的应用

骨质疏松是一种常见的骨骼疾病，它导致骨骼变得脆弱和易碎。应力–应变关系是描述材料在受到力作用下的变形行为的重要参数，它在分析骨质疏松中具有重要的应用价值。

骨质疏松的应力–应变关系图如图2.11所示，应力–应变关系可以帮助人们了解骨骼组织在受力下的变形特性。在骨质疏松的情况下，骨骼组织的强度和韧性降低，导致其在受力下变形能力减弱。通过测量骨骼组织的应力–应变关系可以评估骨质

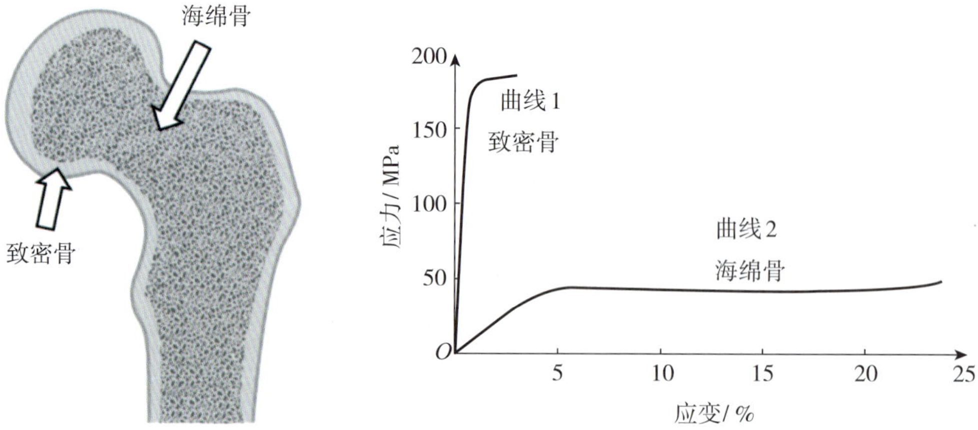

图2.11　骨质疏松的应力–应变关系图

疏松程度和骨骼的力学性能，这对于诊断和监测骨质疏松症的进展以及制订相应的治疗方案具有重要意义。

应力–应变关系的分析还可以帮助评估不同治疗方法对骨质疏松的影响。例如，通过比较骨骼组织在治疗前后的应力–应变关系可以评估治疗手段的有效性和对骨骼组织力学性能的改善程度，这有助于指导骨质疏松患者的治疗方案选择和治疗效果的监测。

此外，应力–应变关系的研究也对骨质疏松的预防和康复具有指导意义。通过了解骨骼组织在正常状态下的应力–应变关系，可以设计适当的预防措施和康复训练方案，以增强骨骼组织的力学性能和防止骨质疏松的发展。

综上所述，应力–应变关系在分析骨质疏松中起着重要的应用作用。通过测量和分析骨骼组织的应力–应变关系，可以评估骨质疏松的程度，监测治疗效果，指导预防和康复措施，并为骨质疏松的诊断和治疗提供科学依据。

2.3.2 动态生物力学的原理与应用

1.动力学方程

动力学方程是描述物体在受到力作用下的运动状态和变化的数学方程。在动态生物力学中，动力学方程被广泛应用于分析人体运动和力学行为。

动力学方程基于牛顿第二定律，它表达了力与物体质量和加速度之间的关系。根据动力学方程，当一个物体受到外力作用时会产生相应的加速度，从而引起运动或变形。动力学方程可以用数学公式表示为

$$F=ma$$

式中，F表示作用在物体上的力；m表示物体的质量；a表示物体的加速度。根据这个方程，可以计算出物体受到的力以及其产生的运动或变形情况。

在动态生物力学中，动力学方程的应用非常广泛，它可以用于分析人体的各种运动，如步行、跑步、跳跃等。通过测量人体的质量和加速度，可以计算出作用在人体上的力，并进一步研究运动过程中的力学特性。

动力学方程还可以用于分析力的产生和传递过程。在人体运动中，肌肉和关节扮演着重要的角色，它们通过产生力和传递力来实现各种运动任务。通过建立动力学方程，可以揭示肌肉和关节之间的力学关系，进而理解人体运动的控制和协调机制。

此外，动力学方程还可以用于模拟和优化运动技术和运动装备。通过建立运动员或运动装备的动力学模型，并利用动力学方程进行数值计算，可以评估不同动作或装备对力学性能的影响，进而指导运动员的训练和装备的设计。

综上所述，动力学方程在动态生物力学中具有重要的原理和应用，它作为描述物体运动和变形的数学工具，可以帮助人们分析人体运动、研究力的产生和传递、优化运动技术和装备等。通过动力学方程的应用，还可以更深入地理解人体的力学行为和运动机制。

2.振动动力学

振动动力学是研究物体在受到激励或扰动时的振动行为和力学响应的学科。在

生物力学中，振动动力学被广泛应用于分析人体振动和相关力学现象。

振动动力学研究的核心是物体的振动特性，包括振动的频率、振幅、相位等。振动动力学的分析基于质点的振动模型或连续体的振动方程，其中包含质点或连续体受到的外力、质量、刚度和阻尼等因素。

在生物力学中，振动动力学常用于分析人体的运动和姿势维持过程中的振动现象。例如，人体在行走或跑步时会产生不同频率和幅度的振动。通过振动动力学的分析，可以研究这些振动对身体结构和关节的影响，进一步了解运动的稳定性和能量消耗。

此外，振动动力学还在人体平衡和姿势控制的研究中发挥重要作用。人体在保持平衡时会产生微小的振动，这些振动可以通过振动动力学的分析来理解平衡控制机制和反馈调节。振动动力学的研究可以揭示平衡控制的策略和优化方法，为改善平衡能力和预防跌倒提供理论依据。

振动动力学还在运动技术的优化和装备设计中具有应用价值。通过分析运动员在不同运动任务中的振动特征，可以优化运动技术和装备的设计，提高运动表现和减少能量损耗。例如，运动鞋的减震设计和运动器材的振动吸收性能都是基于振动动力学原理进行优化的。

综上所述，振动动力学在动态生物力学中具有重要的原理和应用，它可以帮助人们理解人体振动的特性和力学响应，研究运动的稳定性和能量消耗，探索平衡控制的机制和优化方法，以及优化运动技术和装备设计。通过振动动力学的分析，可以深入了解人体振动的本质，从而为运动训练、康复和健康促进等方面提供科学依据。

案例 1：动力学方程在描述运动员动作中的应用

动力学方程是描述物体运动的基本原理之一，在生物力学中被广泛应用于分析运动员的动作和运动过程。通过应用动力学方程，可以深入了解运动员在不同运动任务中的力学特征和力学要素的相互关系(图2.12)。

图2.12　运动员起跑阶段的力学分析图

在描述运动员动作中，动力学方程可以帮助研究者定量分析以下几个方面内容。

(1) 运动员的力学特征：动力学方程可以帮助确定运动员在运动过程中所受到的外力和内力。通过测量和分析运动员的加速度和质量等信息，可以计算出作用在运动员身体上的合力和力矩，进而了解运动员的力学特征。

(2) 运动员的力学要素：动力学方程可以描述运动员的质量、加速度和力的关系。通过测量和分析运动员的加速度和受力情况，可以计算出力的大小和方向，进一步了解运动员的力学要素，如力的分布、力的变化趋势等。

(3) 运动员的力学控制：动力学方程可以揭示运动员在运动过程中的力学控制机制。通过观察力的变化和分布情况，可以了解运动员在控制身体姿势、稳定性和力量输出方面的策略和调节机制。

(4) 运动员的运动优化：动力学方程可以用于优化运动员的技术和动作。通过对动力学方程的分析和模拟，可以确定最优的力的应用时机、力的大小和方向等，从而改善运动员的运动效果和表现。

综上所述，动力学方程在描述运动员动作中的应用具有重要意义，它可以帮助人们理解运动员的力学特征和力学要素，揭示运动控制的机制，以及优化运动员的技术和动作。通过动力学方程的分析，可以为运动训练、运动技术改进和运动表现提供科学依据，进一步推动运动科学和生物力学的发展。

案例 2：振动动力学在解析心脏跳动中的应用

振动动力学是研究物体振动运动的力学学科，它在生物力学中有广泛的应用，包括对心脏跳动的分析和理解。心脏是人体最重要的器官之一，通过振动动力学的原理和方法，可以揭示心脏跳动的力学特性和调节机制(图2.13)。

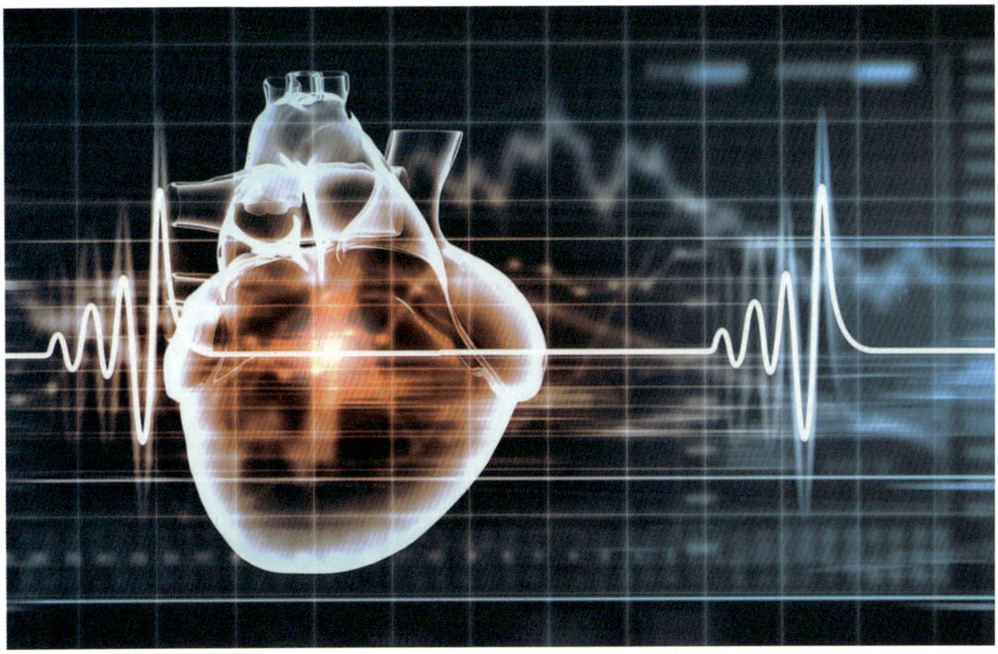

图2.13　心脏跳动

在解析心脏跳动中，振动动力学可以帮助研究者定量分析以下几个方面内容。

(1) 心脏的振动特性：振动动力学可以描述心脏在跳动过程中的振动特性。通过测量和分析心脏的位移、速度和加速度等信息，可以确定心脏的振动频率、振幅和振动模态等特征，从而了解心脏跳动的力学特性。

(2) 心脏的力学要素：振动动力学可以揭示心脏跳动过程中的力学要素。通过测量和分析心脏的力、压力和弹性等参数，可以计算出心脏的动力学特征，如心肌收缩力、心脏壁的应变和应力等，进一步了解心脏的力学要素。

(3) 心脏的力学调节：振动动力学可以帮助研究者探索心脏跳动的力学调节机制。通过观察心脏的振动模态和力学特征的变化，可以了解心脏自主调节的机制，如心肌收缩力的调节、心脏壁的柔韧性调节等，以维持正常的心脏功能和血液循环。

(4) 心脏的疾病分析：振动动力学可以应用于分析心脏疾病的力学特征。通过比较健康心脏和患有心脏疾病的心脏的振动模态和力学参数，可以识别和评估心脏疾病的程度和影响，为心脏疾病的诊断和治疗提供重要依据。

综上所述，振动动力学在解析心脏跳动中的应用具有重要意义，它可以帮助人们理解心脏的振动特性和力学要素，揭示心脏的力学调节机制，以及分析心脏疾病的力学特征。通过振动动力学的分析，可以深入研究心脏的运动机制和心脏疾病的本质，为心脏病理学、心脏生理学和心脏医学的发展提供重要支持。

2.4 不同生物材料的比较

2.4.1 硬生物材料的特性和应用

硬生物材料是指具有较高硬度和强度的生物组织或生物材料，其中包括骨骼、牙齿等。这些硬生物材料具有特殊的结构和功能，适应了不同的生物力学需求。

1. 骨骼

(1) 特性：骨骼是人体的支撑结构，具有高强度和刚性。它由无机矿物质(如钙磷化合物)和有机基质(如胶原蛋白)组成，使其具有优异的力学性能和耐久性。

(2) 应用：骨骼的应用范围广泛，包括支撑和保护身体器官、提供运动功能、储存矿物质等。此外，骨骼还常用于骨修复和骨替代材料的开发。

2. 牙齿

(1) 特性：牙齿是用于咀嚼和咬合食物的硬组织。牙齿主要由牙釉质、牙本质和牙骨质组成，其中牙釉质是人体最坚硬的组织之一。

(2) 应用：牙齿在口腔中发挥重要的功能，如咀嚼、发音和美观等。牙科学利用牙齿的结构和特性，开发出各种牙科材料，包括牙齿修复材料、种植体材料和正畸材料等。

硬生物材料的特性和应用在许多领域具有重要意义。

(1) 医学领域：①骨骼修复。了解骨骼的特性和力学行为，有助于开发更有效的骨骼修复方法和更实用的人工骨骼材料。②牙科治疗。对牙齿的研究有助于改进牙科治疗方法，开发更耐用和逼真的人工牙齿材料。

(2) 材料科学领域：①生物仿生材料。通过研究硬生物材料的特性和结构，可以设计和合成生物仿生材料，具有类似于骨骼和牙齿的优秀性能。②材料改性。了解硬生物材料的性质和反应机制，可以指导材料的改性和优化，以实现更好的性能和应用。

硬生物材料的研究和应用不仅可以促进医学和材料科学的发展，还可以为人类的健康和生活质量提供改进和创新的方案。通过深入理解硬生物材料的特性，可以开发出更安全、有效和持久的生物材料和医疗器械，为人类的健康和做出贡献。

案例 1：硬生物材料在人体骨骼系统中的应用

硬生物材料在人体骨骼系统中具有广泛的应用，用于骨折修复、关节置换和骨缺损修复等领域。一些常见的应用案例如下。

1.骨折修复

(1) 钢板和螺钉：在骨折处使用金属钢板和螺钉来固定骨骼，促进骨折愈合。

(2) 骨内固定器：使用金属杆、钉或螺钉穿过骨折部位来稳定骨骼，并提供支持和稳定性。

2.关节置换

(1) 人工关节：利用金属和陶瓷材料制造的人工关节，用于关节退行性疾病的治疗，如髋关节和膝关节置换手术。

(2) 关节融合器：将两个或多个骨骼部位固定在一起，用于关节退化严重的情况，如脊椎关节融合术。

3.骨缺损修复

(1) 人工骨替代材料：利用生物活性材料(如羟基磷灰石)制造的人工骨替代品，用于骨缺损修复和骨重建(图2.14)。

(2) 骨水泥：一种特殊的骨修复材料，用于填充和固定骨缺损处，增加骨的稳定性。这些硬生物材料的应用旨在恢复骨骼系统的功能、提供结构支持和促进骨骼愈合。它们具有优异的力学性能、生物相容性和耐久性，可以在骨骼系统中长期稳定地发挥作用。

此外，随着科学技术的不断发展，新型的硬生物材料也在不断涌现，如生物陶瓷、生物可降解材料等，为骨骼修复和再生提供更多选择。

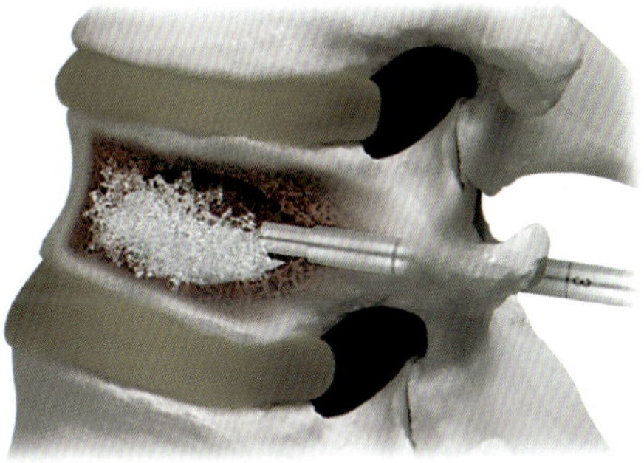

图2.14 骨缺损修复图

硬生物材料在人体骨骼系统中的应用为骨折修复、关节置换和骨缺损修复等问题提供了可靠的解决方案，改善了患者的生活质量和健康状况。通过不断的研究和创新，可以进一步改进和优化这些应用，为患者提供更好的治疗效果和恢复过程。

案例 2：硬生物材料在仿生工程设计中的应用

硬生物材料在仿生工程设计中发挥着重要的作用，可以用于设计和制造具有类似生物结构和功能的人工器官、生物传感器和仿生机器等。硬生物材料在仿生工程设计中的应用案例如下。

1.人工器官

(1) 人工心脏瓣膜：利用金属或生物陶瓷材料制造的人工心脏瓣膜，用于取代受损或功能不全的自然心脏瓣膜。

(2) 人工血管：采用生物相容性和耐久性材料制造的人工血管，用于修复或替代受损的自然血管。

2.生物传感器

(1) 人工耳蜗：利用硬生物材料和电子器件组成的人工耳蜗，用于恢复听力功能(图2.15)。

(2) 生物电传感器：利用硬生物材料制造的传感器，用于监测人体生理参数，如心电图传感器和血压传感器。

3.仿生机器

(1) 仿生骨骼：使用金属和陶瓷材料构建的仿生骨骼结构，用于开发具有类似人体运动和力学特性的机器人。

(2) 仿生外骨骼：利用硬生物材料和机电系统制造的外骨骼装置，用于增强人体力量和运动能力。

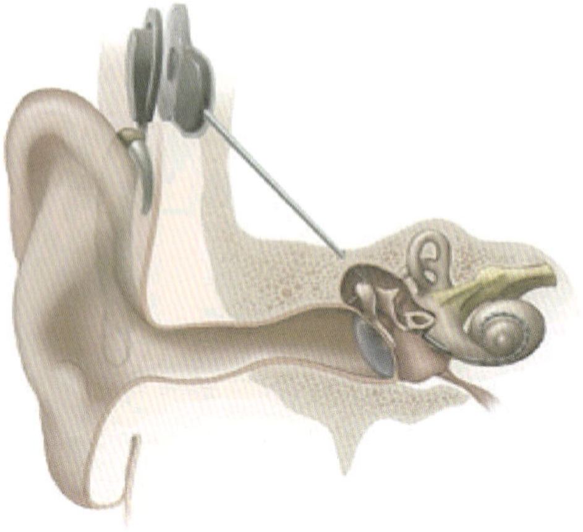

图2.15 人工耳蜗原理图

这些应用案例表明，硬生物材料在仿生工程设计中起到了关键的作用。它们具有合适的力学性能、生物相容性和耐久性，能够模仿和实现生物结构和功能，为人工器官、生物传感器和仿生机器等领域的发展提供支持。

随着科学技术的进步，硬生物材料在仿生工程设计中的应用将继续扩展和创新。通过不断的研究和开发，可以更好地利用硬生物材料的特性，设计出更精确、更高效，功能更强大的仿生工程产品，为人类的健康和生活带来更多的益处。

2.4.2 软生物材料的特性和应用

软生物材料是一类具有高度可变形性和可塑性的生物材料，如肌肉组织、血管组织等，它们的特性使其在生物力学和生物工程领域中具有广泛的应用。软生物材料的特性和应用案例如下。

1.肌肉组织

(1) 弹性和可收缩性：肌肉组织具有强大的弹性和可收缩性，使得人们能够进行精确的运动和控制。

(2) 运动控制：通过研究肌肉组织的特性和力学行为，可以设计出仿生肌肉和运动控制系统，用于开发智能假肢、外骨骼和生物机器人等。

2.血管组织

(1) 柔韧性和可伸展性：血管组织具有柔韧性和可伸展性，能够适应血液流动和体内压力变化。

(2) 血液循环：研究血管组织的力学特性有助于了解血液循环的机制，以及心血管疾病的发生和治疗。

3.软组织工程

(1) 人工肌肉：利用可伸展和可收缩的软生物材料构建人工肌肉，用于仿真生物运动和运动辅助设备。

(2) 血管再生：通过生物材料和细胞工程技术，设计和构造可用于血管再生和修复的人工血管。

这些应用案例表明，软生物材料具有独特的力学性质和生物相容性，适用于多种生物工程和医疗应用。通过研究和应用软生物材料的特性，可以更好地理解和模拟生物体内的结构和功能，为仿生工程、组织工程和生物医学领域的发展提供创新和解决方案。

案例 1：软生物材料在心肌收缩中的应用

心肌是一种重要的软生物材料，它具有特殊的力学性质和功能，用于推动血液在心脏中的循环。软生物材料在心肌收缩中的应用案例如下。

(1) 心脏模型和仿真：通过研究心肌组织的力学特性，可以构建心脏模型和仿真系统(图 2.16)，用于模拟心肌收缩和心脏功能。这有助于人们更好地理解心脏的工作原理，预测心脏病变和疾病的发展，并为心脏病的治疗提供指导。

(2) 心脏辅助装置：软生物材料可以用于设计和制造心脏辅助装置，如人工心脏瓣膜和心脏支持泵。这些装置可以模拟心肌的收缩和舒张运动，帮助维持心脏的正常功能，并为心脏疾病患者提供生命支持。

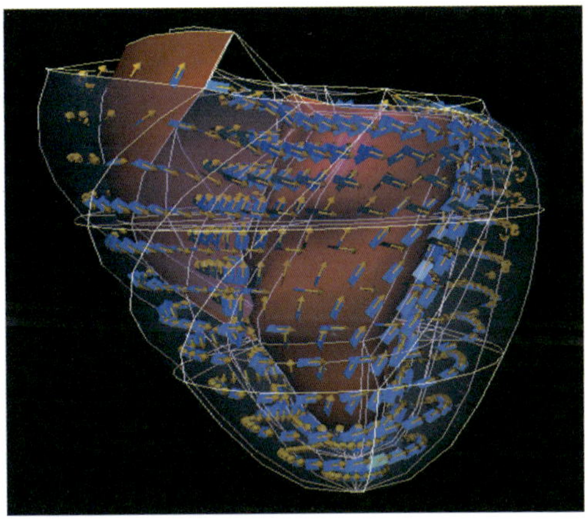

图2.16 心脏仿真模型

(3) 心脏修复和再生：软生物材料在心脏修复和再生领域也发挥着重要作用。通过将可生物降解的材料植入心肌缺损区域，可以提供支撑和导向细胞再生，并促进受损心肌的修复。这种方法对于心肌梗死和心肌病等疾病的治疗具有潜在的应用前景。

通过应用软生物材料的特性和力学原理，可以更好地研究和理解心肌的收缩机制，以及心脏病变的发展过程。这为心脏疾病的预防、诊断和治疗提供了新的思路和方法，并有望推动心脏医学领域的进一步发展和创新。

案例 2：软生物材料在生物工程和医疗设备设计中的应用

软生物材料具有良好的柔韧性、可塑性和生物相容性，广泛应用于生物工程和医疗设备设计中。软生物材料在这些领域的应用案例如下。

(1) 人工肌肉：软生物材料可以模拟肌肉的收缩和伸展运动，用于设计和制造人工肌肉。这些人工肌肉可以应用于仿生机器人、智能假肢和外骨骼等设备中，提供精确的运动控制和力量输出(图 2.17)。

⑵ 可植入材料：软生物材料在可植入医疗设备的设计中扮演重要角色。例如，可生物降解的聚合物材料可以用于制造可吸收的缝合线和植入器械，这些材料会随着时间逐渐降解，减少了二次手术的需求。另外，软生物材料还可用于制造人工软骨、软组织修复材料等。

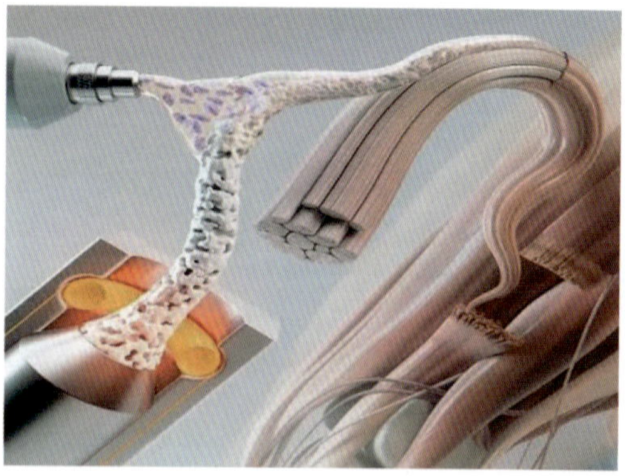
图2.17　设计及制造的人工肌肉示意图

⑶ 医用传感器：软生物材料可以用于制造柔性和可穿戴式的医用传感器。这些传感器可以与人体接触紧密，并收集各种生物信号，如心电图、肌电图、体温等。这些传感器具有高度的适应性和舒适性，可应用于健康监测、疾病诊断和治疗过程中。

⑷ 组织工程：软生物材料在组织工程领域中发挥着重要作用。通过将细胞与生物相容的支架材料结合，可以构建人工组织和器官。软生物材料提供了理想的细胞生长环境和机械支持，能够促进细胞的生长、分化和功能表达。

软生物材料在生物工程和医疗设备设计中的应用广泛且多样化，为仿生技术和医学领域带来了许多创新和进展。通过充分发挥软生物材料的特性和优势，可以开发出更加智能、可靠和人体友好的生物工程和医疗设备，提高生活质量和医疗效果。

第 3 章　生物分子力学

3.1　生物分子力学的基本概念

3.1.1　生物分子力学的定义与重要性

生物分子力学是研究生物分子(如蛋白质、核酸、多肽等)力学行为和相互作用的学科领域。它涉及分子结构、力学特性和相互作用的理解,以及这些力学性质如何影响生物分子的功能和行为。

生物分子力学的重要性在于它揭示了生物体内许多重要生物过程的基本力学原理和机制。通过研究生物分子的力学行为,可以深入了解生物分子的结构和功能之间的关系,以及它们在生物体内的相互作用和调控机制。

生物分子力学的定义和研究对于多个领域具有重要意义,包括但不限于以下方面。

(1) 药物设计和疾病治疗:通过了解生物分子的力学性质,可以设计和优化药物分子的结构,以更好地与目标生物分子相互作用,从而实现更高的药物活性和选择性。此外,研究生物分子力学还可以揭示疾病发生和发展的机制,为疾病的预防和治疗提供重要线索。

(2) 生物材料和生物工程:了解生物分子的力学性质对于设计和开发新型生物材料和生物工程器件非常关键。例如,在人工植入材料的设计中,研究生物分子的力学行为可以帮助选择合适的材料,以确保其与周围生物组织的相容性和稳定性。

(3) 生物传感和生物成像:生物分子力学的研究可以促进生物传感和生物成像技术的发展。通过了解生物分子的力学性质,可以设计灵敏的生物传感器和成像探针,用于检测和监测特定生物分子的存在和活动。

(4) 生物机械学:生物分子力学对于研究生物体内力学过程和力学调控具有重要意义。例如,在细胞内部,生物分子的力学行为对于细胞骨架的组装和细胞迁移等生物力学过程至关重要。

总之,生物分子力学的研究对于深入理解生物体内的力学过程、生物分子的结构和功能之间的关系以及相关领域的应用具有重要意义。通过揭示生物分子力学的特性和行为,可以进一步推动药物设计、生物工程、生物传感和生物机械学等领域的发展,为人类的健康和生活带来积极影响。

案例 1:生物分子力学在疾病研究中的重要性

生物分子力学在疾病研究中扮演着重要角色,尤其是在癌症的发生、发展和治疗过程中。分子力学在癌症研究中的重要应用如下。

(1) 细胞变形与转移：癌症细胞的转移是肿瘤扩散和远处转移的关键过程。生物分子力学的研究揭示了细胞变形和迁移的力学机制，帮助人们理解癌细胞如何穿过组织障碍物，进而制定相应的抗转移策略。

(2) 肿瘤组织力学：癌症组织与正常组织的力学特性存在差异。通过生物分子力学的研究，可以测量和分析肿瘤组织的硬度、弹性和黏度等力学特性，为肿瘤的诊断和治疗提供重要线索(图3.1)。

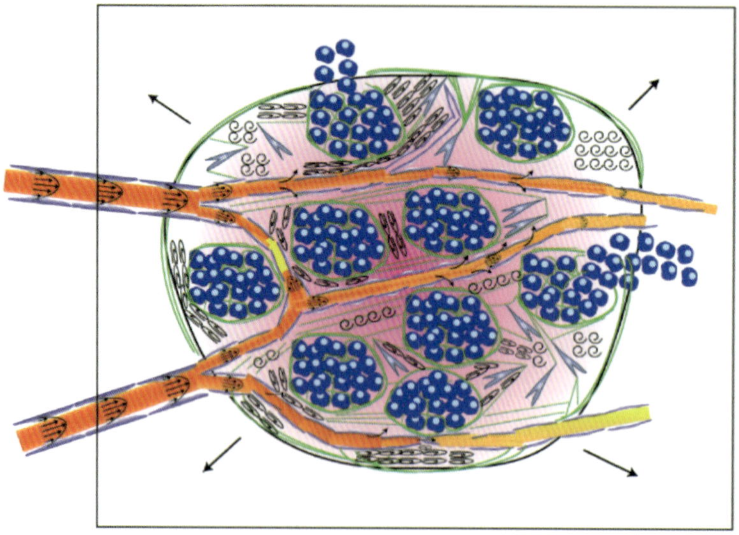

图3.1 肿瘤细胞与周围基质之间的相互作用

(3) 细胞–基质相互作用：生物分子力学的研究揭示了肿瘤细胞与周围基质之间的相互作用，包括细胞与基质的黏附、力学信号传递和形态改变等。这些相互作用对于肿瘤生长、侵袭和耐药性的发展起着重要作用，为疾病治疗提供了新的靶点和策略。

(4) 药物传输与效果评估：生物分子力学的研究可以帮助评估药物在肿瘤组织中的传输和分布情况。了解药物分子与肿瘤细胞相互作用的力学特性，有助于优化药物的输送方式和增强治疗效果。

(5) 癌症治疗策略设计：基于生物分子力学的研究结果，可以设计出针对肿瘤细胞力学特性的靶向治疗策略。例如，利用力学特性可选择性地破坏肿瘤细胞的结构或干扰细胞与周围环境的相互作用，从而提高治疗效果。

综上所述，生物分子力学在癌症研究中的重要性体现在其对于癌细胞转移、肿瘤组织力学特性、细胞–基质相互作用、药物传输和治疗策略设计等方面的深入理解。这些研究成果为癌症的早期诊断、个体化治疗和药物研发提供了新的思路和方法。

案例2：生物分子力学在药物设计中的应用

生物分子力学在药物设计中扮演着重要的角色，帮助研究人员理解药物分子与靶标分子之间的相互作用，并为药物的设计和优化提供关键信息。生物分子力学在药物设计中的应用示例如下。

(1) 药物分子的构象优化：生物分子力学可以通过计算模拟和优化药物分子的构象，以确定其最稳定和最有利于与靶标分子结合的结构。通过调整药物分子的构象，可以改善其与靶标之间的亲和力和特异性，提高药物的效果。

(2) 药物–靶标相互作用的预测：生物分子力学可以模拟和预测药物与靶标分子之间的相互作用。通过计算模拟药物与靶标的结合模式、结合位点、结合能等参数，可以评估药物的亲和力和特异性。这些预测结果可以帮助筛选和设计具有高效和选择性的药物分子。

(3) 药物释放和输送系统的设计：生物分子力学可以用于研究药物的释放和输送系统(图3.2)。例如，通过模拟药物分子在纳米颗粒或载体中的扩散和释放过程，可以优化药物的输送效率和稳定性。这对于设计更有效的药物输送系统和控制药物释放速率至关重要。

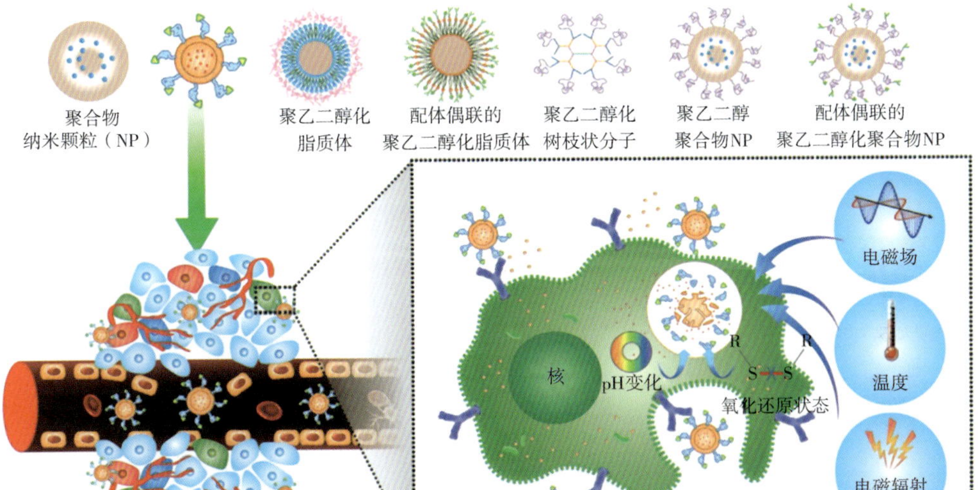

图3.2 药物释放和输送系统图

(4) 药物代谢和毒性研究：生物分子力学可以用于研究药物的代谢过程和毒性影响。通过模拟药物分子在体内代谢酶中的结合和反应，可以预测药物代谢产物的形成和毒性相关性。这有助于评估药物的药代动力学和毒性潜力，指导药物的安全性评估和合理使用。

(5) 药物抗药性的研究：生物分子力学可以帮助研究药物抗药性的机制和预测潜在的抗药性突变。通过模拟药物分子与突变靶标结合的力学特性，可以评估突变对药物亲和力和效果的影响，为抗药性的预防和克服提供理论基础。

综上所述，生物分子力学在药物设计中的应用范围广泛，包括药物分子的构象优化、药物–靶标相互作用的预测、药物释放和输送系统的设计、药物代谢和毒性研究以及药物抗药性的研究等。这些应用为药物研发提供了重要的辅助工具和指导，有助于加速药物发现和优化的过程，提高药物的疗效和安全性。

3.1.2 力在生物分子层面的作用

在生物分子层面，力起着重要的作用，影响着分子的结构、功能和相互作用。力在生物分子层面的作用的案例如下。

(1) 静电相互作用：静电相互作用是带电粒子之间的吸引和排斥力，是生物分子层面中常见的力，它可以影响分子的折叠、稳定和相互作用。例如，在蛋白质折叠过程中，静电相互作用可以促使带电氨基酸残基之间的相互吸引，塑造分子的三维结构。

(2) 范德瓦耳斯力：范德瓦耳斯力是非共价相互作用中的一种，包括分子间的吸引力和斥力，它可以影响分子之间的相互作用、结合和形成复合物。在蛋白质与配体结合过程中，范德瓦耳斯力起着重要作用，稳定两者之间的结合。

(3) 核磁作用力：核磁作用力是原子核之间的相互作用力。在核磁共振(NMR)技术中，核磁作用力被用于分析分子结构和相互作用。通过测量分子中不同原子核之间的核磁作用力，可以确定分子的结构和构象。

(4) 光生力：光生力是由光子与物质之间相互作用产生的力。在光敏分子中，光生力可以引发化学反应或产生光感应。光生力在光合作用中起着重要的作用，驱动光合酶和色素分子的活性。

(5) 化学键和共价键：化学键是分子中原子之间的强共价连接，包括共享电子对的共价键和离子键。化学键的形成和断裂是生物分子反应和代谢的基础。例如，在酶催化的化学反应中，化学键的形成和断裂是催化反应的关键步骤。

这些力在生物分子层面的作用影响了分子的结构、稳定性、相互作用和功能。通过理解和控制这些力，可以更好地理解生物分子的行为，设计和开发新的药物、生物工程材料和纳米技术等应用。力在生物分子层面的研究为揭示生命的基本原理和开发创新的生物技术提供了重要的基础。

案例1：力对蛋白质折叠的影响

蛋白质折叠是生物分子的重要过程，决定了蛋白质的结构和功能。力在蛋白质折叠中起着关键作用，影响着折叠速率、稳定性和最终的折叠构象(图3.3)。

(1) 引力和斥力：引力和斥力是力在蛋白质折叠中的基本作用。引力可以促进蛋白质内部的残基相互吸引，帮助蛋白质形成稳定的折叠结构；相反，斥力可以阻碍蛋白质内部的残基靠近，增加折叠的复杂性。

(2) 氢键：氢键是一种弱的相互作用力，但在蛋白质折叠中起着重要的作用。氢键形成在蛋白质中的氨基酸残基之间，可以稳定蛋白质的二级结构，如α螺旋和β折叠。力的大小和方向对氢键的形成和断裂有直接影响。

(3) 范德瓦耳斯力：范德瓦耳斯力是非共价相互作用力，是蛋白质折叠中的主要力之一。范德瓦耳斯力包括分子间的吸引力和斥力，可以稳定蛋白质内部的残基和蛋白质与其周围环境之间的相互作用。

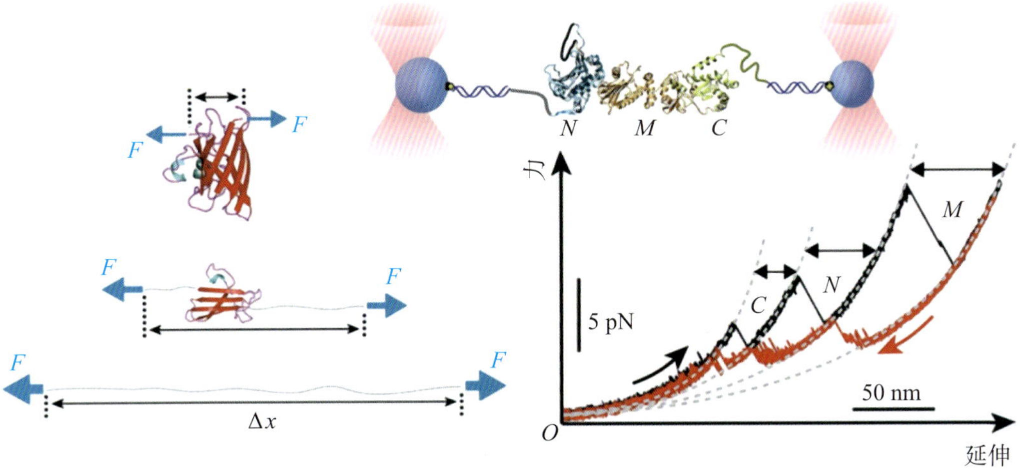

图3.3 力对蛋白质折叠的影响

(4) 氢键和疏水效应的竞争：在蛋白质折叠中，氢键和疏水效应之间存在着竞争关系。疏水效应是由于非极性氨基酸残基与水相互作用不利，因此蛋白质在折叠过程中形成疏水核心。力的大小和方向可以影响氢键和疏水效应之间的平衡，进而影响蛋白质的折叠路径和最终结构。

通过试验和计算模拟，研究人员可以探索力对蛋白质折叠的影响，并解析蛋白质折叠的动力学和热力学过程，这有助于理解蛋白质折叠的机制，揭示蛋白质稳定性和功能的关键因素，并为药物设计和蛋白质工程提供指导。力在蛋白质折叠中的研究为人们深入了解生物分子的行为和功能提供了重要的见解。

案例2：力对DNA 复制和修复的影响

DNA复制和修复是维持遗传信息完整性和稳定性的关键过程。在这些过程中，力在DNA分子层面发挥着重要作用，影响DNA的结构、稳定性以及相关的酶活性(图3.4)。

(1) 张力和拓扑约束：在DNA复制和修复过程中，DNA双螺旋结构需要解开来进行酶催化的DNA合成和修复操作，这会产生张力和拓扑约束，包括超螺旋和结节等。力在这些过程中起着关键作用，调节DNA的张力和拓扑结构，影响DNA的解旋和重新连结。

(2) 范德瓦耳斯力和电荷作用：DNA分子上的相邻碱基间存在范德瓦耳斯力和电荷作用，这些作用力的大小和方向会影响DNA分子的结构和稳定性，特别是双链DNA的稳定性和解旋过程。

(3) 环化和环形DNA：力还影响DNA的环化和环形化。环化DNA通常用于DNA拓扑学研究，如环DNA的结构、稳定性以及与蛋白质的相互作用。通过调节环DNA的力学特性，可以探索DNA的结构转换和环形化过程。

(4) 拉伸和弯曲力对酶活性的影响：力对DNA上的酶活性也具有重要影响。拉伸

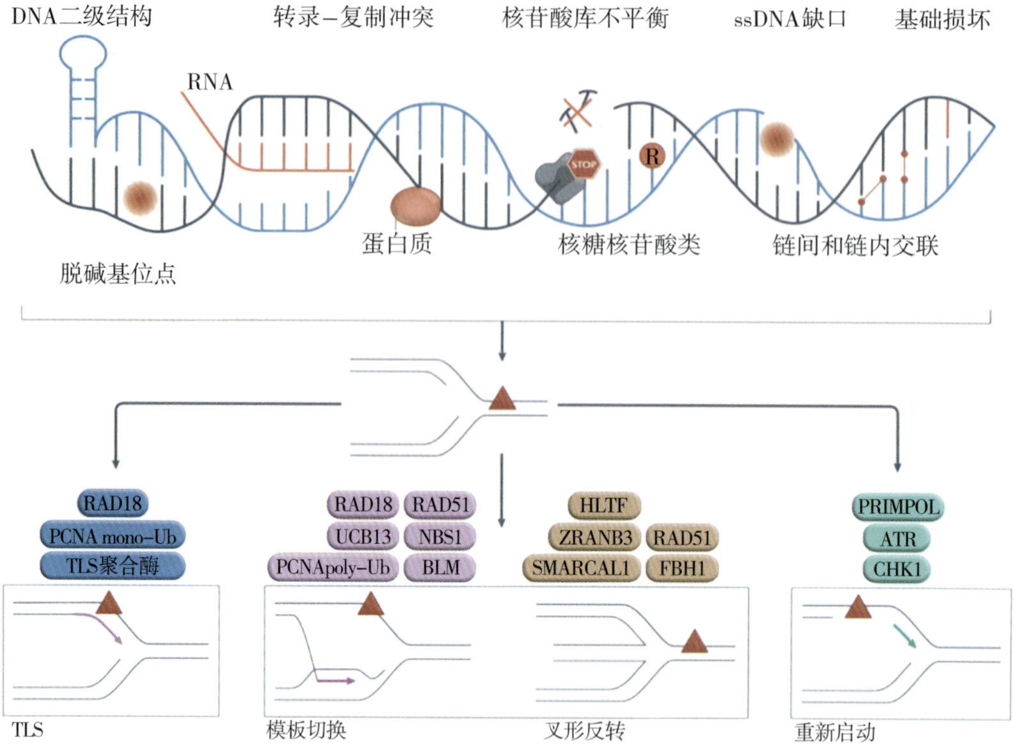

图3.4　DNA 复制和修复

和弯曲力可以调节DNA上酶的结合和催化活性，影响DNA复制和修复过程的效率和准确性。

通过试验和计算模拟，研究人员可以探索力对DNA复制和修复的影响，揭示力对DNA分子结构和功能的调控机制。这有助于人们更好地理解DNA复制和修复的细节过程，以及相关疾病如癌症的发生机制。力在DNA复制和修复中的研究为人们揭示生物分子的行为和功能提供了重要的见解，同时也为新型药物研发和基因治疗等领域的发展提供了理论基础。

3.2　生物分子的力学性质

3.2.1　生物分子的力学模型

生物分子的力学模型是描述分子在受力作用下的变形和响应的数学模型，这些模型通过考虑分子的结构、力学性质和受力机制，可以预测和解释分子在不同条件下的力学行为。

(1) 弹簧模型：弹簧模型是最简单和常用的生物分子力学模型之一，它将分子看作由连接在一起的弹簧组成的弹性体系。这种模型适用于描述分子的弹性变形，比如蛋白质的拉伸、扭曲和压缩等。

(2) 有限元模型：有限元模型是一种基于数值方法的力学模型，用于模拟复杂的分子结构和受力情况，它将分子划分为许多小的有限元单元，通过计算每个单元的力学行为来推导出整个分子的受力和变形。有限元模型可以用于研究分子的局部和全局力学性质。

(3) 多体动力学模型：多体动力学模型考虑分子中多个组成部分之间的相互作用和运动，以描述分子的力学行为。多体动力学模型通常基于牛顿运动定律和分子之间的相互作用势能函数，可以模拟分子的运动、变形和相互作用。

(4) 分子动力学模拟：分子动力学模拟是一种计算方法，通过数值模拟和模拟试验，模拟分子的运动和力学行为。分子动力学模拟基于牛顿运动定律和分子间相互作用力的数学公式，模拟分子在时间尺度上的运动和变形。分子动力学模拟可以提供关于分子结构、稳定性、机械性能和动力学过程的详细信息。

这些力学模型在生物分子研究中发挥着重要作用，可以帮助科学家们理解和预测分子的力学性质、变形行为以及与其他分子之间的相互作用。通过对生物分子的力学模型的建立和分析，可以揭示分子的结构–功能关系，促进药物设计、生物材料开发和生物工程等领域的研究和应用。

案例1：生物分子力学模型在解析蛋白质力学行为中的应用

生物分子力学模型在研究蛋白质力学行为方面发挥着重要作用。蛋白质是生物体中最重要的分子之一，其力学行为对于其结构、功能和相互作用起着关键的调控作用(图3.5)。使用生物分子力学模型研究蛋白质力学行为的应用案例如下。

(1) 蛋白质结构预测：生物分子力学模型可以用于预测蛋白质的结构和稳定性。通过建立蛋白质的力学模型，并运用分子力学模拟方法，可以模拟蛋白质在受力作用下的变形和力学响应，从而预测其结构的稳定性和力学性质。

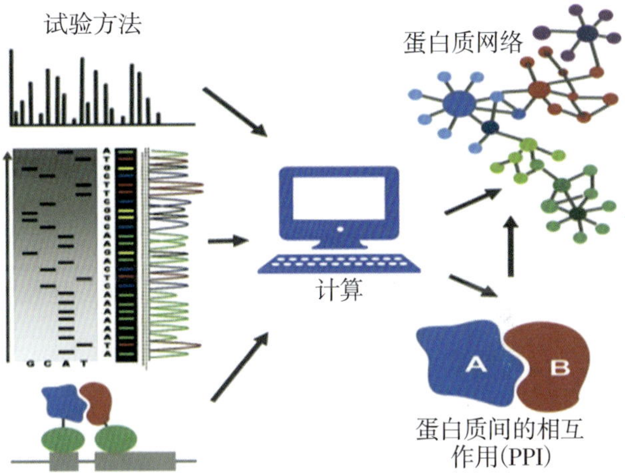

图3.5　蛋白质结构模拟示意图

(2) 蛋白质力学性质研究：生物分子力学模型可以帮助研究蛋白质的力学性质，如拉伸、扭曲和压缩等。通过在力学模型中引入外力或应变，可以模拟蛋白质的力学响应，揭示其在受力下的弹性变形和塑性行为，进而深入了解蛋白质的力学特性。

(3) 蛋白质折叠和构象转变：生物分子力学模型可以用于研究蛋白质的折叠和构象转变过程。通过模拟蛋白质在溶液中的动力学行为，包括构象转变和结构稳定性的变化，可以揭示蛋白质折叠的动力学机制和稳定性的调控因素。

(4) 蛋白质–蛋白质相互作用：生物分子力学模型可以用于研究蛋白质与其他蛋白质之间的相互作用。通过模拟蛋白质之间的力学相互作用，可以揭示它们之间的结合力、力学稳定性和结构变化，从而深入了解蛋白质相互作用的机制和功能。

这些应用案例表明，生物分子力学模型为研究蛋白质力学行为提供了有力的工具和方法。通过结合试验数据和模拟计算，科学家们可以深入理解蛋白质的力学特性和功能，为药物设计、生物工程和疾病研究等领域提供重要的指导和启示。

案例2：生物分子力学模型在描述细胞骨架动力学中的应用

细胞骨架是细胞内的重要组成部分，它在维持细胞形态、运动和力学特性方面起着重要作用。生物分子力学模型(图3.6)被广泛应用于描述细胞骨架动力学，并揭示了细胞骨架在细胞功能和疾病中的重要性。使用生物分子力学模型研究细胞骨架动力学的应用案例如下。

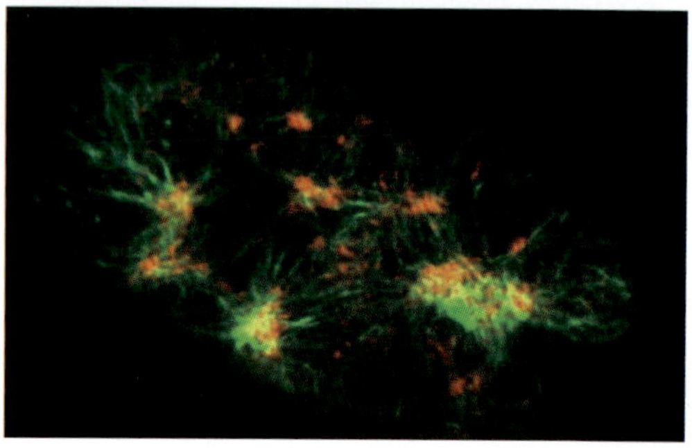

图3.6　生物分子力学模型

(1) 细胞骨架力学特性：生物分子力学模型可以模拟和描述细胞骨架的力学特性，如弹性变形、刚度和屈服特性等。通过构建细胞骨架的力学模型，可以模拟细胞骨架在受力下的变形和响应，并揭示其力学特性的来源和调控机制。

(2) 细胞骨架组织和力学稳定性：生物分子力学模型可以帮助研究细胞骨架的组织结构和力学稳定性。通过模拟细胞骨架中的不同分子组分的相互作用和力学行为，可以揭示细胞骨架组织的形成机制和力学稳定性的调控因素。

(3) 细胞骨架与细胞运动：生物分子力学模型可以用于研究细胞骨架在细胞运动中的作用。通过模拟细胞骨架的力学行为和力的传递，可以揭示细胞骨架在细胞迁移、收缩和变形等运动过程中的功能和调控机制。

(4) 细胞骨架与细胞力学感知：生物分子力学模型可以帮助研究细胞骨架在细胞力学感知中的作用。通过模拟细胞骨架的力学响应和信号传递，可以揭示细胞骨架在感知和响应外界力学刺激方面的功能和调控机制。

这些应用案例表明，生物分子力学模型在描述细胞骨架动力学方面发挥了重要作用。通过模拟和分析细胞骨架的力学行为，可以深入了解细胞骨架的功能和调控机制，为细胞生物学、组织工程和疾病研究等领域提供重要的理论和试验依据。

3.2.2　生物分子的应力–应变行为

生物分子在受力作用下表现出特定的应力–应变行为，这是生物力学研究中的重要内容之一。通过研究生物分子的应力–应变行为，可以深入了解生物分子的力学特性和其在生物体内的功能。生物分子的应力–应变行为的案例如下。

(1) 弹性行为：许多生物分子表现出弹性行为，即当受到外部力时，能够产生可逆的形变，并在去除外部力后恢复到初始状态。例如，弹性蛋白质如弹性组织中的弹性蛋白和弹性纤维素，能够在受到拉伸或扭曲力时发生弹性变形，并恢复到原来的形状。

(2) 塑性行为：一些生物分子在受到较大的应力时会发生塑性变形，即超过了其弹性范围，无法完全恢复到初始状态。这种塑性变形有的是可逆的，有的是不可逆的。例如，韧带组织在经历较大的应力时可能发生可逆的塑性变形，而一些软骨组织在受到压力时可能发生不可逆的塑性变形。

(3) 屈服行为：在应力–应变曲线中，屈服点表示材料开始发生可观察的塑性变形的应力值。屈服点之前，材料处于弹性阶段，应变与应力成正比；屈服点之后，材料开始发生塑性变形，应变增加但应力不再成正比。例如，一些金属蛋白质在经历一定的应力后，会发生屈服并进入塑性变形阶段。

(4) 断裂行为：当生物分子受到超过其强度极限的应力时，会发生断裂现象，导致分子的破裂和失去功能。例如，骨骼中的胶原蛋白在受到过大的应力时可能发生断裂，导致骨折。

通过研究生物分子的应力–应变行为，可以更好地理解生物分子的力学特性，揭示其在生物体内的功能和适应性。这对于生物材料设计、组织工程、生物医学研究等领域具有重要意义，并为开发新的生物材料和治疗方法提供了理论基础。

案例1：应力–应变行为在描述DNA超螺旋形成中的应用

DNA分子在生物体内通常以双螺旋结构存在，但在某些情况下，它可以通过受到外部力的作用发生形态变化，其中一个重要的例子是DNA超螺旋的形成。DNA超螺旋是DNA分子在受到拉伸力的作用下形成的一种扭曲结构，DNA力学行为及其应力–应变关系如图3.7所示。

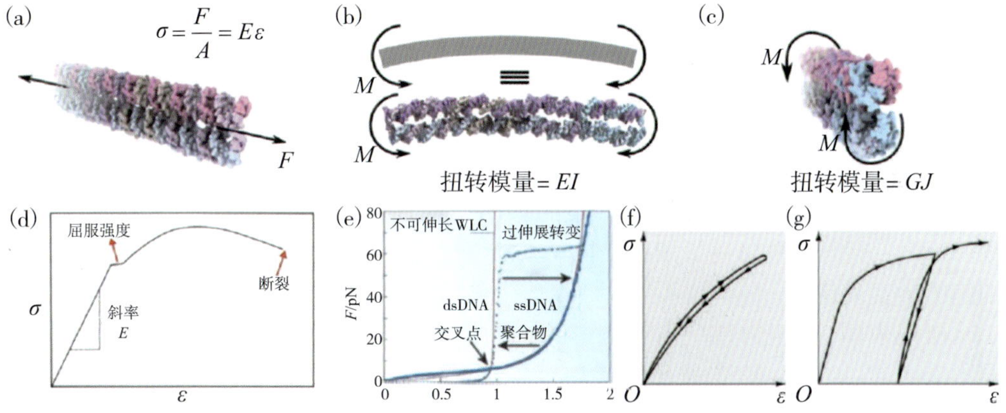

图3.7 DNA力学行为及其应力–应变关系

(a) 单轴加载下的DNA梁，其中σ是应力，F是代表力，A是法向横截面积。应力σ与应变ε(即$\Delta L/L$，其中L是长度)成正比。(b) 由于垂直于轴的力矩而弯曲的DNA梁，其中M是力矩，I是面积惯性矩。(c) 扭转梁，其中G是剪切模量，J是极惯性矩。(d) 一般物体的应力–应变曲线，其斜率代表线性区域中的弹性模量。σ-ε图从线性到非线性的转折点标志着屈服强度。一般本体屈服后延伸较多，最终会发生断裂。(e) dsDNA(左)和ssDNA(右)的力与应变曲线，表明它们的行为具有不同弹性模量的不同机制的特征。不可扩展的蠕虫状链模型(WLC)预测的ssDNA和dsDNA的行为以红线显示以进行比较。随着dsDNA的继续延伸，行为从纯dsDNA转变为ssDNA。箭头表明，可以通过核酸外切酶活性(Exo)将dsDNA行为改变为ssDNA，也可以通过聚合(Poly)将dsDNA行为改变为ssDNA，两者均在过渡区域(10～60pN)中的任何恒定力下进行。(f)、(g) 材料在弹性(f)和塑性(g)载荷下的力延伸曲线。

应力–应变关系在描述DNA超螺旋的形成过程中起着重要的作用。当外部拉伸力作用于DNA分子时，DNA链会发生延伸，并且DNA的结构发生扭曲。通过测量外部施加的拉伸力和DNA分子的应变可以建立应力–应变关系，从而了解DNA分子在受力下的力学行为。

研究表明，DNA超螺旋的形成对细胞功能和基因调控具有重要意义。在基因表达调控中，DNA超螺旋的形成可以通过改变DNA的结构来影响基因的可及性和转录因子的结合。此外，DNA超螺旋的形成还与DNA的损伤修复和染色体结构的维持等生物学过程相关。

通过应力–应变关系的研究，可以深入了解DNA超螺旋的形成机制、力学特性以及与生物学功能的关联，这为理解DNA的结构和功能提供了重要的线索，并有助于开发基于DNA力学特性的生物医学应用，如DNA纳米器件的设计和基因治疗的优化等。

案例2：应力–应变行为在解析细胞力感应中的应用

细胞力感应是指细胞对外部力的感知和响应过程，它在许多生物学过程中起着关键作用，包括细胞迁移、细胞增殖和组织发育等。应力–应变关系在解析细胞力感应中的机制和效应方面发挥着重要作用(图3.8)。

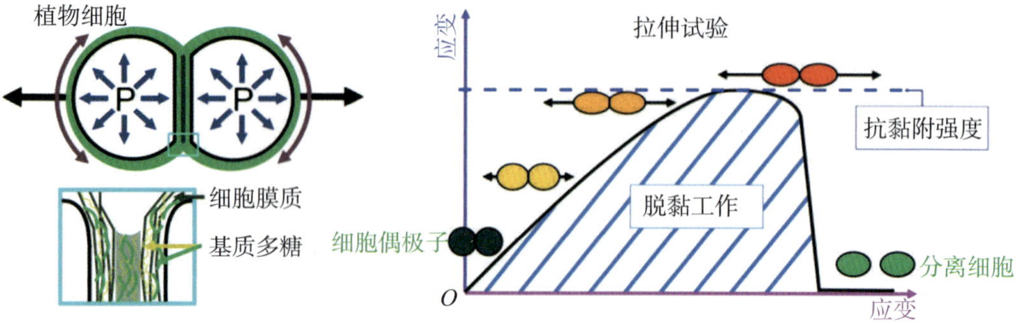

图3.8　植物细胞应力–应变关系的研究

当细胞受到外部应力刺激时，细胞内的结构和组分会发生变化，产生应力和应变。应力–应变关系描述了细胞受力后的应变响应，并可以通过测量外部施加的力和细胞的形变来建立。

研究表明，细胞力感应对细胞形状、迁移、增殖和信号传导等生物学过程具有重要影响。通过应力–应变关系的研究，可以揭示细胞受力后的力学行为，包括细胞的应变传递、机械稳定性和应力集中等特性。此外，应力–应变关系还可以揭示细胞力感应的信号转导机制和调控网络，为研究细胞力感应的分子基础提供重要线索。

通过在试验中应用应力–应变关系的概念和测量技术，研究人员可以模拟和操纵细胞受力的过程，进一步了解细胞力感应的机制和功能，为设计新型生物材料、研究细胞与外界环境的相互作用以及发展生物医学工程等领域提供基础和指导。

3.3　测量和操作生物分子的力学方法

3.3.1　生物分子力学的试验方法

生物分子力学的试验方法是研究生物分子力学行为的关键工具，这些方法可以帮助科学家观察和测量生物分子在受力下的响应和行为，从而揭示其力学性质和力学机制。

(1) 原子力显微镜(AFM)：原子力显微镜是一种高分辨率的显微镜技术，能够直接测量样品表面的原子间力。在生物分子力学研究中，AFM可以用来观察和操作单个分子，并测量其受力和形变情况。通过在AFM探针和样品之间施加力，并测量探针的位移，可以获得生物分子的力学性质和应力–应变行为。

(2) 磁性扭转测量：磁性扭转测量是一种基于磁性材料的测量方法，可以测量微小力和扭矩。在生物分子力学研究中，磁性扭转测量可用于测量细胞内部和细胞外部的力。通过将磁性标记的微粒与生物分子或细胞结合，并在外部磁场的作用下测量微粒的扭转，可以推断受力情况并计算力的大小。

(3) 光镊技术：光镊技术利用激光束对微小粒子施加光压力，从而实现对微粒的操纵和测量。在生物分子力学研究中，光镊技术可以用来操纵和测量单个生物分子，如DNA、蛋白质等。通过在激光束中夹持生物分子并施加力，可以研究其受力响应和力学性质。

(4) 其他技术：除了上述方法，还有许多其他的试验方法可以用于生物分子力学研究。例如，拉伸试验、扭转试验、压缩试验等可以用于测量生物分子在受力下的应变和力学性质。同时，通过使用精密的力传感器、显微操纵系统和图像处理技术，可以实现对微小力的测量和控制。

这些试验方法的发展和应用为人们提供了研究生物分子力学行为的有力工具。通过结合不同的试验方法，科学家能够更加全面和深入地理解生物分子的力学特性，并揭示其在细胞、组织和生物体水平上的重要功能和作用。

案例1：原子力显微镜在测量蛋白质折叠力中的应用

蛋白质的折叠过程是其正确功能和结构的基础。了解蛋白质折叠过程中的力学行为对于揭示蛋白质结构、稳定性和功能至关重要。原子力显微镜(AFM)作为一种强大的工具，可以在纳米尺度上测量蛋白质的力学性质(图3.9)。

通过使用AFM，研究人员可以将蛋白质样品固定在基底上，并使用微小的探针来施加力并测量样品的响应。在蛋白质折叠研究中，AFM可以用来拉伸和压缩蛋白质分子，以测量其弹性性质和力学稳定性。

在试验中，研究人员通常将单个蛋白质分子固定在基底上，并将AFM探针与蛋白质相互作用。通过控制探针的运动，可以在蛋白质分子上施加拉伸或压缩力，并测量其相应的位移。通过分析拉伸或压缩曲线，可以获得蛋白质的力学性质，如弹性模量、拉伸强度和断裂点等。

这种方法的应用使得研究人员能够深入了解蛋白质折叠过程中的力学行为。

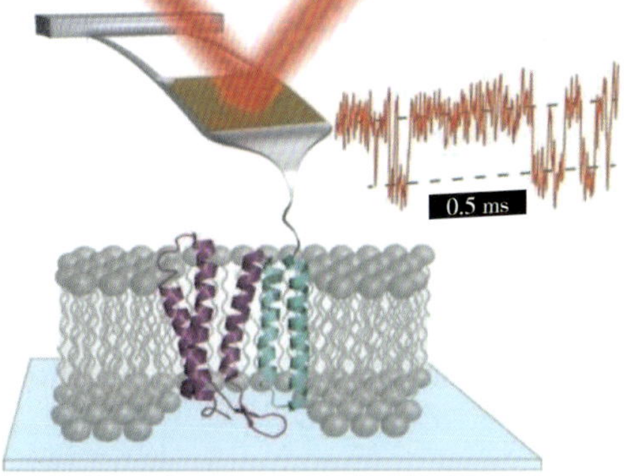

图3.9　蛋白质折叠力测量

例如，测量蛋白质在不同环境条件下的力学响应，以研究其稳定性和折叠状态。此外，还可以研究蛋白质折叠中的中间态和转变路径，并揭示折叠机制中的关键力学机理。

通过原子力显微镜的应用，研究人员可以揭示蛋白质折叠力学的微观细节，为人们深入理解蛋白质的结构、功能和疾病相关性提供重要的见解。这种技术的发展将有助于加深人们对蛋白质折叠过程的认识，并为药物设计和生物医学研究提供新的机会。

案例2：磁性扭转测量在测量DNA 扭转力中的应用

DNA是生物体内一种重要的遗传物质，它的结构和力学性质对于维持基因组的稳定性和功能起着关键作用。研究DNA扭转力有助于人们理解DNA的结构变化和功能调控机制。磁性扭转测量是一种有效的试验方法，用于测量DNA扭转力(图3.10)。

磁性扭转测量利用DNA双链的超螺旋结构特点，其中两个DNA链相互缠绕形成螺旋结构。通过在DNA上引入磁性标记物(如磁珠)，可以在磁场作用下实现对DNA扭转的控制和测量。

在试验中，研究人员将DNA样品固定在基底上，并将磁珠与DNA分子连接。通过施加外部磁场，磁珠受到磁力的作用，从而对DNA分子施加扭转力。磁性扭转测量仪器可以测量磁珠的旋转角度或磁性信号的变化，从而反映出DNA分子受到的扭转力大小。

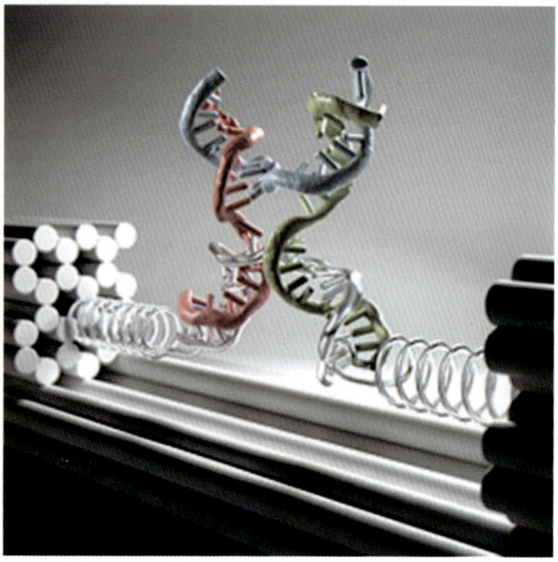

图3.10　磁性扭转测量DNA 扭转力

通过磁性扭转测量，研究人员可以研究DNA在不同环境条件下的扭转特性，如DNA的弹性模量、超螺旋的稳定性以及DNA与其他分子之间的相互作用。此外，磁性扭转测量还可以用于研究DNA结构的动态变化，例如DNA解旋过程中的力学行为。

磁性扭转测量的应用使得研究人员能够揭示DNA扭转力学的细节，并了解DNA结构与功能之间的关系。通过测量DNA扭转力，可以更好地理解DNA在细胞过程中的功能调控机制，如DNA复制、转录和重组等。此外，该发展还为药物设计和基因治疗等领域提供了新的研究手段。

磁性扭转测量在测量DNA扭转力中具有重要的应用价值。通过该技术的发展和应用，可以深入研究DNA的力学性质，进一步认识DNA的结构与功能，为生命科学和医学领域的研究提供新的突破点和理论基础。

3.3.2　生物分子力学的计算模拟方法

生物分子力学的计算模拟方法是一种重要的研究手段，它可以通过数值计算和模拟来揭示生物分子的力学行为和相互作用。在生物分子研究领域，常用的计算模拟方法包括分子动力学模拟和量子力学计算。

分子动力学模拟是一种基于牛顿力学原理的计算模拟方法，用于模拟和研究生物分子的运动和相互作用。在分子动力学模拟中，生物分子的结构被建模为一组相互作用的粒子，根据分子间力场和物理参数进行数值积分计算，模拟生物分子在时间上的演化过程。通过分子动力学模拟，研究人员可以研究生物分子的构象变化、动力学行为以及与其他分子之间的相互作用。

量子力学计算是一种基于量子力学原理的计算模拟方法，用于研究生物分子的电子结构和化学反应。量子力学计算考虑了电子的波粒二象性，并通过求解薛定谔方程来描述分子的量子力学行为。通过量子力学计算，研究人员可以研究生物分子的能级结构、电荷分布、化学反应动力学等特性。

生物分子力学的计算模拟方法在生物分子力学研究中具有重要的应用价值。它们可以帮助人们深入理解生物分子的力学性质、相互作用和功能。通过计算模拟，可以模拟和预测生物分子的结构变化、力学行为和功能性质，为试验设计和解释提供理论支持。此外，计算模拟方法还可以用于设计新的药物分子、优化生物材料性能以及探索生物分子在复杂环境中的行为。

然而，计算模拟方法也面临一些挑战和限制。生物分子系统的复杂性和计算复杂性使得模拟过程变得困难和耗时。此外，模拟结果的准确性和可靠性也取决于模型参数的选择和力场的精确性。因此，计算模拟方法的发展需要不断改进模型和算法，提高计算效率和准确性。

生物分子力学的计算模拟方法为人们提供了研究生物分子的力学行为和相互作用的有力工具。通过分子动力学模拟和量子力学计算，可以深入了解生物分子的结构和功能，为生物科学、药物研发和生物工程领域的研究提供重要的理论基础和指导。

案例1：分子动力学模拟在预测蛋白质动态行为中的应用

蛋白质是生物体内最重要的功能性分子之一，其结构和动态行为对于生物学过程的理解至关重要。分子动力学模拟是一种计算模拟方法，可以模拟蛋白质在原子水平上的动态行为，如构象变化、振动和运动等(图3.11)。

通过分子动力学模拟，研究人员可以预测蛋白质在不同环境下的动态行为，揭示其内部结构和功能的关键信息。模拟过程中，蛋白质的原子被建模为粒子，根据相互作用力场和物理参数进行数值计算，模拟蛋白质在时间上的演化过程。

分子动力学模拟在预测蛋白质动态行为方面具有广泛的应用。应用案例如下。

(1) 预测蛋白质构象变化：分子动力学模拟可以模拟蛋白质的构象变化，包括蛋白质的折叠、解折叠和结构转变等。通过模拟不同条件下的蛋白质构象，研究人员可以了解蛋白质的稳定性、折叠机制以及结构和功能之间的关系。

(2) 揭示蛋白质动力学行为：蛋白质的动态行为对于其功能的实现至关重要。分子动力学模拟可以模拟蛋白质的振动和运动，帮助研究人员了解蛋白质在不同环境下的

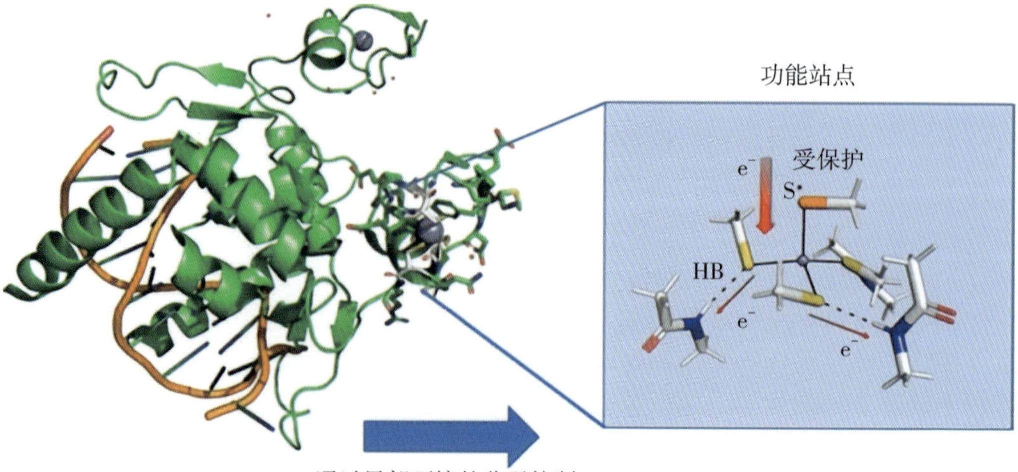

图3.11　分子动力学模拟揭示蛋白质的电粒子交互

动力学行为。这有助于揭示蛋白质的功能机制，如酶的催化过程、信号传导的调控等。

(3) 预测蛋白质–配体相互作用：许多药物和生物活性分子与蛋白质发生特定的相互作用，影响其功能和药效。分子动力学模拟可以用于预测蛋白质与配体的相互作用，包括结合模式、结合能力和稳定性等，这有助于药物设计和药效评估的研究。

通过分子动力学模拟，研究人员可以深入了解蛋白质的动态行为，并提供对其结构和功能的预测，这对于药物研发、生物工程和生物学研究具有重要意义，为人们更好地理解生物体内蛋白质的行为和相互作用提供了有力的工具和理论基础。

案例2：量子力学计算在预测药物–靶点相互作用中的应用

药物研发过程中，理解药物与靶点之间的相互作用是至关重要的。量子力学计算作为一种计算模拟方法，可以用于预测和解析药物与靶点之间的相互作用，从而加速药物发现和设计的过程(图3.12)。

量子力学计算基于量子力学理论，通过求解薛定谔方程来描述分子系统的行为。它考虑了分子的电子结构和量子力学效应，因此可以更准确地描述分子之间的相互作用。

在药物研发中，量子力学计算可用于以下方面。

(1) 药物分子的结构优化：量子力学计算可以优化药物分子的结构，确定其最稳定的构象。通过计算能量和力的变化，可以预测药物分子在不同环境中的稳定性和活性。

(2) 药物–靶点相互作用的模拟：量子力学计算可以模拟药物与靶点之间的相互作用，包括氢键、离子相互作用、范德瓦耳斯力等。通过计算相互作用能和键合性质，可以预测药物与靶点之间的结合强度和方式。

(3) 药物代谢和毒性预测：量子力学计算可以模拟药物代谢过程中的化学反应，预测药物在体内的代谢产物和毒性，这有助于理解药物的药代动力学和毒性潜力，并

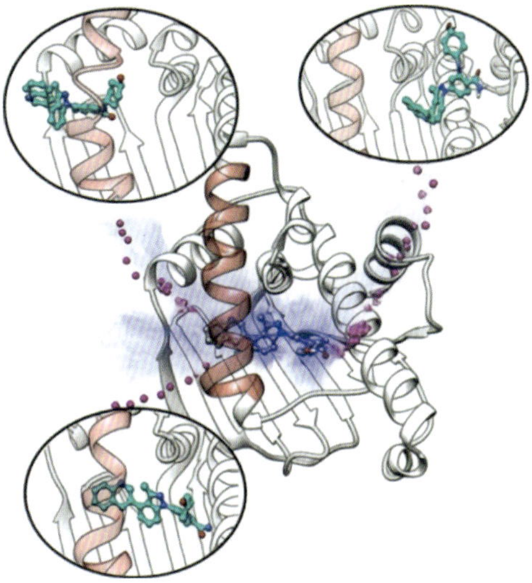

图3.12　药物–靶点相互作用模拟

为合理药物设计提供指导。

(4) 药物选择性和亲和力预测：量子力学计算可以预测药物与不同靶点之间的选择性和亲和力。通过计算药物与多个靶点之间的相互作用能，可以评估药物的选择性和潜在的多靶点效应。

量子力学计算在药物研发中发挥着重要的作用，可以为药物设计、药效评估和药物代谢研究提供关键信息。通过计算模拟药物–靶点相互作用，可以加速药物发现的过程，提高药物研发的效率和成功率。

3.4　生物分子力学的应用

3.4.1　生物分子力学在疾病诊断和治疗中的应用

生物分子力学作为一种理论和计算模拟方法，在疾病诊断和治疗中具有广泛的应用，它可以帮助科学家们更好地理解疾病的分子机制，为疾病的诊断和治疗提供重要的指导和支持。

生物分子力学在疾病诊断和治疗中的一些应用案例如下。

(1) 蛋白质结构预测和药物设计：生物分子力学可以预测蛋白质的结构和构象，帮助科学家们理解疾病相关蛋白质的功能和相互作用，这对于药物设计非常重要，因为药物通常是通过与特定蛋白质相互作用来治疗疾病的。通过生物分子力学模拟，科学家们可以评估药物与靶点之间的相互作用，优化药物设计，提高治疗效果。

(2) 疾病标志物的发现：生物分子力学可以帮助识别和研究疾病标志物，这些标志物是指在特定疾病状态下，生物体内出现的特定分子或化合物。通过模拟和分析这些标志物与其他生物分子的相互作用，可以确定其在疾病诊断中的潜在价值，为早期诊断和治疗提供重要线索。

(3) 蛋白质动态和功能研究：生物分子力学可以模拟蛋白质的动态行为，包括构象变化、折叠过程和功能调控。通过了解蛋白质的动态性质，科学家们可以揭示蛋白质功能的细节，研究其在疾病发生和发展过程中的作用，这有助于深入理解疾病机制，并为开发新的治疗策略提供理论基础。

(4) 药物耐药性研究：生物分子力学可以用于研究疾病耐药性的产生机制。通过模拟药物与靶点之间的相互作用，科学家们可以揭示耐药突变对药物结合和效果的影响，从而帮助开发新的治疗策略来克服耐药性问题。生物分子力学在疾病诊断和治疗中的应用不仅为科学家们提供了深入理解疾病机制的工具，还为药物发现和治疗策略的开发提供了重要的指导。通过模拟和分析生物分子的力学行为，可以更好地认识疾病，并为疾病的早期诊断和治疗提供更有效的手段。

案例 1：生物分子力学在癌症诊断中的应用

癌症是一种复杂的疾病，涉及细胞的异常增殖和恶性转化。生物分子力学在癌症诊断中的应用可以帮助科学家们更好地理解癌症的发展过程，从而提供更准确的诊断手段和治疗策略(图 3.13)。

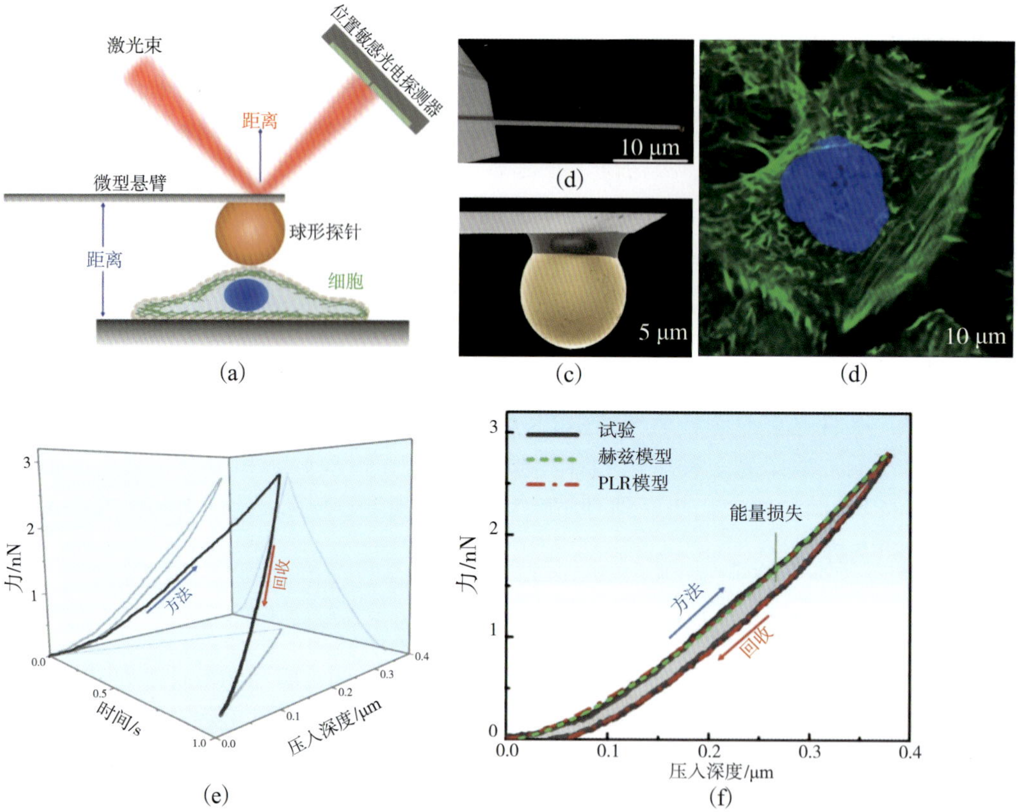

图 3.13　癌症诊断中的力学方法

生物分子力学在癌症诊断中的一些应用案例如下。

(1) 肿瘤标志物的研究：生物分子力学可以帮助科学家们研究肿瘤标志物，即在癌症患者体内出现的特定分子或化合物。通过模拟和分析肿瘤标志物与其他生物分子的相互作用，可以确定其与癌症发展的关联程度，这对于癌症的早期诊断和预测疾病进展具有重要意义。

(2) 肿瘤细胞的力学特性研究：癌症细胞与正常细胞在力学特性上存在差异。生物分子力学可以帮助研究癌细胞的力学性质，包括细胞刚度、变形性等。通过对癌细胞力学特性的分析，可以辅助癌症的诊断和分期，以及评估肿瘤的侵袭性和转移潜力。

(3) 癌症药物的设计和优化：生物分子力学可以模拟药物与癌细胞之间的相互作用，评估药物的结合能力和选择性。通过计算模拟，科学家们可以预测不同药物分子的结构和构象，优化药物设计以提高抗癌疗效，并减少对正常细胞的毒副作用。

(4) 微环境的模拟和分析：癌症的发展与周围微环境密切相关。生物分子力学可以模拟和分析肿瘤微环境中细胞和基质之间的相互作用。通过模拟微环境的力学特性，如细胞间力传递、细胞迁移等，可以深入了解癌症的进展机制，并为治疗策略的制订提供依据。

生物分子力学在癌症诊断中的应用为科学家们提供了研究癌症发展机制和优化治疗策略的工具。通过模拟和分析生物分子的力学行为，可以为癌症的早期诊断、预测疾病进展和个体化治疗提供更准确的方法，这有助于提高癌症患者的生存率和生活质量。

案例2：生物分子力学在抗病毒药物设计中的应用

生物分子力学在抗病毒药物设计中起着重要的作用。通过模拟和分析病毒与宿主细胞之间的相互作用，科学家们可以揭示病毒复制和感染过程中的关键步骤，并针对这些过程设计具有高效性和选择性的抗病毒药物。

生物分子力学在抗病毒药物设计中的一些应用案例如下。

(1) 靶点鉴定和药物筛选：通过生物分子力学模拟，科学家们可以确定病毒与宿主细胞之间的关键靶点，如病毒蛋白、受体等。基于这些靶点，可以进行大规模的药物筛选，通过计算模拟预测候选药物与靶点之间的相互作用，并评估其抗病毒活性和选择性。

(2) 药物分子的结构优化：生物分子力学模拟可以帮助科学家们优化已有药物分子的结构，提高其与病毒靶点之间的结合亲和力和稳定性。通过分子动力学模拟等计算方法，可以预测药物分子在靶点附近的构象和稳定性，指导药物结构的优化设计(图3.14)。

(3) 药物耐药性研究：生物分子力学模拟可以帮助研究药物耐药性的机制。通过模拟病毒与药物之间的相互作用，科学家们可以了解病毒如何发展耐药性，并寻找针对耐药变异的新药物设计策略，这有助于抗病毒药物的长期有效性和治疗成功率。

(4) 组合疗法的设计：生物分子力学

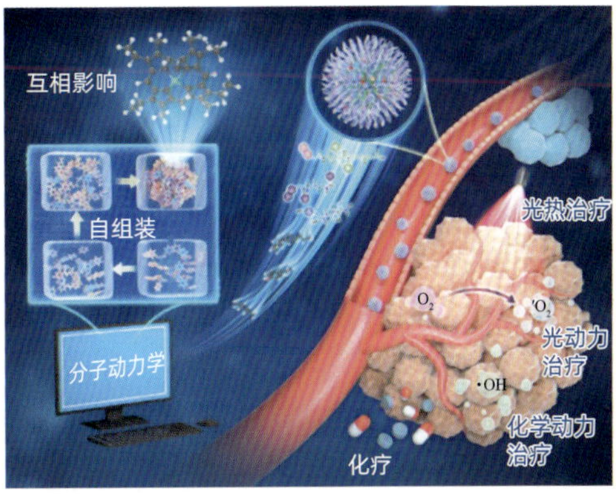

图3.14 药物分子的结构优化流程图

模拟可以用于设计多药物组合疗法，以增强抗病毒治疗效果。通过模拟多个药物分子在病毒复制过程中的作用和相互作用，科学家们可以评估药物组合的协同效应和相互作用方式，从而提高疗效并减少药物耐药性的发展。

生物分子力学在抗病毒药物设计中的应用为科学家们提供了一种理解病毒复制机制和优化抗病毒药物的方法。通过模拟和分析生物分子的力学行为，可以为抗病毒药物的开发和优化提供重要的指导和支持，为控制病毒感染和传播提供新的治疗策略。

3.4.2 生物分子力学在生物技术和材料科学中的应用

生物分子力学在生物技术和材料科学领域中具有广泛的应用。通过模拟和分析生物分子的力学行为，科学家们可以深入了解生物体系的性质和行为，从而为生物技术的开发和材料科学的研究提供重要的理论和实践基础。

生物分子力学在生物技术和材料科学中的一些应用案例如下。

(1) 蛋白质工程：生物分子力学可以帮助科学家们理解蛋白质的结构和功能关系，并通过计算模拟预测蛋白质的稳定性和折叠过程。这为蛋白质工程和设计提供了重要的指导，可以用于改造蛋白质的功能、改进其稳定性和抗性等。

(2) 酶工程：通过生物分子力学模拟，科学家们可以研究酶的催化机制和反应过程，从而设计和优化具有高效催化活性的酶，这有助于开发更有效的酶催化反应体系，如生物燃料电池、生物降解材料等。

(3) 生物传感器：生物分子力学可以帮助模拟和优化生物传感器中生物分子与检测物质之间的相互作用。通过分子模拟和计算，科学家们可以设计出更灵敏和特异性的生物传感器，用于检测和分析生物分子、病原体、环境污染物等。

(4) 药物设计和筛选：生物分子力学模拟可以帮助预测药物分子与靶点之间的相互作用，评估药物分子的亲和力和选择性，这有助于药物设计和筛选过程中的候选药物筛选、药物分子结构优化等。

(5) 材料科学中的生物材料研究：生物分子力学模拟在研究和设计生物材料方面具有重要的应用。通过模拟生物材料的力学性质和相互作用，科学家们可以预测材料的力学性能、稳定性和功能，这为生物材料的设计和合成提供了重要的指导，如仿生材料、组织工程材料等。

生物分子力学在生物技术和材料科学中的应用为科学家们提供了一种理解生物体系和优化生物技术的方法。通过模拟和分析生物分子的力学行为，可以为生物技术的开发和材料科学的研究提供重要的指导和支持，推动生物技术和材料科学领域的进步和创新。

案例1：生物分子力学在生物纳米机器设计中的应用

生物纳米机器是一类基于生物分子和生物体系的微小机械装置，具有在纳米尺度下执行特定功能的能力(图3.15)。生物分子力学在生物纳米机器设计中扮演着关键的角色，帮助科学家们理解和优化纳米机器的力学性能和功能。

生物分子力学的应用在生物纳米机器设计中包括以下方面。

(1) 功能预测与优化：通过生物分子力学模拟，可以对生物纳米机器的构造和组成进行预测和优化。科学家们可以模拟纳米机器中的生物分子间的相互作用和力学行为，预测纳米机器在特定条件下的功能表现，并优化其设计和结构。

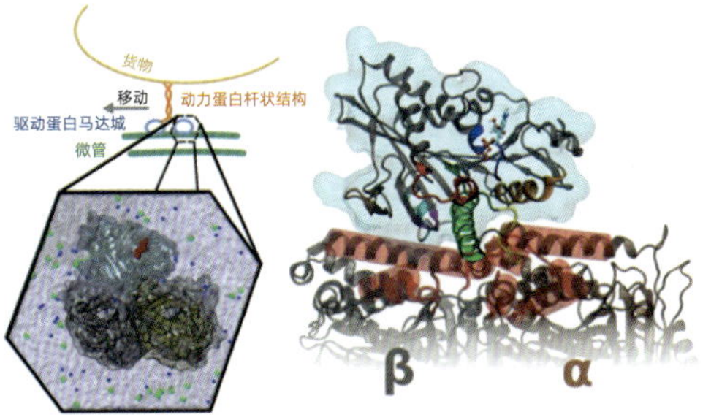

图3.15 生物纳米机器

(2) 动力学模拟：生物分子力学可以模拟纳米机器的运动和响应过程。科学家们可以通过模拟纳米机器的动力学方程，预测其在外部刺激下的运动轨迹和响应速度，这有助于设计和优化纳米机器的控制系统和工作原理。

(3) 稳定性分析：生物分子力学模拟可以评估纳米机器的结构稳定性和抗性。科学家们可以模拟纳米机器在受力和环境变化下的变形和破坏行为，以评估其在实际应用中的稳定性和耐久性，这有助于改进纳米机器的结构设计和材料选择。

(4) 相互作用研究：生物分子力学可以模拟纳米机器与周围环境或其他生物分子之间的相互作用。科学家们可以研究纳米机器与细胞、蛋白质等生物分子的相互作用机制，以优化纳米机器的生物相容性和效率。

(5) 试验指导：生物分子力学模拟结果可以为试验设计和数据解读提供指导。科学家们可以根据模拟结果设计试验条件和测量方法，验证和验证模拟结果，进一步优化纳米机器的性能和功能。

通过生物分子力学的应用，科学家们能够更好地了解和设计生物纳米机器，实现其在生物医学、纳米药物输送、纳米传感器等领域的应用。生物分子力学为纳米机器的设计和优化提供了重要的理论和试验基础，推动了生物纳米技术的发展。

案例2：生物分子力学在生物仿生材料开发中的应用

生物仿生材料是一类受生物体结构和功能启发的人工材料，具有类似于生物体的特性和性能(图3.16)。生物分子力学在生物仿生材料的设计和开发中发挥着重要的作用，帮助科学家们理解生物体材料的力学性质，并利用这些知识设计出具有类似性能的合成材料。

生物分子力学在生物仿生材料开发中的应用案例如下。

(1) 结构模拟与优化：通过生物分子力学模拟，可以模拟生物体材料的分子结构和组织排列方式。科学家们可以预测和优化仿生材料的分子层次结构，包括晶体结构、纤维排列和多层结构等，以获得所需的力学性能和功能。

(2) 力学性能预测：生物分子力学模拟可以预测仿生材料的力学性能，包括强度、刚度、韧性等。通过模拟材料中分子间的相互作用和力学行为，科学家们可以预测仿生材料在不同加载条件下的响应，为材料设计和性能优化提供指导。

(3) 功能设计与优化：生物分子力学可以帮助设计和优化仿生材料的功能。科学家们可以模拟仿生材料与周围环境或其他分子之间的相互作用，以实现特定的功能，

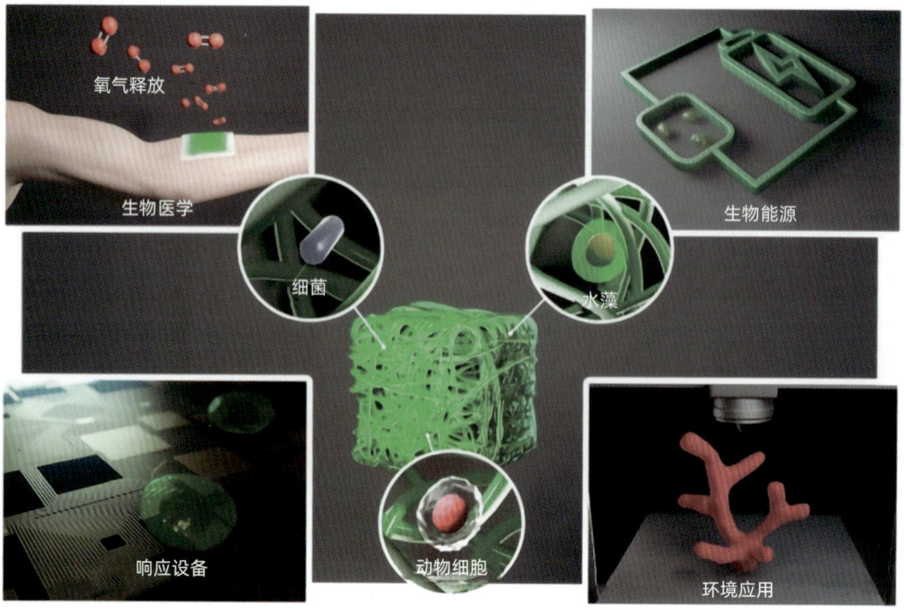

图3.16 生物仿生材料开发

如附着性、自修复能力、生物相容性等。

(4) 材料组装与组织构筑：生物分子力学模拟可以研究仿生材料的组装和组织构筑过程。科学家们可以模拟分子自组装、纤维网络形成等过程，以控制仿生材料的微观结构和宏观性能。

(5) 试验验证与指导：生物分子力学模拟结果可以为试验设计和数据解读提供指导。科学家们可以根据模拟结果设计合成方法和试验条件，验证和验证模拟结果，进一步优化仿生材料的性能和功能。

通过生物分子力学的应用，科学家们能够更好地设计和开发生物仿生材料，实现其在生物医学、能源、环境等领域的应用。生物分子力学为生物仿生材料的设计和优化提供了重要的理论和试验基础，推动了仿生材料技术的发展。

第 4 章　细胞力学

4.1　细胞力学的基本概念

4.1.1　细胞力学的定义与重要性

细胞力学是研究细胞在外部力作用下的形变、变形和响应的一门学科，它涉及细胞内部和外部力的传递、细胞结构的力学特性以及细胞力学与生物学功能之间的关系。细胞力学的重要性在于它提供了一种理解和研究细胞行为的框架，揭示了细胞力学对于细胞结构、功能和生物过程的影响。

细胞力学的定义和重要性可以进一步阐述如下。

(1) 揭示细胞结构与功能之间的关系：细胞力学研究了细胞在外部力作用下的形变和变形，通过分析细胞的力学特性和机制，可以揭示细胞结构与功能之间的关联。例如，细胞力学的研究可以帮助人们理解细胞骨架的力学特性对于细胞形态维持、细胞迁移和细胞分化等生物学过程的重要性。

(2) 研究细胞力学对细胞生物学功能的影响：细胞力学的变化可以直接影响细胞的生物学功能。例如，细胞力学的变化可能导致细胞的机械稳定性下降，从而影响细胞的形态变化、细胞迁移和细胞信号传导等功能。细胞力学的研究可以揭示细胞力学与细胞生物学功能之间的关系，深化对细胞行为的理解。

(3) 探索细胞力学在疾病中的作用：细胞力学的异常变化与多种疾病的发生和发展密切相关。例如，某些疾病如癌症和心血管疾病等会导致细胞力学的改变，从而影响细胞的功能和相应的疾病进程。细胞力学的研究可以为疾病的早期诊断、疾病机理的理解以及新型治疗方法的开发提供重要线索。

(4) 应用于生物医学工程和药物研发：细胞力学的研究成果可以应用于生物医学工程和药物研发领域。例如，在组织工程和再生医学中，细胞力学的理解可以指导人工组织的构建和细胞培养的优化。在药物研发中，细胞力学的变化可以作为药物效应的指标之一，帮助评估药物对细胞力学的影响和作用机制。

总之，细胞力学的定义与重要性在于揭示细胞结构与功能之间的关系，研究细胞力学对细胞生物学功能的影响，探索细胞力学在疾病中的作用，并应用于生物医学工程和药物研发等领域。通过细胞力学的研究，可以更好地理解细胞的行为和生物学过程，为生物医学和生物工程领域的应用提供基础和指导。

案例 1：细胞力学在细胞迁移研究中的重要性

细胞迁移是细胞在生物学过程中重要的行为，包括胚胎发育、组织修复和癌症转移等。细胞力学的研究对于揭示细胞迁移的机制和调控非常关键。

细胞力学在细胞迁移研究中的重要性体现在以下方面。

(1) 理解细胞迁移的力学特性：细胞在迁移过程中会受到外部力的作用，如细胞与细胞之间的黏附力、细胞与基质之间的摩擦力等。通过测量和分析细胞的力学特性，如细胞刚度、牵引力和应力分布等，可以深入理解细胞在迁移过程中的力学行为和力学调控机制(图 4.1)。

(2) 揭示细胞迁移的机械环境对细胞行为的影响：细胞迁移发生在复杂的机械环境中，如不同的细胞外基质刚度、流体剪切力等。细胞力学的研究可以帮助人们理解机械环境对细胞迁移行为的影响。例如，研究发现细胞在刚性基质上的迁移速度和方向性较高，而在软性基质上的迁移速度和方向性较低，这些发现揭示了细胞力学对细胞迁移的重要性。

(3) 探索细胞迁移与疾病之间的关联：细胞迁移异常与多种疾病的发生和发展密切相关，如癌症的转移和肿瘤的浸润。通过研究细胞力学在细胞迁移中的作用，可以进一步理解疾病发生的机制，并为疾病的诊断和治疗提供新的思路。例如，某些疾病的细胞迁移能力与细胞的刚度和牵引力有关，通过调控细胞力学特性，可以有助于干预疾病的发展。

(4) 引导细胞迁移的工程应用：细胞迁移的能力在生物医学工程中具有重要意义。通过深入了解细胞迁移的力学特性和机制，可以为细胞迁移相关的生物医学应用提供指导。例如，设计和优化细胞移植的载体和支架时，考虑细胞力学的因素可以提高细胞迁移的效率和成功率。

因此，细胞力学在细胞迁移研究中的重要性体现在深入理解细胞迁移的力学特性和机制，揭示机械环境对细胞行为的影响，探索细胞迁移与疾病之间的关联，以及引导细胞迁移的工程应用，这些研究对于人们更好地理解和应用细胞迁移具有重要的意义。

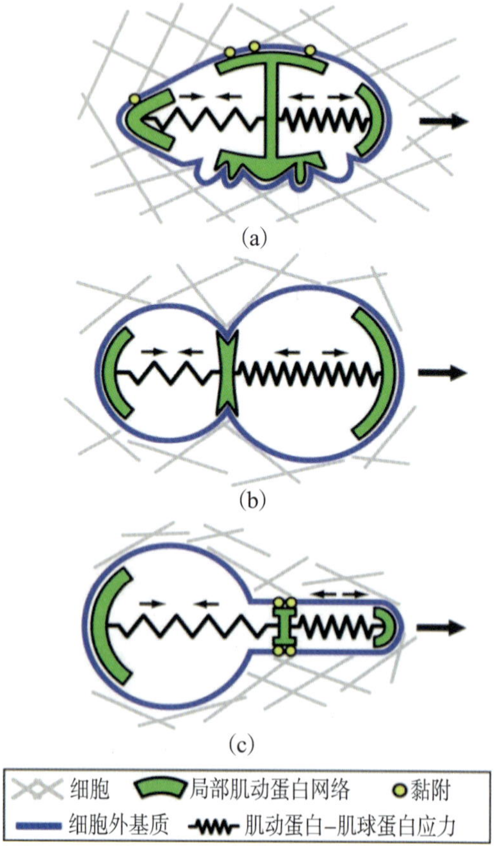

图 4.1　细胞迁移力学行为

案例 2：细胞力学在三维生物打印中的应用

三维(3D)生物打印是一种先进的技术，可以通过打印生物材料的层叠来构建复杂的组织结构。在三维生物打印中，细胞力学起着重要的作用，影响着打印材料的形态稳定性、细胞分布和组织功能性(图4.2)。

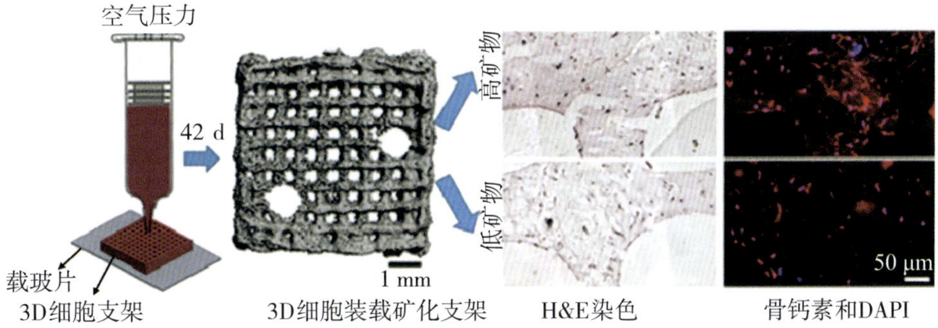

图4.2　细胞力学在 3D 生物打印中的应用

细胞力学在三维生物打印中的应用主要体现在以下方面。

(1) 材料选择与设计：细胞力学性质对于打印材料的选择和设计至关重要。根据所需组织的力学特性，可以选择相应的生物材料，如生物陶瓷、生物聚合物和生物纳米材料。此外，通过调控材料的力学性质，如弹性模量和刚度，可以实现对打印构建物的力学特性的精确控制。

(2) 细胞分布与生物相容性：细胞力学对于细胞在打印构建物中的分布和生长行为具有重要影响。通过了解细胞与打印材料之间的相互作用和力学信号传递机制，可以优化细胞的种植和生长条件，提高细胞在构建物内的存活率和分布均匀性。

(3) 组织结构与生物功能性：细胞力学的调控可以影响打印构建物的组织结构和生物功能性。例如，通过在打印过程中施加力学约束或梯度，可以实现细胞定向分布和组织结构的控制，模拟自然组织的复杂结构和功能。此外，细胞力学也可以通过调控细胞外基质的力学特性，如刚度和弹性模量，来调节细胞的增殖、分化和功能表达。

综上所述，细胞力学在组织工程中的应用可以帮助研究人员优化三维生物打印的材料选择和设计，调控细胞分布和生物相容性，以及实现构建物的组织结构和生物功能性的精确控制，这些应用为组织工程的发展提供了重要的技术支持，促进了功能性组织的构建和临床应用。

4.1.2　细胞中的力的作用与转导

细胞中的力在多个方面发挥作用并通过细胞力传导途径进行转导。细胞中力的作用和转导的几个关键方面。

(1) 细胞形态和结构维持：细胞内外的力对细胞的形态和结构起着重要作用。细胞通过对细胞骨架和细胞膜的应力调控来维持其形状和稳定性。力的作用可以影响细胞的扩展、收缩和变形，进而影响细胞的运动、迁移和分化等生理过程。

(2) 细胞黏附和间质连接：细胞黏附和间质连接是细胞与周围环境相互作用的重

要方式。通过施加力，细胞可以增强与细胞外基质的黏附，调节细胞–细胞间的黏附力，并参与形成细胞–基质和细胞–细胞的连接结构，这些力传导过程对于细胞的定位、定向迁移和组织构建具有重要意义。

(3) 信号传导与调控：细胞内外的力可以激活信号传导途径，从而调控细胞的功能和行为。一些力传感蛋白可以感知细胞受到的力，并通过激活信号通路，如Rho GTP酶家族、细胞骨架调节蛋白等，调控细胞的生长、增殖、分化和凋亡等生理过程。此外，细胞内外的力还可以影响基因表达和蛋白质合成，进而改变细胞的功能和特性。

(4) 力的传导途径：细胞中的力通过细胞骨架和细胞外基质的力传导途径进行传递。细胞骨架，包括微丝、中间丝和微管，具有抗拉伸和压缩等力学特性，可将外部施加的力传递到细胞内部。细胞外基质的力传导途径包括整合素、类整合素和细胞外基质分子等，它们能够将细胞与外部环境的力相互传递。

综上所述，细胞中的力在维持细胞形态和结构、调控黏附和连接、激活信号传导和调控基因表达等方面起着重要作用。通过细胞骨架和细胞外基质的力传导途径，细胞内外的力得以传递和转导，从而调控细胞的生理过程和行为。对细胞力学的深入研究有助于揭示细胞功能和疾病发展的机制，并为相关疾病的预防和治疗提供新的思路和策略。

案例 1：力在细胞分裂中的作用

在细胞分裂过程中(图4.3)，力起着至关重要的作用，确保细胞正确分裂和遗传物质的平等分配。力在细胞分裂中的几个重要作用如下。

(1) 细胞骨架重组和形态改变：细胞分裂的起始阶段涉及细胞骨架的重组和形态改变。通过微丝和微管的重新排列和收缩，细胞可以改变形态并形成分裂骨架，为细胞分裂的进行提供支持。

(2) 鞘膜收缩：细胞分裂的关键步骤是细胞鞘膜的收缩。在细胞分裂的中心，微丝和肌动蛋白等蛋白质形成一个收缩环，通过收缩环的收缩作用，将细胞鞘膜分成两个子细胞。

(3) 染色体分离：细胞分裂的一个重要任务是确保染色体在子细胞之间正确分离，这一过程依赖于力的作用。通过微管纤维和蛋白复合物的相互作用，染色体被连接到纺锤体的运动极，力的作用帮助将染色体准确地分离到两个子细胞中。

(4) 分裂平面的确定：在细胞分裂过程中，力的作用有助于确定分裂平面的位置和方向。通过力的调节，细胞可以确定适当的位置进行分裂，确保子细胞的正确形成。

综上所述，力在细胞分裂中起着关键作用。它参与了细胞骨架重组和形态改变、细胞鞘膜的收缩、染色体分离和分裂平面的确定等过程，确保细胞正确分裂和遗传物质的平等分配。对力在细胞分裂中的作用的深入研究有助于理解细胞分裂的机制，并揭示相关疾病的发生机制和治疗策略。

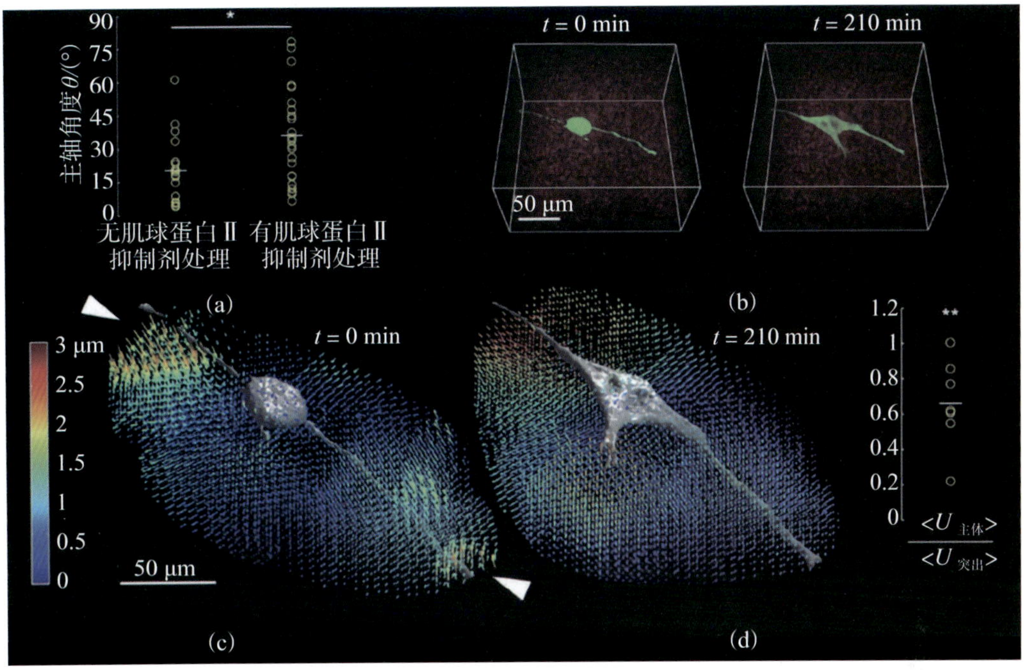

图4.3　细胞分裂过程

案例 2：力在细胞信号转导中的作用

力在细胞信号转导中扮演着重要的角色，影响细胞的行为和功能(图4.4)。力在细胞信号转导中的几个重要作用如下。

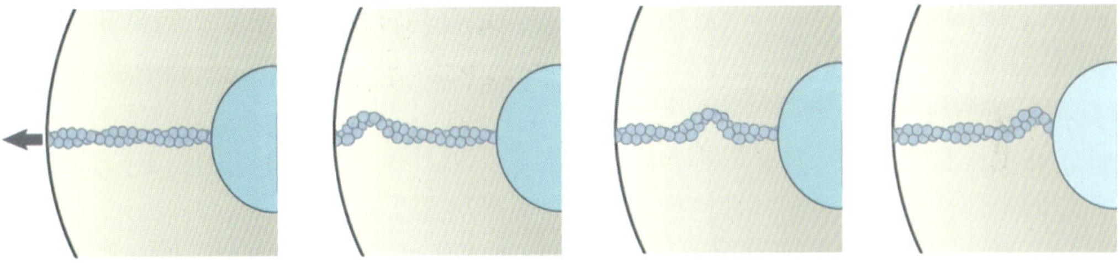

(a) 机械力提升

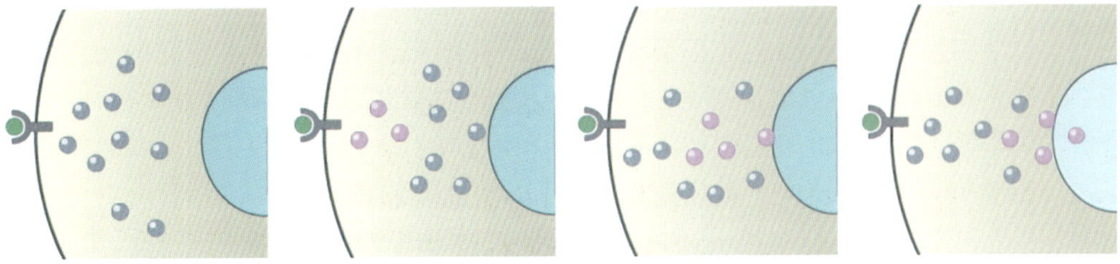

(b) 化学信号传播

图4.4　力在细胞传导中的作用

(1) 细胞外力的感知：细胞可以感知来自外部环境的力，并将其转化为细胞内信号。例如，当细胞受到外界应力或拉伸时，细胞表面的受体和蛋白质结构会感应到这种力的变化，并触发信号转导通路。

(2) 细胞内力的生成：细胞内的力产生是通过细胞骨架、肌肉收缩等机制实现的，这些力的生成可以调节细胞内的信号传递和细胞功能。例如，细胞内的肌动蛋白收缩产生力量，可以调节细胞形状和运动，并影响细胞内信号传递。

(3) 力对信号通路的调控：力可以直接或间接地调控细胞内的信号通路。例如，受到力的作用后，细胞骨架的重排和改变形态会影响细胞内信号传递分子的定位和活性，从而影响细胞信号转导的结果。

(4) 细胞内力的传递：细胞内的力可以通过细胞内部的结构和分子网络传递到其他区域，这种力的传递有助于协调细胞内不同区域的功能和行为，以实现细胞整体的协调性。

综上所述，力在细胞信号转导中具有重要作用，它参与细胞外力的感知、细胞内力的生成、对信号通路的调控以及细胞内力的传递。深入研究力在细胞信号转导中的作用可以帮助人们更好地理解细胞行为的调控机制，并有助于发展新的治疗策略和生物技术应用。

4.2　细胞的力学性质

4.2.1　细胞的力学模型

细胞的力学模型是一种用于描述细胞力学行为的理论模型，它可以帮助人们理解细胞在受力时的变形和响应。几种常用的细胞力学模型如下。

(1) 弹性模型：弹性模型是最简单和常见的细胞力学模型之一，它假设细胞具有弹性行为，即在受力后可以恢复原始形状。弹性模型常用的描述方法包括胶体颗粒模型、弹簧模型和连续介质力学模型等。

(2) 黏弹性模型：黏弹性模型结合了弹性和黏性行为，更贴近实际细胞的力学特性。在黏弹性模型中，细胞在受力后不仅会产生弹性变形，还会存在一定的黏滞性。典型的黏弹性模型包括黏弹性体模型和黏弹性流体模型等。

(3) 流变模型：流变模型用于描述细胞具有液体性质的力学行为，例如细胞内的流动和变形。流变模型通常基于流体力学的基本方程，如纳维–斯托克斯方程。流变模型适用于描述细胞内的胞浆流动和细胞变形等现象。

(4) 结构模型：结构模型是基于细胞内骨架和细胞器的结构特点建立的力学模型。它们考虑了细胞内各个组成部分的特性和相互作用，以解释细胞的力学行为。典型的结构模型包括细胞骨架模型和细胞内器官模型等。

细胞力学模型在研究中被广泛应用，可以帮助人们理解细胞的力学响应、细胞内力的传递和细胞功能的调控。通过建立和验证这些模型，可以揭示细胞内力学行为的机制，并为细胞力学研究和应用提供理论基础。

案例 1：细胞力学模型在描述细胞形状变化中的应用

细胞形状变化是细胞响应外部力刺激或内部调控的结果，对于理解细胞的功能和生理过程至关重要。细胞力学模型可以用来描述和解释细胞的形状变化及其相关机制(图4.5)。以下是一个具体的案例，展示了细胞力学模型在描述细胞形状变化中的应用。

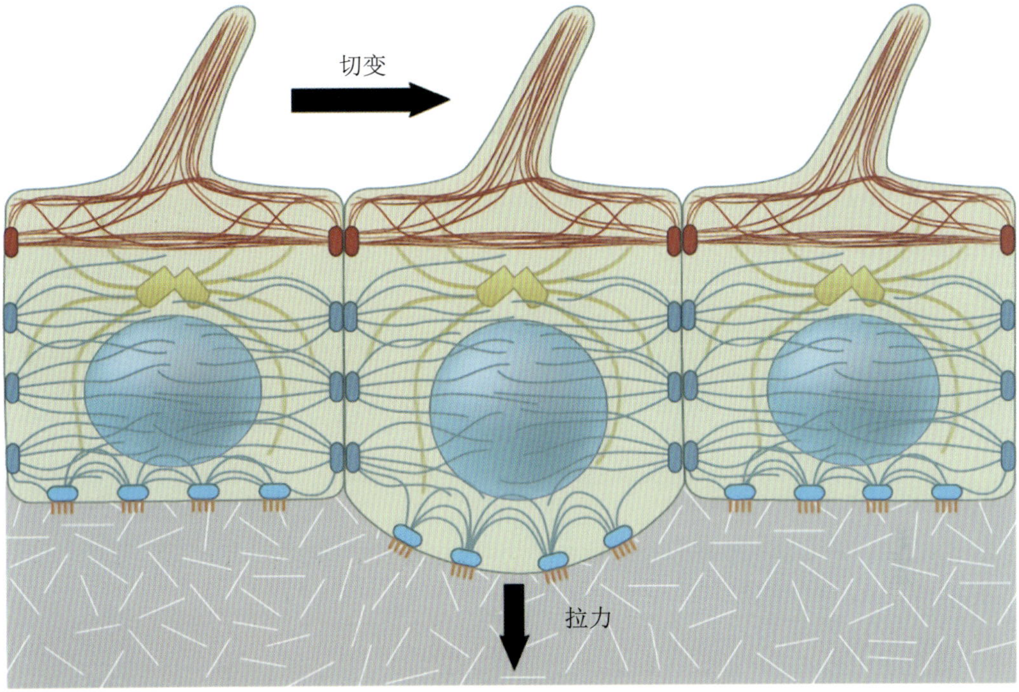

图4.5　细胞力学模型描述细胞形状变化

研究人员可以使用弹性模型来研究细胞的凹陷形状变化。在这个案例中，细胞被视为一个弹性体，可以通过弹簧模型来描述。研究人员通过对细胞施加外部力来观察其形状的变化。他们发现，当细胞受到外部力的作用时，细胞表面的凹陷会发生变化，形成不同形状的结构，如褶皱或凹陷。

通过使用弹性模型，研究人员能够定量地描述细胞在不同外部力下的形状变化。他们可以调整模型中的参数，如弹性系数和初始形状，来模拟不同类型的细胞形变。通过与试验结果的比较，研究人员可以验证模型的准确性，并深入理解细胞形状变化的力学机制。

这个案例的研究结果揭示了细胞形状变化与细胞功能和生理过程的关联。细胞力学模型的应用使得人们能够更好地理解细胞在受力过程中的响应，进而揭示细胞结构和功能的重要特征。这种理解有助于推动细胞力学研究的发展，并为生物医学领域的诊断和治疗提供新的方法。

案例 2：细胞力学模型在解析细胞骨架动力学中的应用

细胞骨架是细胞内的支持结构，由微丝、微管和中间纤维等组成，对于细胞形态维持、运动和信号传导起着重要作用。细胞力学模型可以用来研究细胞骨架的动力学行为，揭示其在细胞功能和疾病中的重要作用(图4.6)。展示细胞力学模型在解析细胞骨架动力学中的应用案例如下。

研究人员使用连续介质力学模型来研究细胞骨架的动力学行为。在这个案例中，细胞骨架被视为连续的弹性介质，可以通过弹性模型进行建模。研究人员通过模拟细胞骨架的力学行为，包括细胞骨架的变形、运动和应力分布，来深入了解细胞骨架的功能和响应。

通过模拟，研究人员可以观察细胞骨架在不同外部力作用下的变形和形态变化。他们可以研究细胞骨架的应力传递路径、弹性恢复特性以及与细胞骨架相关的细胞运动和变形过程。这些模拟结果可以与试验数据进行比较和验证，从而更好地理解细胞骨架的力学行为。

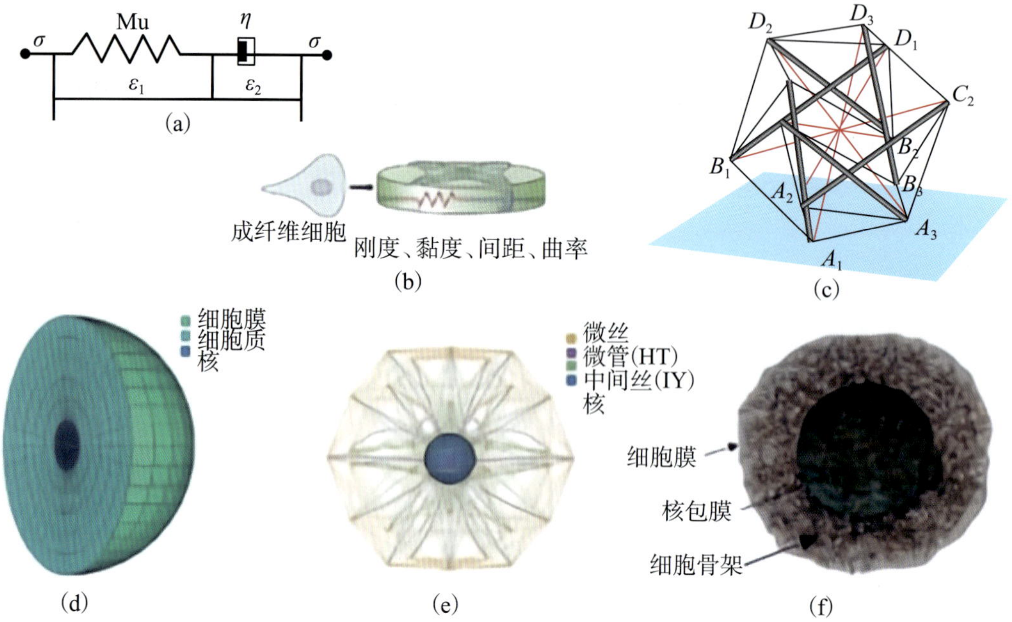

图4.6　细胞力学模型解析细胞骨架

通过细胞力学模型的应用，研究人员可以揭示细胞骨架在细胞运动、细胞形态维持和细胞信号传导中的重要作用，这对于理解细胞的生物学过程以及研究细胞相关疾病具有重要意义。此外，细胞力学模型的进一步发展和应用还可以为生物医学工程和组织工程等领域的设计和优化提供指导和基础。

4.2.2　细胞的应力–应变行为

细胞的应力–应变行为描述了细胞对外部应力的响应和变形程度，是研究细胞力学特性和机械性质的重要内容。关于细胞应力–应变行为的细化内容如下。

(1) 弹性行为：细胞表现出一定的弹性特性，即在受到外部应力后可以发生可逆的变形，但在去除外部应力后会恢复到原始形状。细胞的弹性行为主要与其细胞骨架的弹性特性有关，例如微丝和微管的弹性变形。

(2) 塑性行为：当外部应力超过细胞的弹性极限时，细胞可能会发生不可逆的形变和变形，即发生塑性变形，这种塑性行为可能会导致细胞的结构和功能的改变。

(3) 屈服点和破坏点：细胞在受到外部应力时，会经历一个屈服点和破坏点。屈服点是指细胞开始发生可观测的变形的点，而破坏点则是指细胞完全失去结构和功能的点。屈服点和破坏点的位置和程度取决于细胞的类型、状态和外部应力的大小。

(4) 应力传递和应变分布：细胞内的外部应力会通过细胞骨架和细胞–细胞连接等结构进行传递，这导致了细胞内的应力分布不均匀，不同区域的细胞可能承受不同程度的应力。

(5) 细胞力学特性的调节：细胞的应力–应变行为受到多种因素的调节，包括细胞内的信号传导、细胞骨架的结构和组成、细胞外基质的刚度等，这些调节机制对于细胞的力学适应性和生物功能至关重要。

细胞的应力–应变行为对于理解细胞生物力学、细胞力学调节以及研究细胞相关疾病具有重要意义。通过试验和数值模拟等方法可以更深入地探索细胞的应力–应变行为，并揭示其在细胞功能、组织发育、疾病进展等方面的重要作用。

案例 1：应力 – 应变行为在描述细胞变形中的应用

细胞变形是细胞对外部物理和力学环境变化做出的响应，涉及细胞的应力–应变行为(图4.7)。以下是一个应用案例，展示了应力–应变行为在描述细胞变形中的重要性。

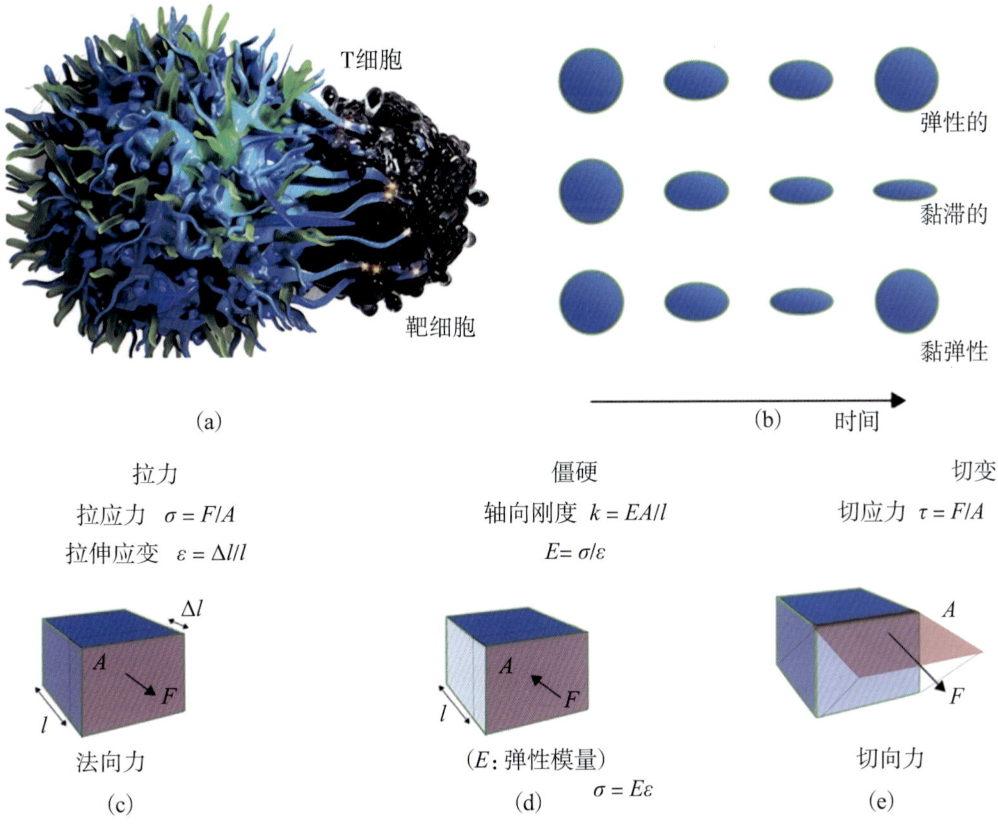

图4.7　应力–应变行为在描述细胞变形中的应用

研究人员对细胞的变形行为感兴趣，特别是在生理和病理条件下。他们使用应力–应变分析方法来描述细胞在外部力作用下的变形过程。通过施加外部应力并测量细胞的形状和变形，可以计算出细胞的应变，进而得到其应力–应变关系。

在这个案例中，研究人员使用显微镜技术和图像处理方法来跟踪单个细胞的形变，并测量其应变。他们施加不同的外部应力，例如通过细胞外基质的刚度调节，应用微流体力学装置等，以模拟细胞在不同生理和病理条件下的力学环境。

通过这些试验和测量，研究人员可以获得细胞的应力–应变曲线，即在不同应力下细胞的应变程度，这些曲线可以提供有关细胞的力学特性和机械性质的信息，例如细胞的刚度、弹性、塑性和韧性。

进一步分析这些应力–应变曲线可以揭示细胞对外界应力的响应方式，例如细胞的稳定性、变形能力和适应性，这对于理解细胞的力学调节机制以及细胞的功能、迁移、形态变化等方面具有重要意义。

通过研究细胞的应力–应变行为，可以深入了解细胞的力学特性和适应性，并揭示与细胞相关的生理和病理过程的机制，这种了解对于生物医学研究、组织工程、疾病诊断和治疗等领域具有潜在的应用价值。

案例 2：应力 – 应变行为在解析细胞力感应中的应用

细胞力感应是指细胞对外部力的感知和响应过程，其中应力–应变行为发挥着重要作用。以下是一个应用案例，展示了应力–应变行为在解析细胞力感应中的重要性。

研究人员对细胞力感应机制感兴趣，特别是在细胞与其周围环境之间的相互作用中。细胞力感应通常涉及细胞表面的受体和信号传递机制，这些机制可以感知和转导外部力对细胞的影响(图4.8)。

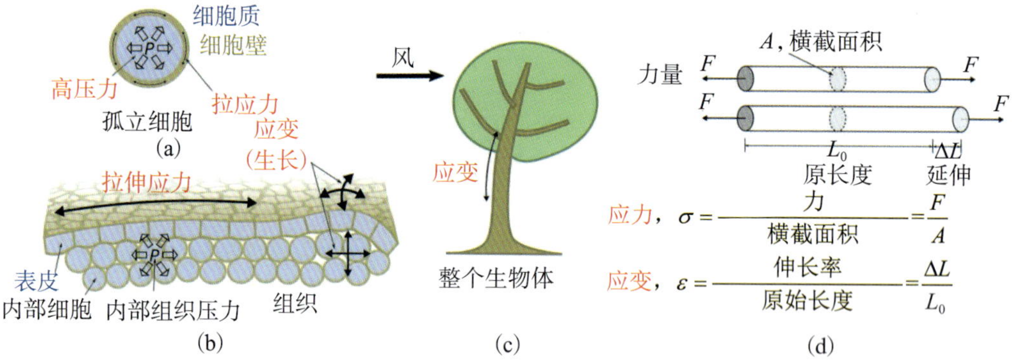

图4.8　解析细胞力感应的机制

在这个案例中，研究人员使用显微镜技术和生物力学试验装置来施加外部力并测量细胞的应变。他们使用各种力传感器和显微镜技术来监测细胞对外部力的响应，包括细胞的变形、形态变化和信号传递。

通过施加不同的外部应力和观察细胞的应变响应，研究人员可以解析细胞力感应的机制。他们可以确定细胞如何感知和解读外部力，以及这些力如何影响细胞内的信号传递和细胞功能。

进一步研究细胞的应力–应变行为可以揭示细胞力感应机制的细节，包括受体的激活、细胞骨架的重新组织、细胞内信号通路的激活等，这些信息对于理解细胞对力学刺激的感知和适应具有重要意义。

通过解析细胞力感应的机制，可以深入了解细胞与其周围环境之间的相互作用，并揭示与细胞运动、迁移、组织发育等方面相关的重要过程，这对于生物医学研究、组织工程、生物材料设计等领域具有潜在的应用价值。

4.3 测量和操作细胞的力学方法

4.3.1 细胞力学的试验方法

细胞力学的试验方法旨在测量和分析细胞的力学特性和行为。几种常用的细胞力学试验方法如下。

(1) 拉伸试验：拉伸试验方法用于施加外部力来拉伸细胞或细胞构件，以测量其应变和应力响应。常见的拉伸试验装置包括拉伸仪和拉伸装置，可用于研究细胞的力学性质、变形行为和力学响应。

(2) 压力试验：压力试验方法用于施加外部压力或压缩力来测量细胞的应变和应力响应。压力试验通常使用显微镜观察细胞的形变，并结合力传感器等装置测量细胞的应力响应。

(3) 微针探测：微针探测是一种通过在细胞表面插入微小针尖来测量细胞力学特性的方法。微针探测可以测量细胞的硬度、弹性和黏性等参数，并研究细胞对外部力的响应。

(4) 显微注射：显微注射试验方法用于注射微小液滴或药物到单个细胞内部，并通过观察细胞的变形和响应来研究细胞的力学特性和行为。

(5) 原子力显微镜：AFM是一种高分辨率的显微镜技术，可以测量细胞表面的力学特性。它利用纳米尖端对细胞表面施加微小的力，并测量其产生的位移和力响应，从而得到细胞的硬度和弹性等信息。

(6) 微流体试验：微流体试验使用微流控技术，通过调控流体流动和应用外部压力来研究细胞的力学特性。微流体试验可以模拟细胞在生理和病理条件下的力学环境，并研究细胞对流体剪切力和压力的响应。

这些试验方法可以单独或结合使用，以获得关于细胞力学特性和行为的全面信息。通过这些方法，研究人员能够了解细胞的变形特性、力学响应和力传递机制，进而揭示细胞的力学行为与生理过程、疾病发展等之间的关系。

案例 1：微操作在测量细胞黏附力中的应用

微操作是一种基于微纳米技术的试验方法，可用于测量细胞与基质之间的黏附力，该方法利用微小的操纵器械，如微探针、微操纵器等，对单个细胞进行精确的操作和控制。

在测量细胞黏附力时，常用的微操作方法如下。

(1) 微钳子操作：通过使用微钳子，如光学镊子(optical tweezer)或磁性微钳子，可以在细胞和基质之间施加控制力，并测量细胞与基质之间的黏附力。这种方法可以测量细胞在不同黏附点上的黏附力，并研究细胞黏附的动力学过程。

(2) 微流体操作：利用微流体技术可以在细胞和基质之间形成流体剪切力，并通过调节流体流速和压力来测量细胞黏附的力学特性，该方法可以模拟细胞在生理和病理条件下的黏附环境，并研究细胞对流体剪切力的响应。

(3) 微操纵器操作：通过使用微操纵器，如扫描探针显微镜(scanning probe microscopy)，可以在细胞表面施加微小的力，并测量细胞与基质之间的黏附力，该方法可以实现对细胞黏附力的高分辨率测量，对于研究细胞黏附的微观机制非常有价值。

利用微操作方法测量细胞黏附力可以揭示细胞–基质相互作用的力学特性，包括黏附力的大小、变化和时空分布等(图4.9)，这对于理解细胞黏附过程中的信号传导、细胞迁移、组织形成等生理过程至关重要。此外，细胞黏附力的异常也与多种疾病的发生和发展相关，因此精确测量和理解细胞黏附力对于疾病诊断和治疗具有重要意义。

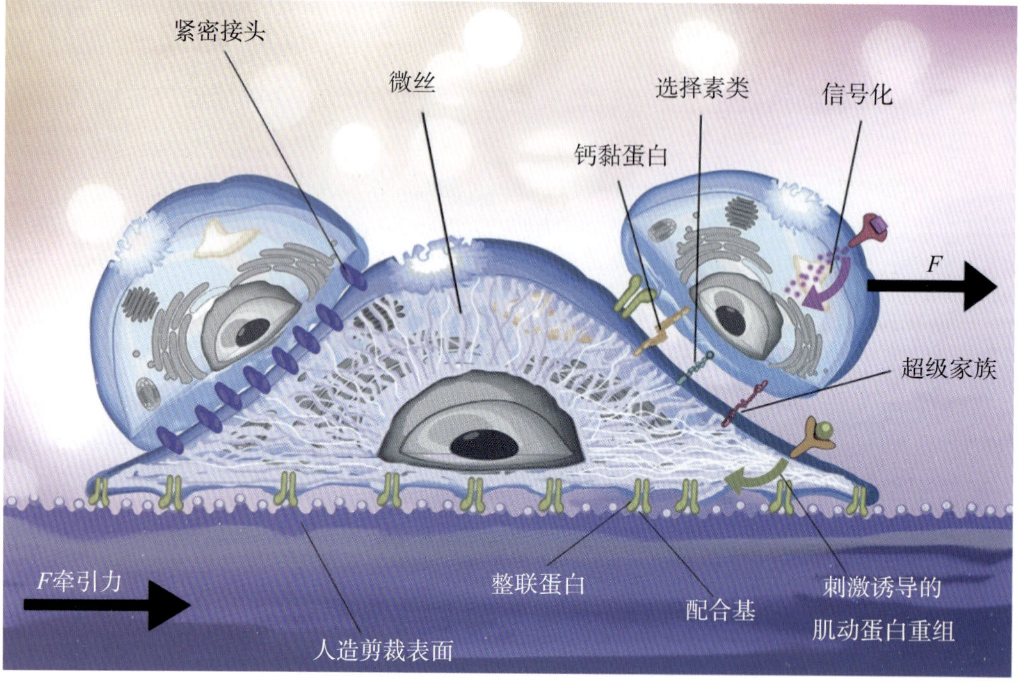

图4.9　扫描探针显微镜镜头下细胞–基质力学示意图

案例 2：拉伸试验在测量细胞力学响应中的应用

拉伸试验是一种常用的试验方法，用于测量细胞在受到外力作用下的力学响应。该方法通过施加机械拉伸或压缩力来模拟细胞所处的力学环境，并测量细胞的形变、应变和力学特性。

在测量细胞力学响应时，常用的拉伸试验方法如下。

拉伸装置试验：利用拉伸装置，如拉伸剪刀、拉伸台等，可以将细胞培养基贴附的基质进行拉伸或压缩，然后通过显微镜观察和测量细胞的形变和应变，该方法可以研究细胞的力学特性，如弹性模量、刚度、延展性等，并探索细胞在不同拉伸条件下的适应性和响应机制。

拉伸流体力学试验：利用流体力学装置，如流体剪切装置、流体旋转装置等，可以在细胞培养基中施加剪切力和扭转力，模拟细胞所处的流体环境，并测量细胞的形变和应变，该方法可以研究细胞在流体力学条件下的力学行为，例如细胞的变形性、应力传递性等。

拉伸微操纵试验：利用微操纵技术，如光学镊子、磁性操纵器等，可以对单个细胞施加微小的拉伸或压缩力，并通过测量细胞的形变和力学特性来推断其力学响应(图4.10)，该方法可以实现对单个细胞的高精度力学测量，并研究细胞的力学行为和调控机制。

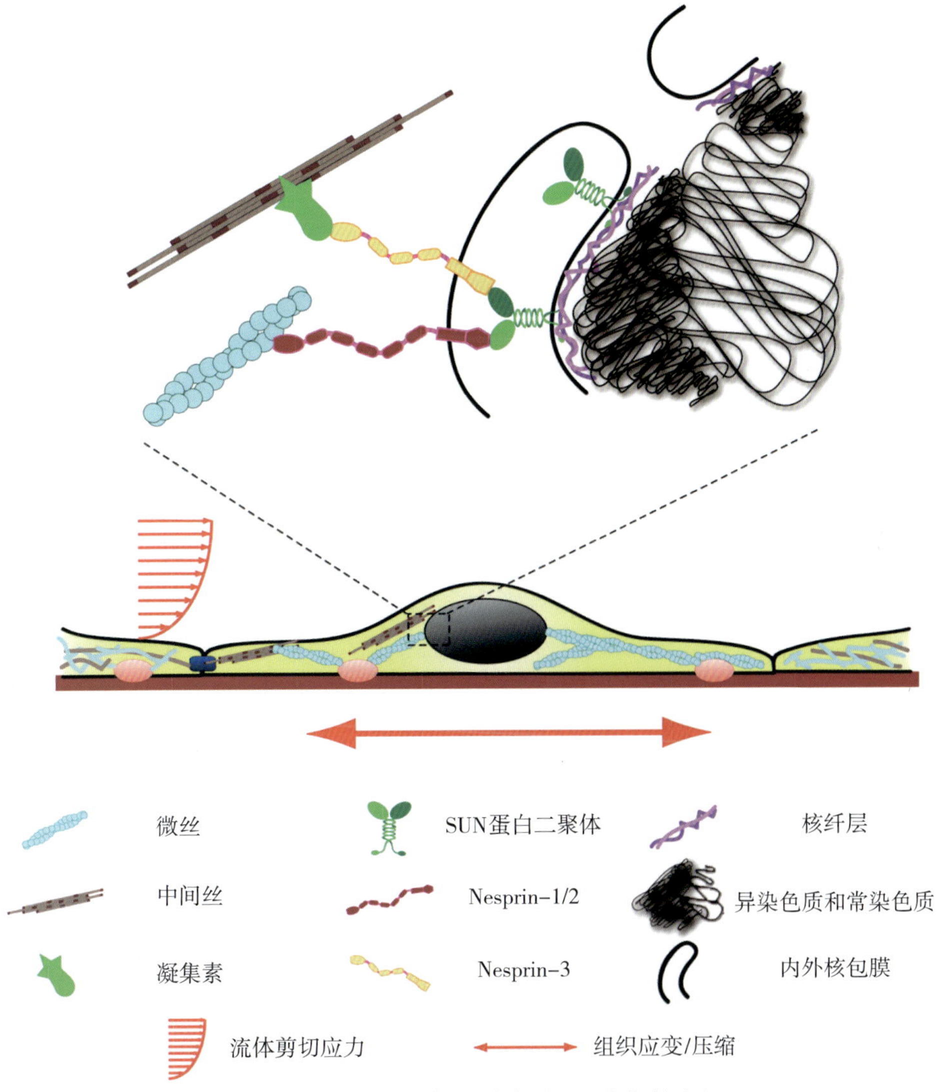

图4.10　拉伸微操纵试验测量细胞力学响应

利用拉伸试验方法测量细胞力学响应可以提供对细胞的力学特性和适应性的深入理解，这对于研究细胞的生物力学行为、细胞迁移、组织形成等过程具有重要意义。此外，许多疾病和病理状态会影响细胞的力学性质，因此通过拉伸试验测量细胞力学响应还可以为疾病的诊断和治疗提供重要的参考信息。

4.3.2 细胞力学的计算模拟方法

细胞力学的计算模拟方法是一种通过数值计算和模型模拟来研究细胞力学行为的方法，该方法基于力学原理和数学模型，可以模拟和预测细胞在受力作用下的形变、应变和力学特性。常见的细胞力学计算模拟方法如下。

(1) 有限元分析：有限元分析是一种广泛应用于工程和科学领域的计算方法。在细胞力学中，有限元分析可以用于建立复杂的细胞模型，并通过对细胞内部结构和外部受力进行网格划分，计算细胞的形变、应变和力学响应。这种方法能够提供详细的细胞力学信息，如应力分布、应变分布和应力–应变关系。

(2) 多体动力学模拟(multibody dynamics simulation)：多体动力学模拟方法将细胞视为由多个物体或粒子组成的系统，通过对这些物体之间的相互作用进行建模和求解，模拟细胞在受力作用下的运动和力学行为。多体动力学模拟可以研究细胞的变形、形状演变和力学响应，并可以考虑细胞内部的复杂结构和组织。

(3) 离散元法(discrete element method, DEM)：离散元法是一种适用于颗粒或颗粒组合体的模拟方法，可以应用于细胞力学研究。在离散元法中，细胞被视为由离散的颗粒或节点组成，通过对这些颗粒之间的力学相互作用进行建模，模拟细胞的形变和力学行为。离散元法可以考虑细胞内部的微观结构和颗粒之间的接触力，对细胞的力学特性进行精确的建模和分析。

(4) 多尺度建模和模拟：由于细胞结构和功能的多尺度特性，细胞力学的计算模拟方法也包括多尺度建模和模拟技术，这些方法将细胞视为多个层次或尺度的组织结构，并在每个层次上应用适当的模型和计算方法。多尺度建模和模拟可以更好地模拟和预测细胞力学行为，从细胞内部的分子水平到整体组织水平提供全面的力学分析。

通过计算模拟方法，研究人员可以在不同尺度上深入探索细胞的力学行为，揭示细胞内部的力学机制和力学调控过程，这些模拟方法提供了一种补充试验研究的手段，能够为细胞生物力学领域的研究提供重要的理论和预测工具。

案例 1：有限元分析在预测细胞变形中的应用

有限元分析是一种常用的计算模拟方法，可以应用于预测细胞在受力作用下的形变和变形行为(图4.11)。有限元分析通过将细胞结构离散化为小的有限元素，在每个元素上建立力学模型和方程，然后求解这些方程来预测细胞的形变情况。

在细胞变形的研究中，有限元分析可以提供以下方面的应用如下。

(1) 细胞力学行为的模拟：通过有限元分析，可以建立细胞的力学模型，并对细胞受力后的形变行为进行模拟和预测。有限元分析可以考虑细胞内部的结构和组织，以及外部施加在细胞上的力，从而揭示细胞的力学响应和变形机制。

(2) 形变分析和应力分布：有限元分析可以计算细胞内部的应力和应变分布，从而了解细胞受力后不同部位的变形情况。通过分析应力分布，可以评估细胞内部的力传递路径和受力分布，进一步理解细胞的力学行为。

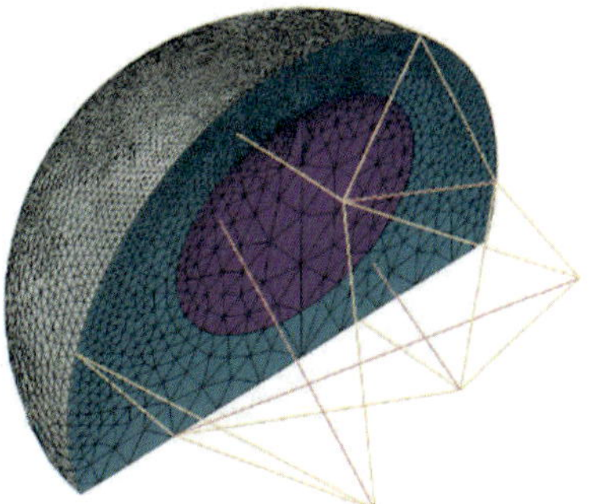

图4.11 有限元分析预测细胞变形模型

(3) 形态变化预测：通过有限元分析，可以预测细胞在不同受力条件下的形态变化。通过改变施加在细胞上的力的方向和大小，可以模拟不同的细胞形态变化，从而研究细胞的力学稳定性和适应性。

(4) 生物力学参数估计：有限元分析可以通过与试验数据的比较，估计细胞的力学参数，如细胞的弹性模量、剪切模量等。这些参数的准确估计对于进一步理解细胞的力学行为和功能至关重要(图4.12)。

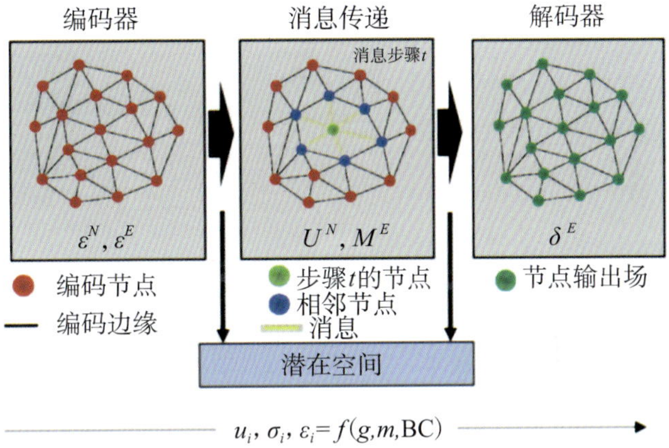

图4.12 基于有限元分析的结构与力学交互预测

综上所述，有限元分析在预测细胞变形中具有广泛的应用。它为研究人员提供了一种强大的工具，可以模拟和预测细胞在受力作用下的形变行为，并揭示细胞内部的力学特性和力学调控机制，这对于理解细胞的力学行为以及与生理和疾病相关的细胞变形过程具有重要意义。

案例2：细胞力学模型在预测细胞内力分布中的应用

细胞内力的分布对于细胞功能和生物过程至关重要，因此了解细胞内力的分布情况对于揭示细胞力学行为和功能具有重要意义。细胞力学模型是一种用于预测和模拟细胞内力分布的方法，通过建立力学模型和方程，可以推断不同部位的力和受力情况(图4.13)。

在预测细胞内力分布的研究中，细胞力学模型可以提供以下方面的应用。

(1) 力的传递路径分析：通过建立细胞力学模型，可以追踪和分析细胞内部力的传递路径，该模型可以揭示细胞内部的力传递网络和关键结构，帮助人们理解细胞内部力的来源、传递和分布方式。

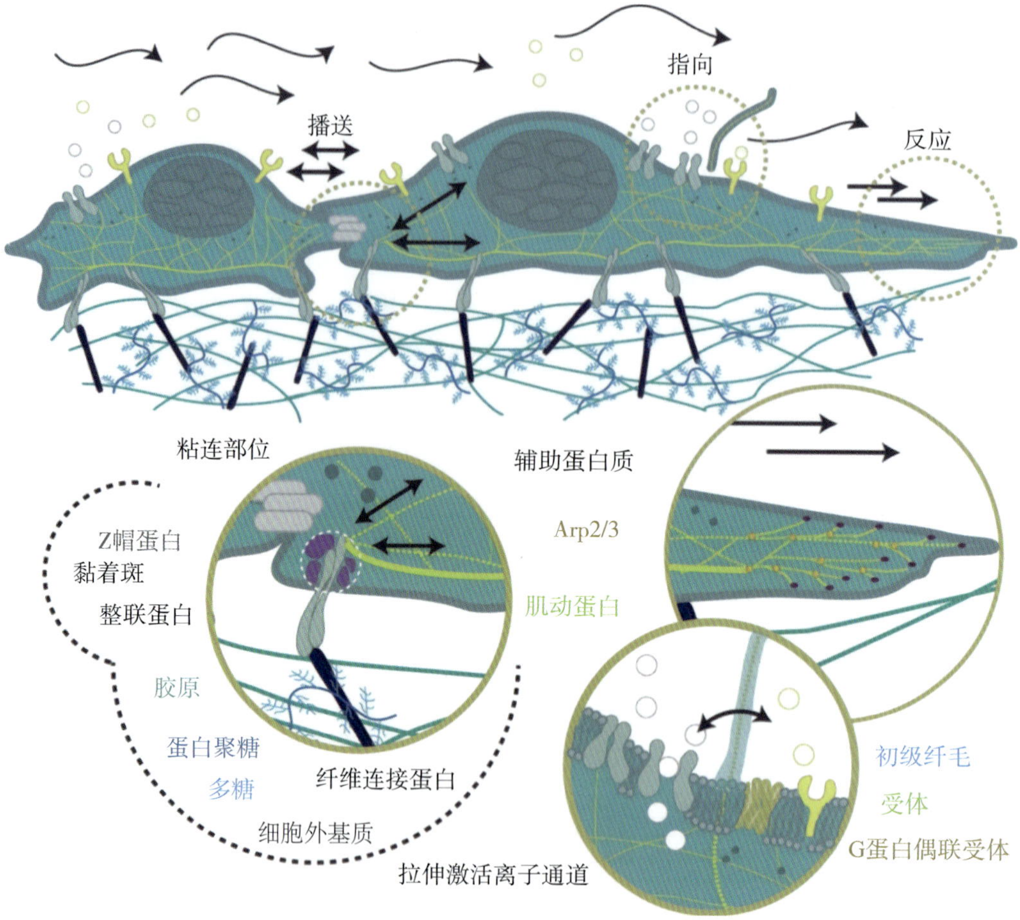

图4.13　细胞力学模型揭示的内部动态

(2) 力的分布模拟：通过细胞力学模型，可以预测细胞内不同部位的力分布情况，该模型可以考虑细胞内部的结构和组织特性，以及外部施加在细胞上的力。通过模拟力的分布，可以揭示细胞内力的空间分布特征，进一步了解细胞内力的调控机制。

(3) 力的调控机制研究：细胞力学模型可以帮助研究人员探索细胞内力的调控机制。通过改变模型中的参数或外部条件，可以模拟和预测细胞内力的变化，从而研究不同调控因素对于力的分布和调节的影响。

(4) 力的定量分析：细胞力学模型可以与试验数据进行比较，从而定量分析细胞内力的大小和分布情况。通过模型的优化和参数拟合，可以估计细胞内力的绝对值或相对值，进一步了解细胞内不同部位的力强度和力的变化趋势。

综上所述，细胞力学模型在预测细胞内力分布中具有广泛的应用，它为研究人员提供了一种强大的工具，可以模拟和预测细胞内部的力分布情况，并揭示细胞内力的调控机制和功能，这对于理解细胞力学行为、细胞功能以及与生理和疾病相关的细胞力学变化具有重要意义。

4.4 细胞力学的应用

4.4.1 细胞力学在疾病诊断和治疗中的应用

细胞力学作为一种研究细胞力学行为和特性的领域，已经在疾病诊断和治疗中展示了潜力。通过对细胞力学的分析和测量，可以获得有关细胞结构、机械性质和功能的重要信息，从而为疾病的诊断和治疗提供新的视角和方法。

细胞力学在疾病诊断和治疗中的应用案例如下。

(1) 癌症诊断：癌症细胞通常具有与正常细胞不同的力学特性，如细胞刚度、可变形性和黏附性。通过测量和分析癌症细胞的力学特性，可以提供癌症的早期诊断和分级。例如，使用细胞力学测量技术如细胞刚度显微镜，可以检测到癌症细胞的异常刚度，从而帮助医生确定癌症的存在和严重程度。

(2) 神经退行性疾病诊断：神经退行性疾病如阿尔茨海默病和帕金森病通常会导致神经细胞的损伤和变形。通过测量受影响细胞的力学特性，可以提供与疾病相关的信息。例如，使用细胞力学测量技术，可以检测到神经细胞的变形性增加和刚度降低，从而帮助诊断神经退行性疾病。

(3) 药物筛选和治疗评估：细胞力学分析可用于评估药物的疗效和安全性。通过测量细胞力学特性的变化，可以评估药物对细胞生长、迁移和生物力学行为的影响，这可以用于筛选潜在的药物治疗方案，并评估药物治疗的效果。

(4) 组织工程和再生医学：细胞力学的理解对于组织工程和再生医学领域的成功至关重要。通过控制细胞的力学环境，可以影响细胞的增殖、分化和重构能力，从而实现组织的再生和修复。细胞力学的研究为设计和优化组织工程材料、生物支架和生物材料提供了重要的指导。

细胞力学在疾病诊断和治疗中的应用还处于不断发展的阶段，仍有许多挑战和机遇等待人们去探索和解决。通过继续研究和应用细胞力学的原理和技术，有望提高疾病的早期诊断、个体化治疗和疾病管理的效果，为疾病的预防和治疗开辟新的途径。

案例 1：细胞力学在癌症诊断中的应用

癌症是一种细胞异常增殖和恶性转化的疾病，其发展过程伴随着细胞力学特性的改变。细胞力学的研究可以提供癌症诊断的新方法和指标，从而改善早期诊断和治疗的效果(图4.14)。

细胞力学在癌症诊断中的应用主要集中在测量和分析癌细胞的力学特性，其中一些常见的方法如下。

(1) 细胞刚度测量：癌细胞通常具有较高的刚度，与正常细胞相比更坚硬。通过使用细胞力学测量技术，如细胞刚度显微镜和纳米压痕技术，可以定量测量癌细胞的刚度。这些测量结果可以作为癌症诊断的指标之一，因为肿瘤组织中的癌细胞刚度通常与正常组织明显不同。

(2) 细胞变形性测量：癌细胞的可变形性也是其力学特性的重要指标。通过应用微流体力学和拉伸试验等方法，可以测量癌细胞的形变能力和变形速率。癌细胞的变形性与其转移和侵袭能力相关，因此这些测量结果可以提供癌症的分级和预后信息。

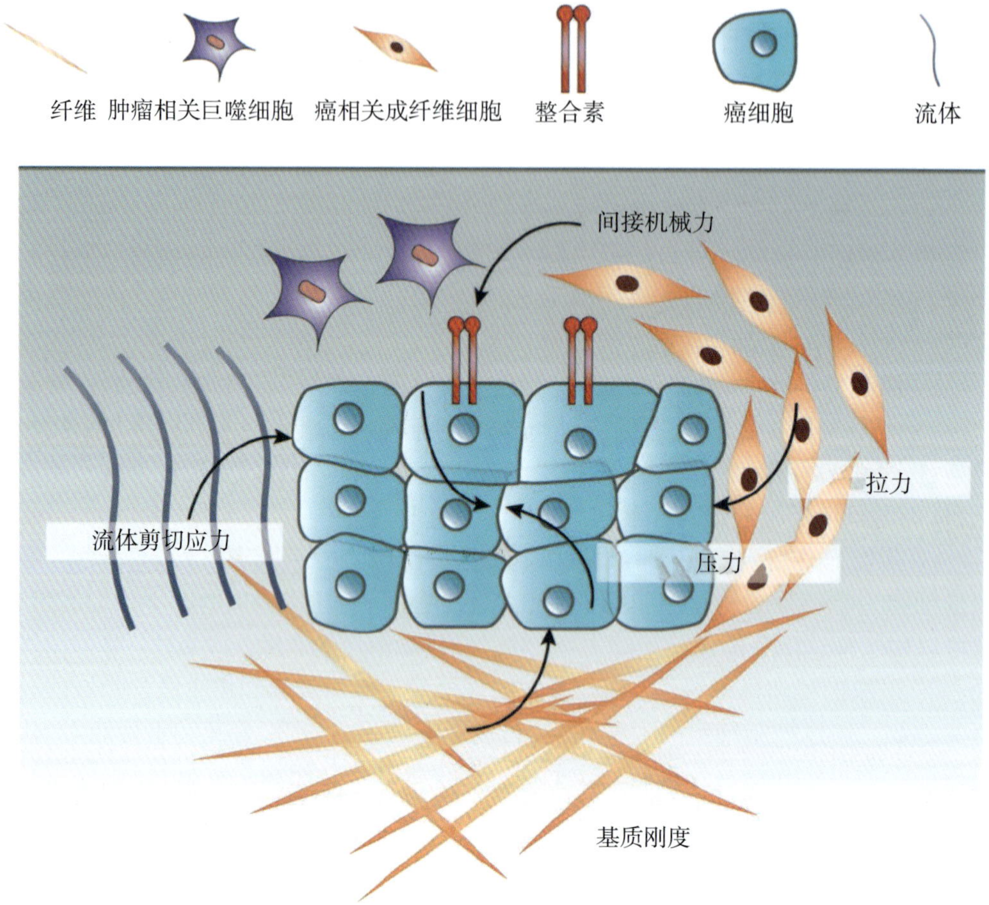

图4.14　从细胞相互作用到癌症诊断

(3) 细胞黏附力测量：癌细胞的黏附能力与其在身体内的迁移和浸润能力密切相关。通过使用微操作技术和细胞力学测量装置，可以测量癌细胞与基质之间的黏附力，这些测量结果可以帮助评估癌细胞的浸润和转移潜力，并为癌症的预后评估提供重要信息。

细胞力学在癌症诊断中的应用不仅可以提供定量的力学指标，还可以与其他临床指标结合，如影像学检查和生物标志物检测，共同改善癌症的早期诊断和分级。通过深入研究和应用细胞力学的原理和技术，可以期待更准确和个体化的癌症诊断方法的发展，为癌症患者提供更好的治疗和管理方案。

案例 2：细胞力学在细胞治疗中的应用

细胞治疗是一种新兴的治疗方法，通过将健康的细胞或修复的细胞引入患者体内，来促进组织修复和疾病治疗。细胞力学的研究和应用对于细胞治疗的成功实施起着关键作用，包括细胞注射、细胞定位和细胞递送等方面(图4.15)。

细胞力学在细胞治疗中的应用案例如下。

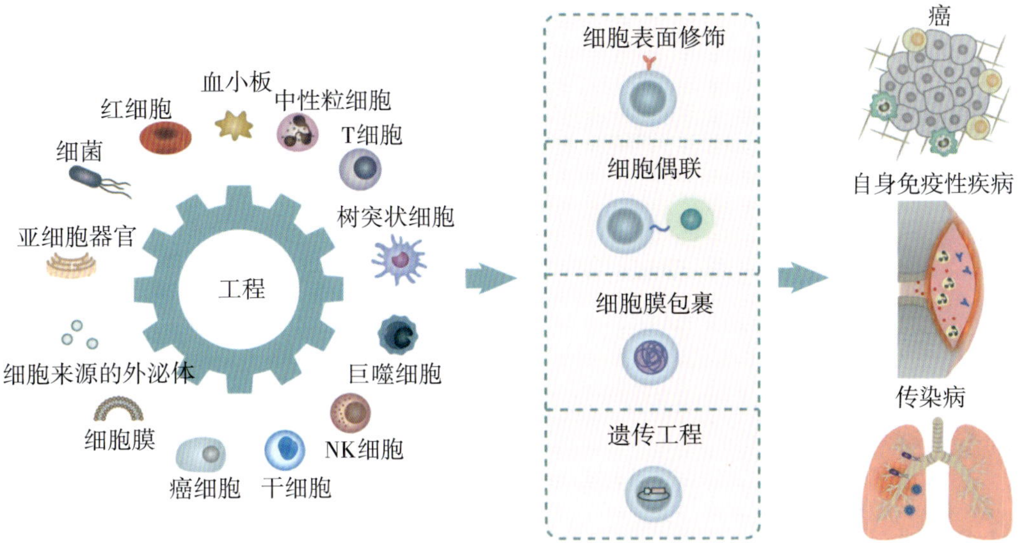

图4.15　细胞力学的研究和应用

(1) 细胞注射技术：细胞力学可以帮助优化细胞注射技术，确保细胞在注射过程中的存活和功能完整。通过使用细胞力学测量和模拟方法，可以优化注射针头的形状和尺寸，以减少对细胞的损伤和应力。此外，细胞力学还可以评估细胞与周围组织的相互作用力，指导注射的深度和位置，以确保细胞在目标区域的定位和留存。

(2) 细胞定位和导向：细胞力学可以帮助实现细胞在体内的定位和导向，以促进组织修复和再生。通过应用力学力场和电磁力场等方法，可以对植入的细胞施加外部力，并指导其在体内的迁移和定位，这种细胞力学导向的方法可以用于组织工程、神经再生和心血管修复等领域。

(3) 细胞递送系统设计：细胞力学可以指导细胞递送系统的设计，以提高细胞治疗的效果和效率。通过了解细胞力学特性，如细胞黏附力、细胞–细胞相互作用和细胞–基质相互作用等，可以设计出合适的载体材料和微环境，以提高细胞的存活和定位效率。此外，细胞力学还可以指导递送系统的动态调控，以满足不同治疗阶段的需求，如递送速度、递送压力和递送方向等。

细胞力学的研究和应用对于细胞治疗的成功实施具有重要意义。通过细胞力学的理解和利用，可以优化细胞注射技术、实现细胞定位和导向，并设计更有效的细胞递送系统，从而提高细胞治疗的疗效和临床应用前景。

4.4.2　细胞力学在生物工程和材料科学中的应用

细胞力学的研究和应用在生物工程和材料科学领域具有广泛的应用，为细胞培养、组织工程和材料设计等方面提供了重要的理论基础和试验方法。细胞力学在生物工程和材料科学中的应用案例如下。

细胞培养和生物反应器设计：细胞力学的研究可以帮助优化细胞培养环境和生

物反应器设计，以提高细胞生长和功能表达的效率。通过了解细胞的力学特性，如黏附力、细胞膜张力和细胞–基质相互作用等，可以优化培养基组成、培养条件和生物反应器的流体力学特性，从而提高细胞生长和产物表达的质量和产量。

组织工程和再生医学：细胞力学在组织工程和再生医学中发挥着重要的作用。通过控制细胞的外力刺激和力学环境，可以引导细胞定向增殖、分化和组织重构，以实现组织工程和再生医学的目标。例如，应用细胞力学的知识和方法，可以设计人工支架和生物材料，以模拟组织的力学特性，并促进细胞的定向增殖和组织再生。

生物材料设计与表征：细胞力学可以指导生物材料的设计和表征，以满足特定应用需求。通过了解细胞与材料的相互作用和力学响应，可以设计出具有理想力学特性的生物材料，如弹性支架、生物可降解材料和生物活性材料等。同时，细胞力学的试验方法和计算模拟可以用于评估生物材料的力学性能和生物相容性，以指导材料的选择和优化。

细胞力学的应用在生物工程和材料科学领域为细胞培养、组织工程和材料设计等方面提供了重要的指导和支持。通过细胞力学的研究和应用，可以优化细胞培养环境、推动组织工程和再生医学的发展，并设计出具有理想力学特性的生物材料，从而推动生物工程和材料科学的进步和创新。

案例 1：细胞力学在组织工程中的应用

细胞力学在组织工程领域中发挥着关键作用，为构建和修复功能性组织和器官提供了重要的理论和试验基础(图 4.16)。应用案例如下。

在组织工程中，细胞力学可以用于指导细胞的定向增殖、分化和组织构建，以实现功能性组织的重建和修复。通过调控细胞外力刺激和力学环境，可以影响细胞的形态、功能和基因表达，从而实现组织的工程化。

例如，研究人员利用细胞力学的原理和方法可以设计生物支架和生物材料，以模拟组织的力学特性，这些支架和材料可以具有特定的刚度、弹性和形态，以引导细胞的定向增殖和分化。通过调控细胞–材料相互作用和细胞–细胞相互作用可以实现组织的组织工程化和功能重建。

此外，细胞力学的研究还可以帮助优化组织工程中的细胞悬浮液和生物反应器的设计。通过了解细胞的力学特性，如黏附力、细胞膜张力和细胞–基质相互作用，可以调控细胞的行为和组织构建过程。优化培养基组成、培养条件和生物反应器的流体力学特性可以提高细胞的生长、分化和组织构建的效率和质量。

细胞力学在组织工程中的应用为构建和修复功能性组织和器官提供了重要的指导和支持。通过细胞力学的研究和应用可以实现组织的定向增殖和分化，促进组织的自组织和重建，并为组织工程和再生医学的发展提供新的思路和方法。

案例 2：细胞力学在生物仿生材料开发中的应用

生物仿生材料是通过模仿生物系统的结构和功能设计制造的材料，具有良好的生物相容性和生物活性。细胞力学在生物仿生材料的开发中起到关键作用，应用案例如下。

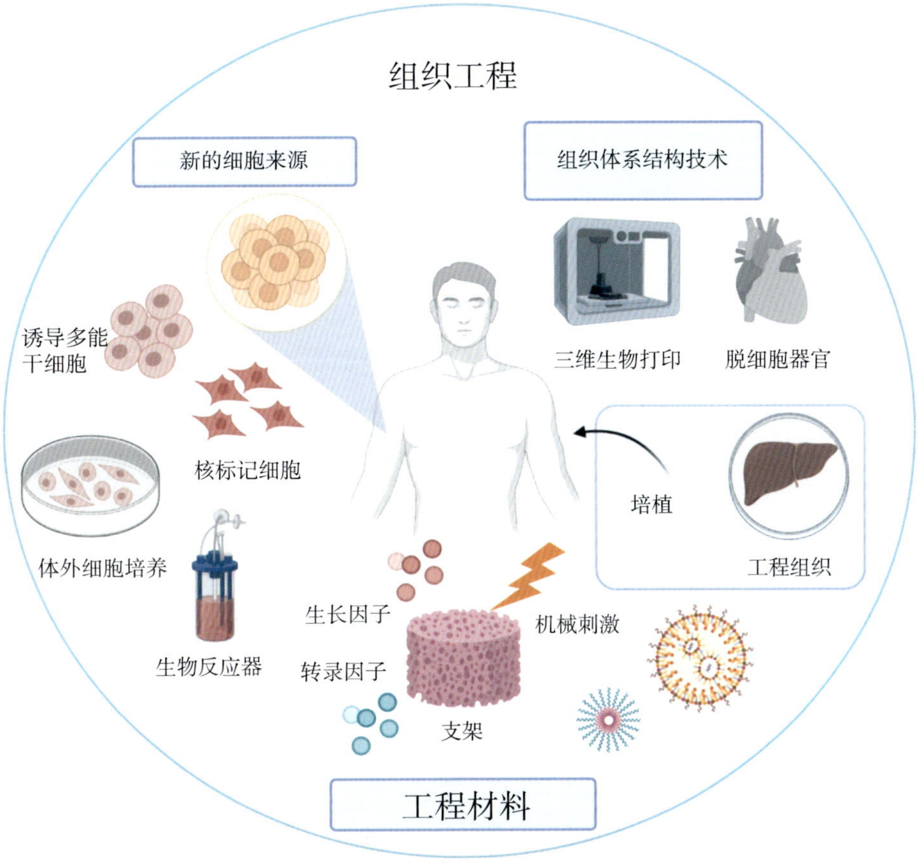

图4.16 细胞力学在组织工程中的应用

细胞力学的研究可以帮助设计和优化生物仿生材料的力学特性，以实现与自然生物组织相似的功能和性能。通过了解生物系统中的细胞力学行为，研究人员可以将这些原理应用于材料的设计和制造过程中(图4.17)。

例如，研究人员可以利用细胞力学的原理来模仿骨骼组织的力学特性，设计具有类似骨骼强度和弹性的仿生材料。通过调控材料的成分、结构和排列方式，可以实现与骨骼组织相似的力学性能，为骨组织工程和骨损伤修复提供可靠的材料支持。

此外，细胞力学的研究也可以指导生物仿生材料的表面改性和功能化，以实现与生物系统的相互作用和响应。通过调控材料表面的粗糙度、化学成分和生物分子的修饰可以模拟细胞–细胞和细胞–基质之间的相互作用，实现细胞黏附、增殖和分化的控制。

细胞力学在生物仿生材料开发中的应用为设计和制造具有优异性能和功能的材料提供了重要的指导和启示。通过模仿生物系统的力学特性和相互作用，生物仿生材料可以更好地满足人体的需要，具有更高的生物相容性和生物活性，为医疗、生物工程和生物技术领域提供创新的解决方案。

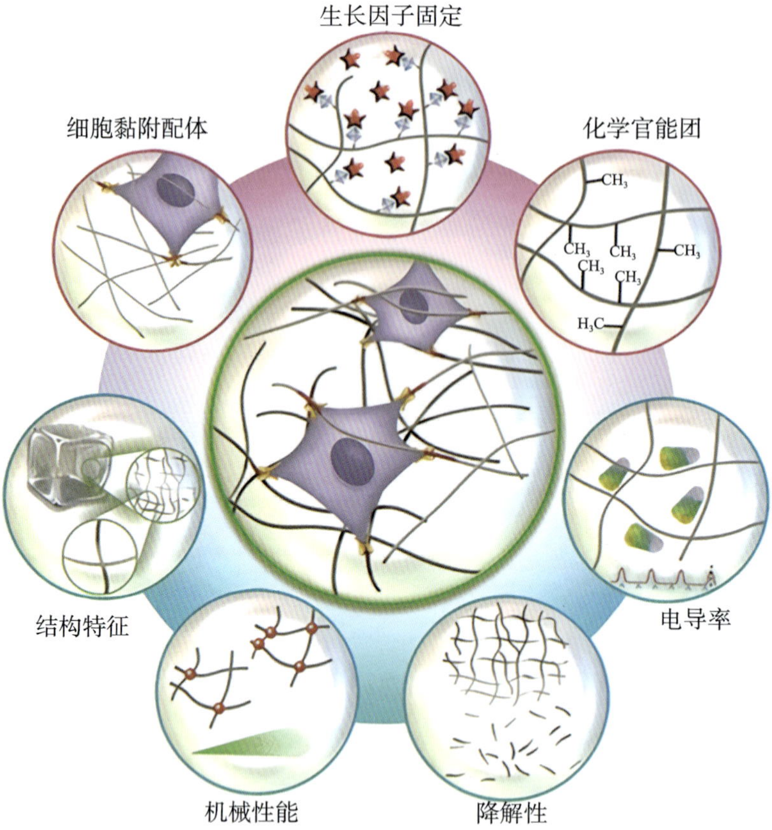

图 4.17　利用细胞力学原理推动仿生材料的研发与优化

第 5 章　组织力学

5.1　组织力学的基本概念

5.1.1　组织力学的定义与重要性

组织力学是研究组织(包括生物组织和工程组织)的力学特性和行为的学科,它关注组织的机械响应和变形,并研究组织内部的力学相互作用和力学性质。组织力学的研究对于理解生物组织的结构与功能之间的关系、解析组织的力学行为以及指导组织工程和医学应用具有重要意义。

1. 重要性:

(1) 揭示组织结构与功能关系:组织力学研究可以揭示生物组织的结构与功能之间的关系。通过分析组织的力学特性可以了解不同组织类型的结构和功能如何相互关联,从而深入理解生物组织的生理和生物力学行为。

(2) 解析组织力学行为:组织力学的研究可以帮助人们了解组织在受力下的行为和变形特性。通过研究组织的力学行为可以测量和描述其弹性、塑性、黏弹性等性质,进而推断组织的力学响应和稳定性。

(3) 指导组织工程和再生医学:组织力学的研究对于组织工程和再生医学具有重要指导意义。通过了解组织的力学行为可以设计和构建具有特定力学特性的人工组织和生物材料,用于组织修复、再生和移植。组织力学的知识还可以指导工程材料与组织的交互作用,提高组织工程产品的成功率和生物相容性。

(4) 疾病诊断和治疗:组织力学的研究在疾病诊断和治疗中有广泛的应用。通过分析组织的力学特性可以检测组织的异常变化,并提供疾病的诊断和评估。同时,组织力学的知识还可以指导疾病治疗策略的制订,例如在癌症治疗中,可以根据组织的刚度来评估肿瘤的侵袭性和选择合适的治疗方法。

总之,组织力学的定义与重要性在于提供了研究和理解生物组织力学行为的框架,为组织工程、医学诊断和治疗等领域的应用提供理论基础和实践指导。

案例 1:组织力学在组织工程中的重要性

组织工程是一门旨在通过构建人工组织和器官来替代或修复受损组织的学科。在组织工程中,了解和应用组织力学的原理和方法对于成功设计和构建功能性组织工程产品至关重要(图 5.1)。

(1) 设计材料和支架:组织力学的研究可以指导选择和设计合适的材料和支架,以

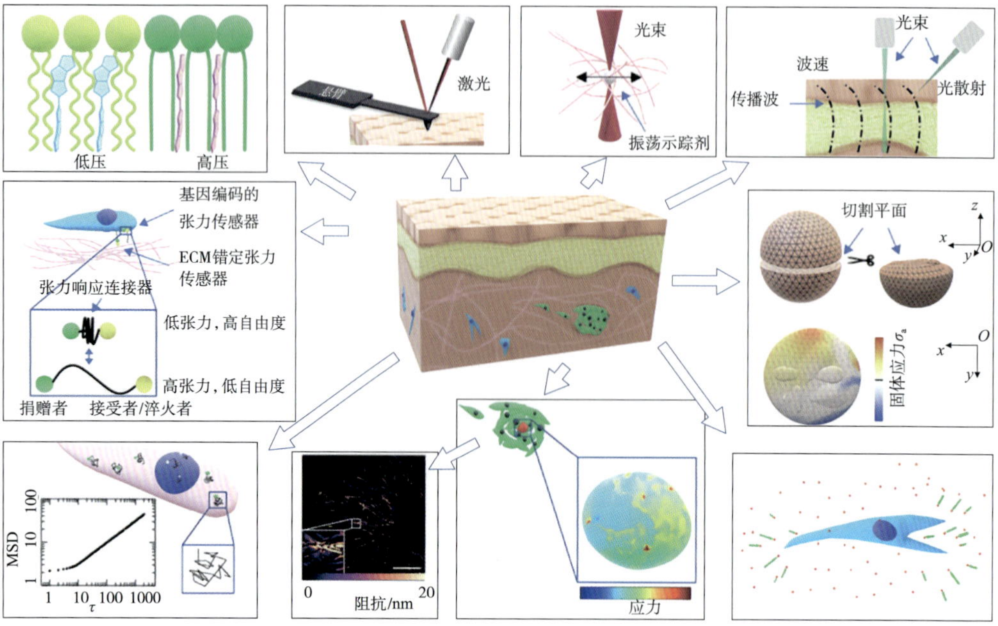

图5.1　组织力学在组织工程中的作用示意图

满足组织工程产品的力学需求。不同组织具有不同的力学特性，例如骨骼组织需要具有一定的刚度和强度，而软组织则需要柔软和可伸展性。通过了解组织力学特性，可以选择和调整材料的力学性质，以确保与目标组织相匹配的力学行为。

(2) 模拟和优化生物力学环境：组织工程的成功依赖于细胞和组织在生物力学环境中的生长和分化。了解组织力学的原理可以帮助模拟和优化生物力学环境，包括机械刺激、应变分布和流体动力学，这些环境因素对于细胞定向分化、组织形态建立和细胞外基质合成等过程至关重要。

(3) 提高组织工程产品的成功率：组织工程产品的成功率与其力学特性密切相关。合适的力学特性可以促进细胞黏附、增殖和分化，同时支持组织的形成和维持。通过调控组织的力学特性，例如刚度、弹性和生物相容性等，可以提高组织工程产品的成功率和功能性。

(4) 评估组织工程产品的性能：组织力学的研究可以用于评估组织工程产品的性能和稳定性。通过测量和分析组织工程构建物的力学行为，可以评估其力学性能是否符合预期，同时提供反馈信息用于改进设计和优化构建策略。

因此，组织力学在组织工程中的重要性体现在其能够指导材料选择、模拟生物力学环境、提高产品成功率以及评估产品性能等方面，为实现功能性组织工程产品的设计和制造提供了关键的支持和指导。

案例2：组织力学在理解疾病进展中的作用

组织力学的研究对于理解疾病的进展和发展起着重要的作用(图5.2)。许多疾病涉及组织的力学特性和力学行为的改变，因此，通过研究组织力学可以提供对疾病机制的深入理解。

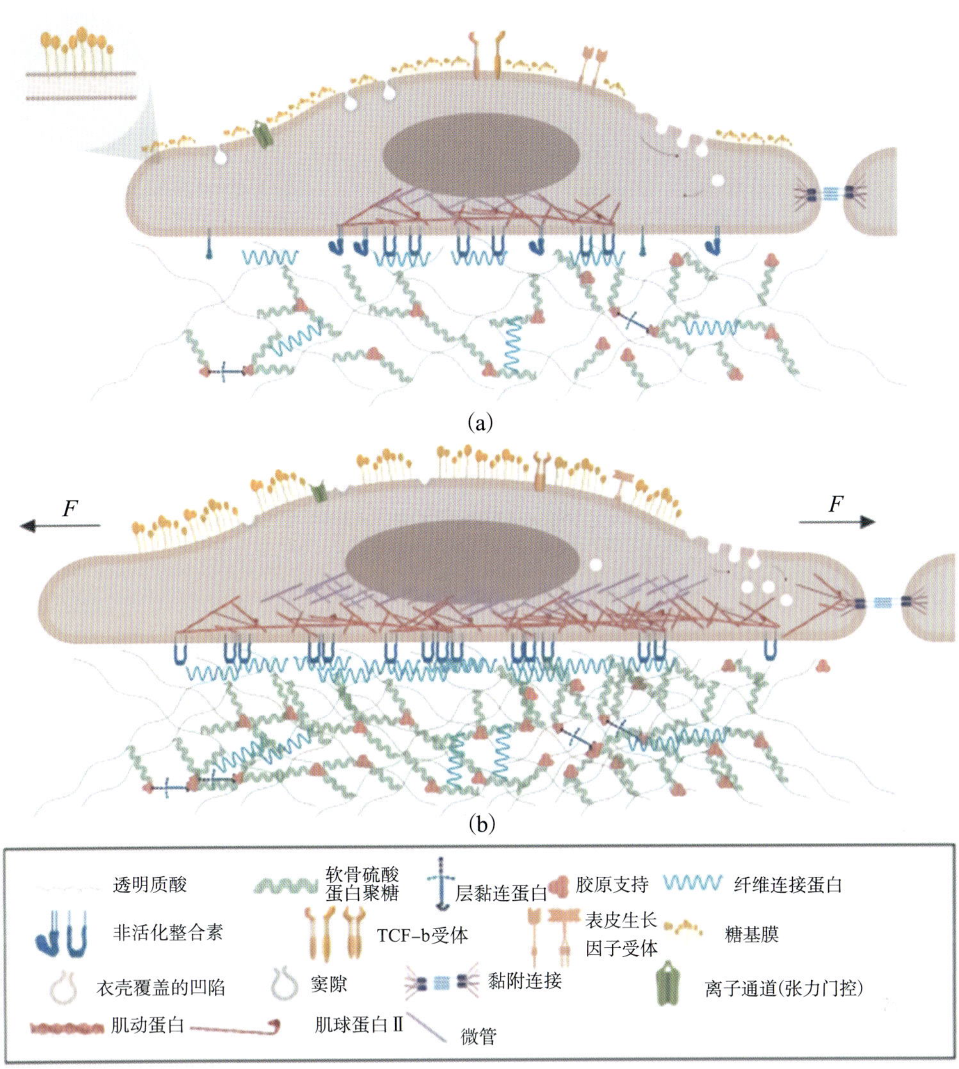

图5.2　组织力学理解疾病进展图

(1) 癌症：组织力学在癌症研究中发挥着重要作用。癌细胞与正常细胞之间的力学特性存在差异，包括细胞刚度、黏附能力和迁移能力等。通过研究癌细胞和周围组织的力学行为，可以揭示肿瘤的生长、扩散和转移机制，并为癌症诊断和治疗提供新的策略。

(2) 心血管疾病：心血管疾病涉及心脏和血管组织的力学特性的改变。例如，心肌肥厚和心脏衰竭与心肌细胞和心脏组织的力学异常有关。通过研究心脏和血管组织的力学特性，可以深入了解心血管疾病的发展机制，并为心血管疾病的预防和治疗提供指导。

(3) 神经系统疾病：神经系统疾病如帕金森病、阿尔茨海默病和脊髓损伤等与神经组织的力学性质有关。研究神经组织的力学行为可以帮助理解神经系统疾病的发病机制，并为神经再生和治疗策略提供基础。

⑷ 骨质疏松和骨折：组织力学的研究对于理解骨质疏松和骨折等骨骼疾病的进展非常重要。了解骨骼组织的力学特性、骨骼负荷的分布以及骨折修复的力学环境有助于预防和治疗这些疾病。

通过组织力学的研究，可以深入了解不同疾病的力学特性和与之相关的生理、病理过程，这有助于发现新的生物标志物、制订个体化的治疗方案，并促进疾病的早期诊断和治疗。因此，组织力学在理解疾病进展中的作用至关重要。

5.1.2　力在组织中的作用

力在组织中起着关键的作用，影响着组织的结构、功能和生理过程。力在组织中的作用如下。

⑴ 细胞机械稳态：力对细胞的机械稳态具有重要影响。细胞内外的力平衡和分布对于细胞形态和结构的维持至关重要。细胞内的力可以调节细胞骨架的组织和动态变化，影响细胞的形状和运动。细胞外的力可以影响细胞与基质的相互作用，影响细胞迁移、分化和生长等过程。

⑵ 组织形态和力学稳态：力对组织的形态和力学稳态具有重要影响。组织内的力分布可以塑造组织的结构和形态，例如在胚胎发育和组织重塑过程中。力的调节还可以影响组织的力学性质，如刚度和弹性，以及组织的机械稳定性和可塑性。

⑶ 组织功能和生理过程：力对组织的功能和生理过程至关重要。在心血管系统中，心脏的收缩和血管的收缩/扩张依赖于力的产生和传导。在肌肉组织中，力是产生和调节肌肉收缩的关键因素。在骨骼系统中，力的应用和分布调节骨骼的生长和重塑过程。

⑷ 组织修复和再生：力对组织修复和再生过程至关重要。例如，在创伤后的伤口愈合中，力的存在和应用可以影响创伤边缘的细胞迁移和组织重塑。在组织工程和再生医学中，力的应用可以促进细胞和组织的生长和重建。

综上所述，力在组织中发挥着关键的作用，影响着细胞和组织的结构、功能和生理过程。通过理解和调节组织中的力学环境，可以更好地理解和干预疾病的发展，并为组织工程和再生医学等领域的应用提供指导。

案例 1：力在心脏组织的收缩和扩张中的作用

心脏是一个重要的肌肉器官，其收缩和扩张过程受到力的调控(图 5.3)。心脏组织中收缩和扩张过程中的作用案例如下。

⑴ 心肌收缩：心肌细胞的收缩是心脏泵血功能的基础。在心肌细胞中，肌纤维的收缩依赖于肌肉细胞中的肌原纤维和肌球蛋白等蛋白质结构的相互作用，这些蛋白质结构在心肌细胞中受到细胞内外力的调控，从而引发肌肉收缩。

⑵ 心脏收缩力：心脏的收缩力受到来自心肌细胞的收缩力和心脏壁的张力的共同作用。心肌细胞的收缩力由细胞内肌肉蛋白质的相互作用和调节决定，而心脏壁的张力受到心脏壁的组织结构和弹性特性的影响，这些力的协同作用使心脏能够有效地泵血，保持正常的血液循环。

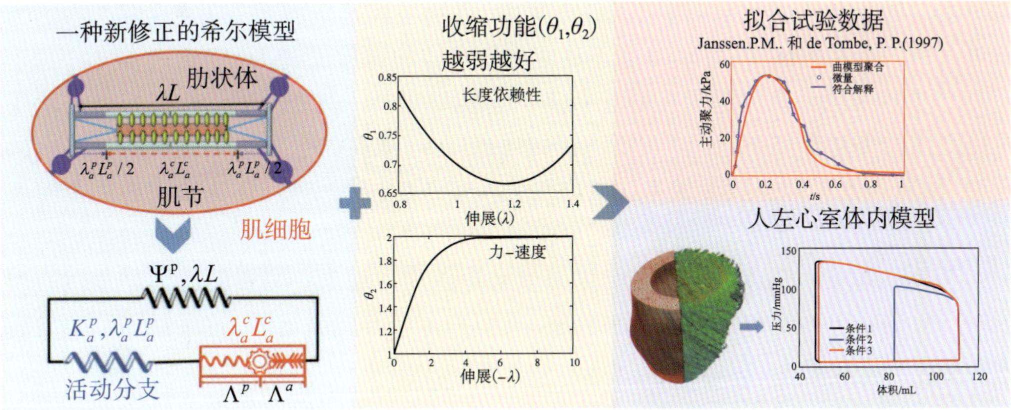

图5.3 心肌力学模型

(3) 心脏舒张：心脏舒张是心脏充盈和松弛的过程，为下一次收缩做准备。在心脏舒张期间，心脏受到来自血液回流和心室扩张的力的作用，这些力对心脏壁的拉伸和松弛产生影响，促使心脏舒张和充盈。

(4) 心脏的充盈和排血：力在心脏充盈和排血过程中起着重要作用。在心脏充盈期间，来自体循环的血液通过心脏的血管进入心腔，心脏壁受到血液压力的作用而膨胀。随后，在心脏收缩期间，心脏通过收缩产生的力将血液推向体循环，完成排血过程。

综上所述，力在心脏组织的收缩和扩张过程中起着关键的作用。通过力的调控，心脏能够有效地完成泵血功能，并维持正常的血液循环。对于心脏疾病的研究和诊断，理解和掌握力在心脏组织中的作用机制具有重要意义。

案例 2：力在肌肉组织中的作用

肌肉组织是人体中最重要的组织之一，负责产生力和运动(图5.4)。力在肌肉组织中的作用如下。

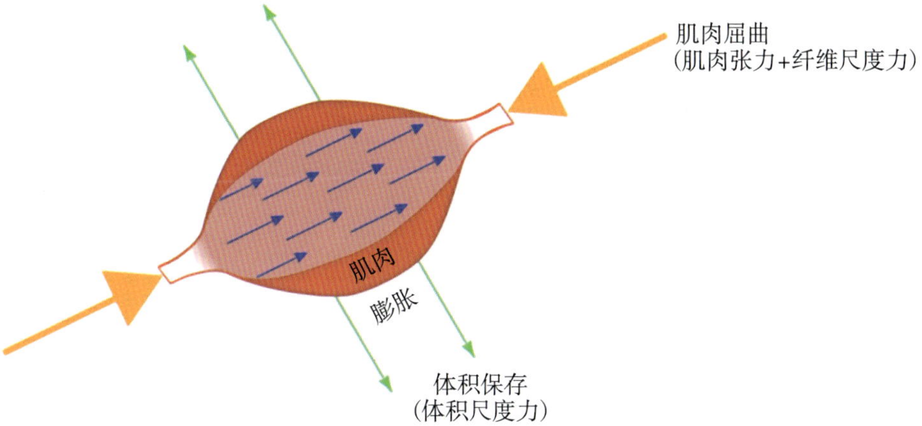

图5.4 力在肌肉组织中的作用图

(1) 肌肉收缩：肌肉收缩是肌肉组织的主要功能之一。通过肌纤维中肌原纤维和肌球蛋白的相互作用，肌肉组织能够产生力，并引发肌肉的收缩，这种收缩产生的力量可以用于产生机械功、推动身体运动或维持身体的姿势稳定。

(2) 肌肉张力：肌肉组织在静止状态下也能够维持一定的张力，这种张力有助于维持身体的姿势和姿态稳定。肌肉组织中的肌肉纤维在休息状态下仍然保持轻度的收缩，使肌肉处于部分激活状态。肌肉张力不仅帮助维持姿势，还为肌肉在需要时提供快速反应和运动准备。

(3) 动力输出：肌肉组织通过产生力量来提供动力输出。力量的产生是通过肌肉收缩产生的肌肉力量和肌肉纤维的数量、类型和排列方式决定的，这种动力输出使肌肉能够完成各种动作，包括运动、抓握、推拉和抗阻力等。

(4) 肌肉协调：肌肉组织中的力还起着协调作用。不同肌肉群之间的力的平衡和协调是实现流畅、准确的运动所必需的。通过力的调节和控制，肌肉组织可以协调动作，并实现精细的运动控制。

综上所述，力在肌肉组织中扮演着重要的角色。通过产生力和控制力的调节，肌肉组织能够实现运动、维持姿势稳定，并完成各种生理功能。对于理解肌肉功能、康复治疗和运动训练等方面的研究，了解力在肌肉组织中的作用机制具有重要意义。

5.2 组织的力学性质

5.2.1 组织的力学模型

组织的力学模型用于描述和预测组织的力学行为(图 5.5)。常见的组织力学模型如下。

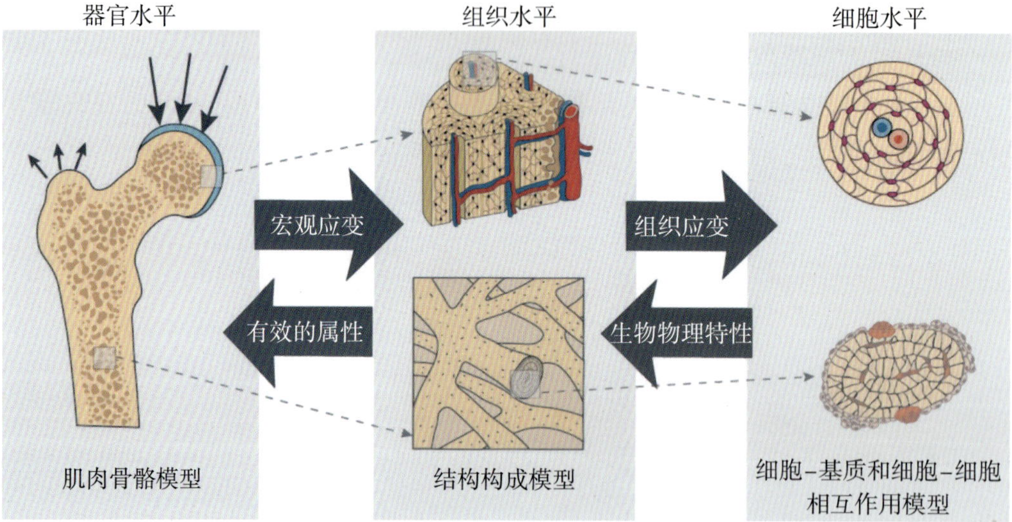

图 5.5 组织力学模型描述骨骼组织力学行为

(1) 弹性模型：弹性模型假设组织在受力后可以完全恢复到原始形状。其中，胶体弹性模型是常用的模型之一，它将组织视为一种弹性胶体，能够通过弹性变形来存储和释放能量。弹性模型通常使用胡克定律描述应力和应变之间的线性关系。

(2) 黏弹性模型：黏弹性模型结合了弹性和黏性特性，它假设组织在受力后会存在一定的形变，而这种形变会随着时间的推移逐渐减小。常见的黏弹性模型包括弹簧–阻尼器模型和弹性体流变模型。

(3) 塑性模型：塑性模型假设组织在受力后会发生永久性形变，这种模型常用于描述骨骼组织等具有塑性行为的材料。常见的塑性模型包括弹塑性模型和塑性流变模型。

(4) 黏弹性模型：黏弹性模型结合了黏性和弹性特性，它假设组织在受力后既存在弹性形变，也存在黏性形变。黏弹性模型可以更好地描述组织在长时间内受力时的行为。

这些力学模型在描述组织力学行为时提供了不同的近似和抽象，选择适当的模型取决于具体的研究问题和研究对象。通过建立适当的力学模型，可以帮助理解组织的力学特性，预测组织的响应和行为，以及指导医学诊断、治疗和生物工程设计等领域的应用。

案例 1：组织力学模型在描述骨骼组织力学行为中的应用

骨骼组织是一种具有复杂力学特性的生物组织，其力学行为对于理解骨骼疾病、设计医疗器械以及进行骨折修复等方面具有重要意义。常见的组织力学模型在描述骨骼组织力学行为中的应用案例如下。

(1) 弹性模型：弹性模型通常用于描述骨骼组织的线性弹性行为。例如，胡克定律可以用来描述骨骼组织的应力和应变之间的线性关系，这种模型在理解骨骼骨折后的应力分布、骨骼刚度以及骨折愈合过程中的力学变化等方面起着重要作用。

(2) 塑性模型：塑性模型常用于描述骨骼组织的塑性行为，尤其在研究骨骼疲劳、骨质疏松等方面应用广泛。通过建立塑性模型，可以预测骨骼组织在受到长期或反复加载时的形变和损伤程度，并帮助优化骨骼疾病的治疗方案。

(3) 非线性模型：骨骼组织的力学行为常常具有非线性特性，例如在大应变范围内存在应力–应变曲线的非线性变化。非线性模型能更好地描述骨骼组织的应变硬化、损伤累积等非线性行为，为骨骼组织力学行为的理解和预测提供更准确的工具。这些组织力学模型在描述骨骼组织力学行为中起到重要作用，有助于深入理解

骨骼组织的力学特性、预测骨骼疾病的发展趋势，并为骨科医生和工程师提供指导，以改善骨骼疾病的诊断、治疗和骨折修复等方面的效果。

案例 2：组织力学模型在解析血管组织动力学中的应用

血管组织是一种重要的生物组织，其力学行为对于理解血管病理生理过程、设计血管支架和瓣膜等医疗器械以及进行血管疾病的诊断和治疗等方面具有重要意义(图 5.6)。常见的组织力学模型在解析血管组织动力学中的应用案例如下。

(1) 线性弹性模型：线性弹性模型常用于描述血管组织的弹性行为。例如，胡克定律可以用来描述血管的应力和应变之间的线性关系，这种模型在血管的应变变化、壁厚度以及血管扩张和收缩过程中的力学特性方面提供了重要的参考。

(2) 塑性模型：塑性模型可以用于描述血管组织的塑性行为，尤其在研究血管病

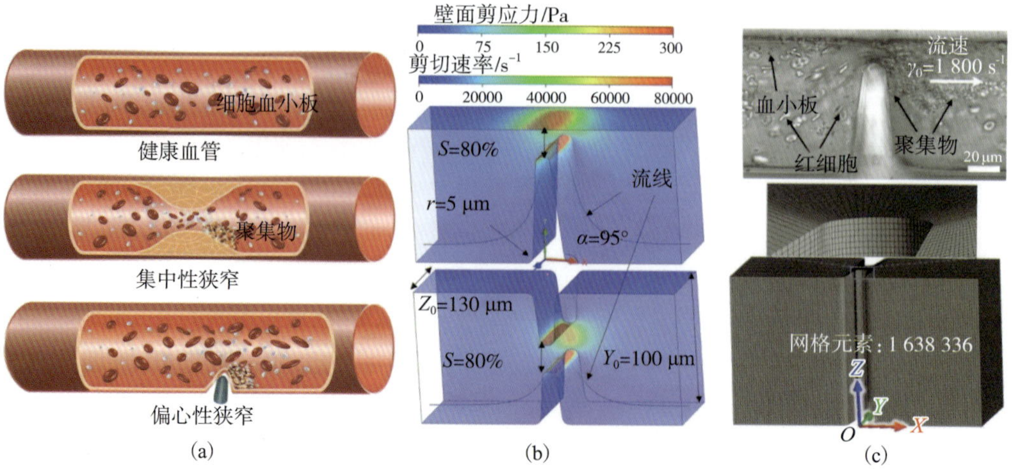

图5.6　病理、生理血管狭窄和模拟微流体模型

理变化和血管壁的失去弹性时应用广泛。通过建立塑性模型，可以预测血管组织在受到持续或过大压力时的形变和破裂风险，并为血管疾病的治疗和干预提供参考。

(3) 非线性模型：血管组织的力学行为常常具有非线性特性，例如在大应变范围内存在应力–应变曲线的非线性变化。非线性模型能更准确地描述血管组织的应变硬化、应力分布和血管壁的形变等非线性行为，为血管病理生理过程的理解和预测提供重要的工具。

这些组织力学模型在解析血管组织动力学中起到重要作用，有助于深入理解血管组织的力学特性、预测血管病变的发展趋势，并为血管疾病的诊断、治疗和血管器械的设计提供指导和优化方案。通过综合利用这些模型和试验数据，可以更好地理解血管组织的力学行为，促进相关领域的研究和应用的进展。

5.2.2　组织的应力–应变行为

组织的应力–应变行为是描述组织对外部载荷的响应和变形的关系。了解组织的应力–应变行为对于理解组织的力学性质、疾病发展和医学应用具有重要意义。常见的组织的应力–应变行为如下。

(1) 弹性行为：在弹性行为下，组织会在受到外部载荷时发生弹性变形，即当外力消失时，组织会恢复到其原始形状，这种行为可以用线性弹性模型来描述，例如胡克定律。在小应变范围内，组织的应力与应变呈线性关系。

(2) 塑性行为：在塑性行为下，组织会发生不可逆的变形。当组织受到超过其弹性极限的外力时，会发生塑性变形，导致组织形状的改变，这种行为常见于一些可塑性组织，如软组织。

(3) 屈服点行为：屈服点是指组织在受到外部载荷时出现明显的非线性行为，即应变开始显著增加的点。在屈服点之前，组织的应力–应变关系呈线性或近似线性，而在屈服点之后，组织的应变增加速度明显加快。

(4) 破裂行为：破裂是指组织在承受过大的应力时发生断裂或损坏。组织的破裂行为取决于其结构和材料特性，以及所受到的外部载荷。

通过研究和分析组织的应力-应变行为，可以获得关于组织的力学特性、材料性质和耐力的重要信息，这些信息对于理解组织的正常生理功能、疾病发展以及医学应用如组织工程和医疗器械的设计具有重要意义。通过试验、模拟和数学建模等方法，可以深入研究组织的应力-应变行为，为相关领域的进一步研究和应用提供支持和指导。

案例1：应力-应变行为在描述肌肉收缩中的应用

在肌肉收缩过程中，应力-应变行为起着关键作用。肌肉组织在受到外界刺激时会发生收缩，产生力量和力的变化(图5.7)。应力-应变关系描述了肌肉组织在受到应力时的应变响应，揭示了肌肉的力学特性和行为。

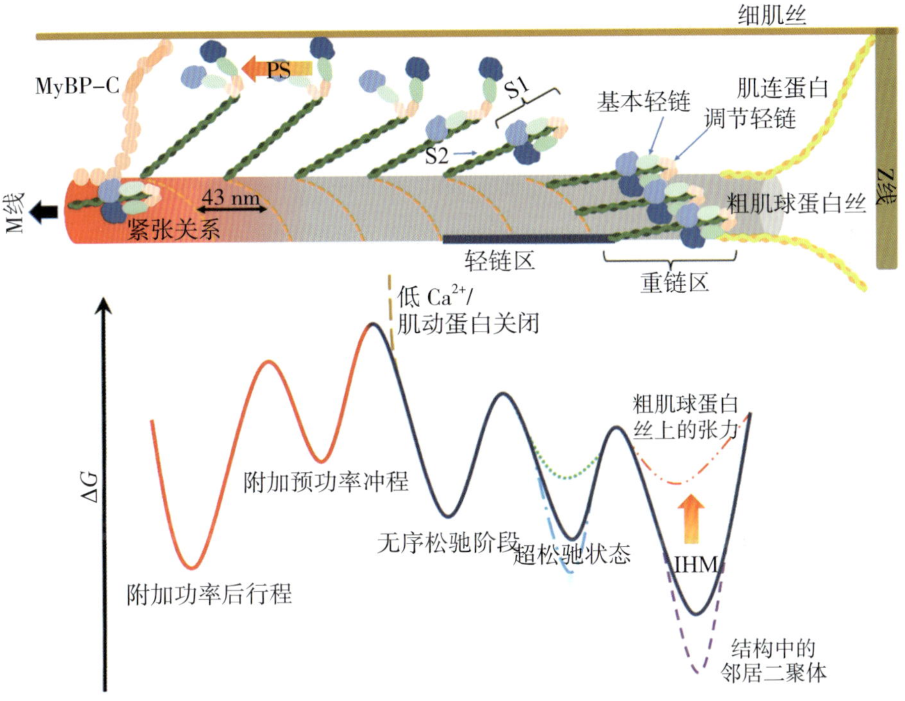

图5.7 力-应变行为在肌肉收缩中的描述图

通过研究肌肉组织的应力-应变行为，可以了解肌肉在收缩过程中产生的力量大小、力的传递方式以及肌肉的弹性性质。具体应用如下。

(1) 动态肌肉模型：应力-应变行为可以用于建立动态肌肉模型，模拟肌肉在不同收缩状态下的力学行为，这有助于理解肌肉的力量生成和控制机制，以及在不同运动任务中肌肉的功能。

(2) 肌肉力量评估：通过测量肌肉在不同应力下的应变变化，可以评估肌肉的力量和耐力水平，这对于运动训练、康复和运动员表现的评估非常重要。

(3) 肌肉疾病诊断：肌肉疾病如肌营养不良、肌肉损伤等会影响肌肉的应力-应变行为。通过分析肌肉组织的应力-应变特性，可以诊断和监测肌肉疾病的进展，并制订相应的治疗方案。

⑷肌肉工程学：了解肌肉组织的应力–应变行为对于肌肉组织工程学的设计和优化具有重要意义。通过控制应变条件和材料特性，可以促进肌肉组织的生长和功能恢复。综上所述，应力–应变行为在描述肌肉收缩中的应用有助于理解肌肉的力学性质、功能和疾病状况。通过研究和应用应力–应变关系，可以深入了解肌肉组织的力学特性，并在运动科学、医学和工程学领域中进行相关研究和应用。

案例 2：应力 – 应变行为在解析肌肉损伤和修复中的应用

应力–应变行为在解析肌肉损伤和修复过程中具有重要的应用价值。肌肉损伤是运动和运动性活动中常见的情况，了解肌肉组织的应力–应变行为有助于理解损伤发生的机制以及修复过程中的变化(图 5.8)。

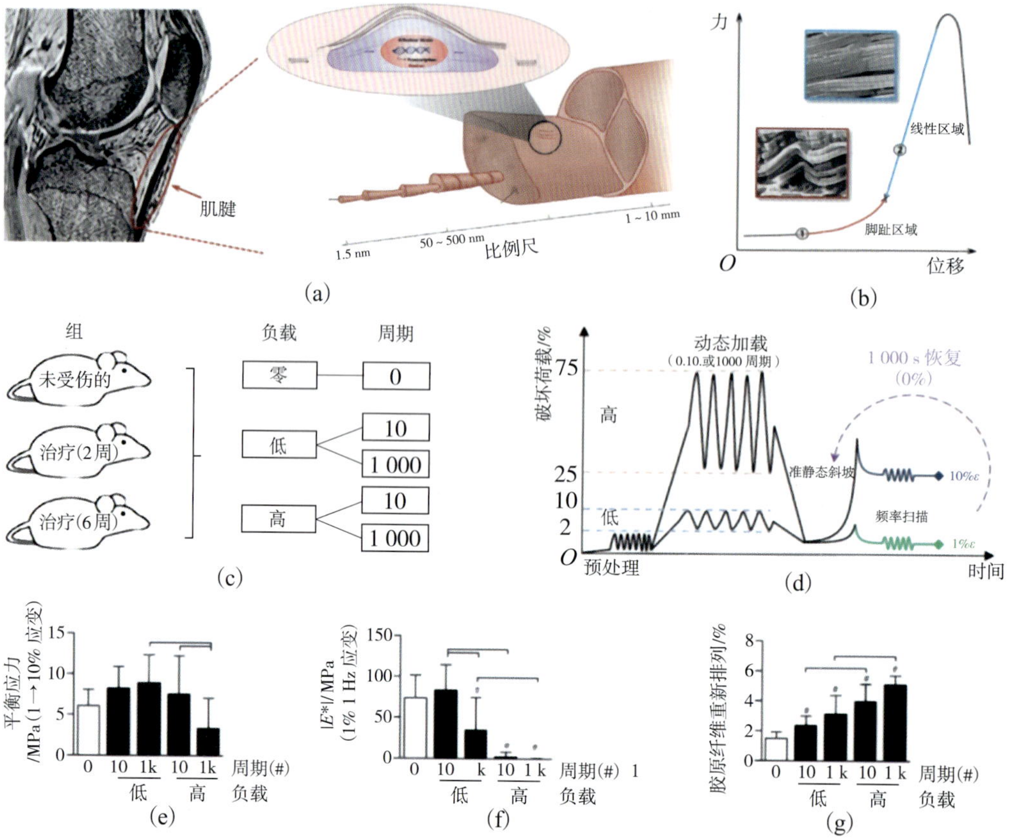

图5.8 应力 – 应变行为解析肌肉损伤和修复

应力–应变行为在解析肌肉损伤中的应用包括以下方面。

⑴损伤机制研究：通过测量受损肌肉组织的应力–应变响应，可以揭示肌肉损伤的机制。例如，在肌肉拉伸损伤中，应力–应变曲线可以显示肌肉组织在受力后的弹性恢复程度，以及损伤的严重程度。

⑵损伤诊断和评估：应力–应变行为可以用于诊断和评估肌肉损伤的严重程度。通过测量受损肌肉组织的应力–应变特性，可以评估损伤的程度、区域和影响范围，有助于制订恰当的治疗和康复计划。

(3) 康复监测：通过跟踪受损肌肉组织的应力–应变变化，可以监测康复过程中的恢复情况。康复阶段中，应力–应变曲线的变化可以反映出肌肉组织的力学特性和功能恢复程度，为康复进展的评估和调整提供依据。

(4) 修复策略设计：了解受损肌肉组织的应力–应变行为对于设计恰当的修复策略至关重要。根据应力–应变特性，可以选择合适的康复训练和治疗方法，促进肌肉组织的再生和恢复。

综上所述，应力–应变行为在解析肌肉损伤和修复中的应用可以帮助人们理解肌肉组织受损机制、评估损伤严重程度、监测康复进程，并指导修复策略的设计，这对于运动医学、康复医学和运动科学领域中的肌肉损伤管理和康复具有重要意义。

5.3 测量和操作组织的力学方法

5.3.1 组织力学的试验方法

组织力学的试验方法是研究组织的力学特性和行为的重要手段。常用的组织力学试验方法如下。

(1) 拉伸试验：拉伸试验是最常见的组织力学试验方法之一。通过将组织样本置于拉伸设备中，施加力以产生应变，然后测量样本的应力–应变关系。拉伸试验可以评估组织的强度、刚度和延展性等力学特性。

(2) 压缩试验：压缩试验将组织样本置于压缩装置中，施加垂直于样本表面的力以产生压缩变形，然后测量样本的应力–应变关系。压缩试验可以评估组织的抗压性能、压缩刚度和应变回复能力。

(3) 扭转试验：扭转试验用于评估组织的扭转特性和刚度。组织样本通常以圆柱或长方体形状，并通过施加扭矩来引发组织的扭转变形。测量应力和扭转角度的关系可以获得组织的扭转刚度和弹性模量等信息。

(4) 剪切试验：剪切试验用于评估组织在剪切应力下的行为。组织样本通常被剪切装置夹持，并施加剪切力以引发剪切变形。测量剪切力和剪切应变之间的关系可以获得组织的剪切刚度和黏性特性。

(5) 振动试验：振动试验用于研究组织的固有频率、阻尼特性和振动模态等。组织样本通常被激励以产生振动，然后测量振动响应以获得组织的动态力学特性。

(6) 微力测量技术：微力测量技术用于测量微小力和变形，以研究组织的微观力学行为。常见的微力测量技术包括AFM、光学拉伸技术和压电传感器等。

这些试验方法可以通过使用不同的力学测试设备和测量仪器来实施。根据研究的目的和组织的特点，选择合适的试验方法可以提供有关组织力学性质和行为的重要信息。

案例 1：生物力学试验在测量骨骼组织强度中的应用

在测量骨骼组织的强度方面，生物力学试验发挥了重要作用(图5.9)。案例示例如下。

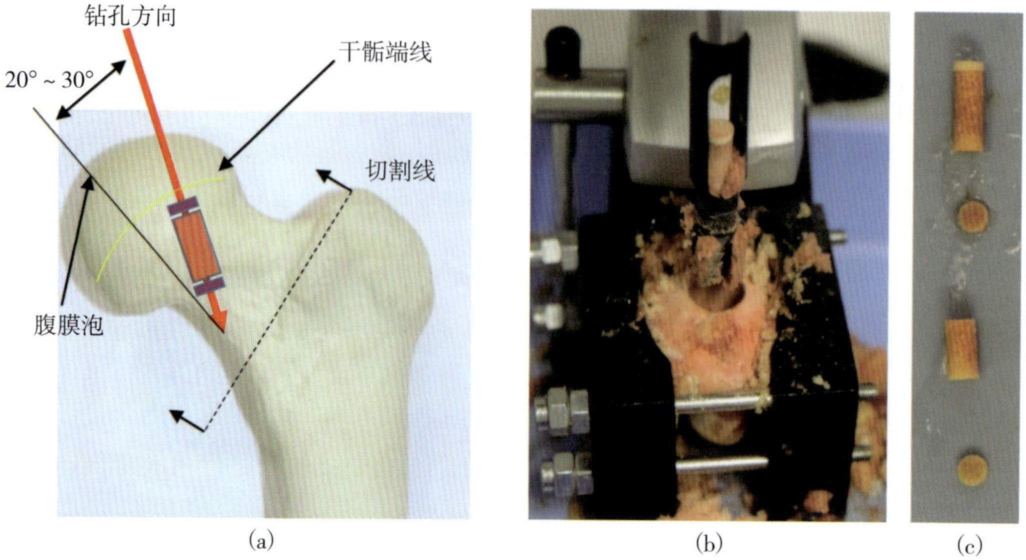

图 5.9　生物力学试验测量骨骼组织的强度图

1.研究目的

评估不同骨骼组织类型的力学强度，比较它们在受力下的性能差异。

2.试验步骤

(1) 样本准备：从不同类型的骨骼组织中获取样本，如骨骼的骨干、骨头和骨骼连接处。确保样本具有一致的尺寸和形状，以便进行比较分析。

(2) 拉伸试验：将样本置于拉伸试验机中，夹持样本的两端。施加拉力，以逐渐增加的速度拉伸样本，同时记录应力-应变曲线，并测量关键参数，如最大抗拉应力和断裂应变。

(3) 压缩试验：将样本置于压缩装置中，施加垂直于样本的压力，以产生压缩变形。记录应力-应变曲线，并测量关键参数，如压缩强度和压缩刚度。

(4) 弯曲试验：将样本置于弯曲试验机中，在中间部分施加弯曲力。记录应力-应变曲线，并测量关键参数，如弯曲强度和弯曲刚度。

(5) 试验结果与分析：通过比较不同类型的骨骼组织的强度参数，如抗拉强度、压缩强度和弯曲强度，可以得出结论。例如，可能观察到骨头具有较高的抗拉强度，而骨干具有较高的压缩强度。这些结果有助于理解不同骨骼组织的力学性能，并为骨科医生和生物工程师提供设计和治疗方案的指导。

这个案例展示了如何使用生物力学试验方法来测量骨骼组织的强度，并通过比较不同组织类型的力学特性来获得有关骨骼组织行为的重要信息。

案例 2：声波弹性成像在测量组织弹性中的应用

声波弹性成像是一种非侵入性的成像技术，可以用于测量组织的弹性特性(图 5.10)。案例示例如下。

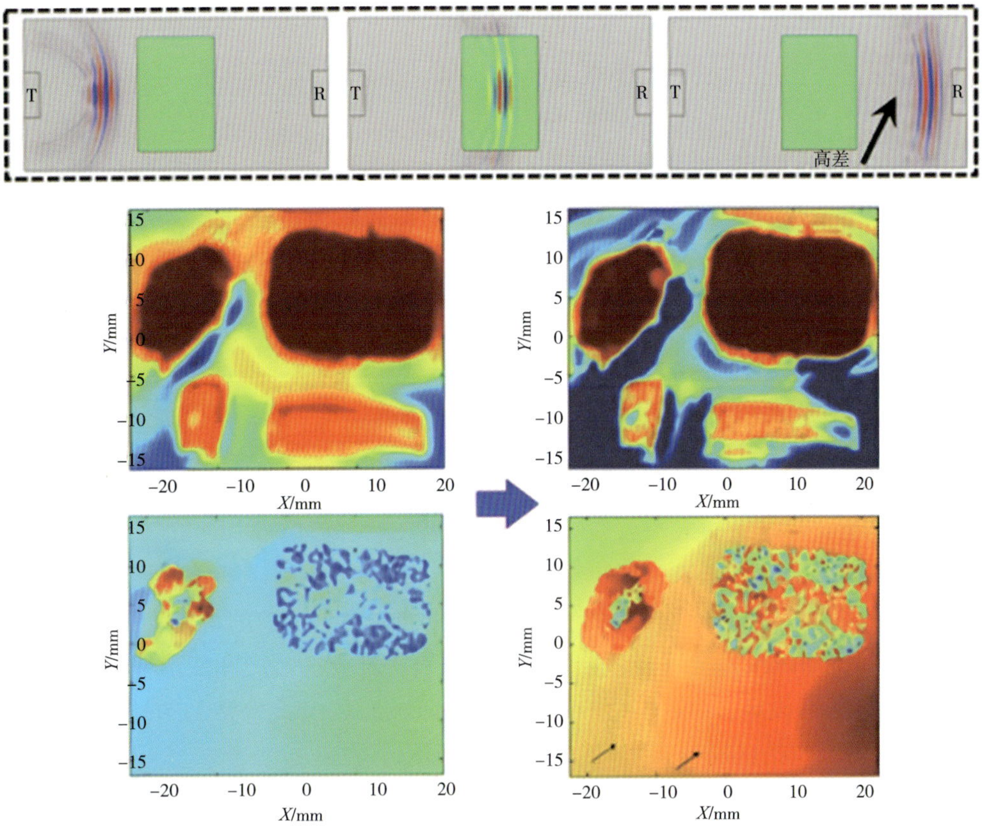

图5.10　利用声波弹性成像识别病变

1.研究目的

评估不同组织类型的弹性特性，并在临床应用中识别病变区域。

2.试验步骤

(1)仪器设置：使用声波弹性成像仪器，将传感器放置在感兴趣的组织区域上。通过触探器发射声波脉冲，然后接收组织反射回来的信号。

(2)弹性成像采集：通过触探器在组织表面上移动，连续采集声波信号和组织的反射信息。在每个位置上进行多次重复测量，以获得可靠的数据。

(3)弹性参数计算：根据采集到的声波信号和组织反射信息，利用信号处理算法计算组织的弹性参数。常见的弹性参数包括剪切波速(shear wave velocity)、弹性模量和剪切模量等。

(4)数据分析和可视化：对测得的弹性参数进行分析和可视化，可以生成弹性地图或图像，显示组织中不同区域的弹性特性，并与正常组织进行比较。

(5)试验结果与分析：通过声波弹性成像技术获得的结果可以提供有关组织弹性特性的定量信息。例如，在临床应用中，可以比较正常组织和异常组织的弹性特性，以识别病变区域。高刚度或低刚度区域可能与疾病相关，如肿瘤或纤维化，这些结果可以用于辅助疾病诊断和治疗决策。

这个案例展示了声波弹性成像作为一种非侵入性技术在测量组织弹性中的应用。通过分析声波信号和组织反射信息，可以获得组织的弹性参数，从而提供有关组织健康状况的定量信息，这对于临床诊断、疾病监测和治疗评估具有重要意义。

5.3.2 组织力学的计算模拟方法

组织力学的计算模拟方法是利用计算机模拟和数值方法来模拟组织的力学行为。案例示例如下。

1.研究目的

通过计算模拟方法，预测组织在外部载荷下的变形和应力分布，并深入理解组织的力学行为。

2.模拟步骤

(1)模型构建：使用计算机辅助设计软件或三维建模软件构建组织的几何形状模型，可以基于实际组织的成像数据进行模型重建，或根据理论假设和已知参数来创建模型。

(2)材料参数设定：根据组织的特性和文献数据，设定组织的材料参数，如弹性模量、剪切模量和泊松比等，这些参数描述了组织对外部力的响应和变形特性。

(3)边界条件设定：确定模型的边界条件，即施加在组织边界上的外部载荷或约束条件，这可以包括施加力、位移或固定某些部分。

(4)模型求解：利用数值方法，如有限元分析、边界元方法或离散元方法等，对组织力学模型进行求解。通过迭代计算，模拟外部载荷下组织的变形和应力分布。

(5)结果分析：分析模拟结果，包括组织的形变、应力分布、应变分布等，可以比较不同条件下的模拟结果，探索组织力学行为的变化和影响因素。

(6)模型验证：将模拟结果与试验数据或已知理论进行比较，验证模型的准确性和可靠性，这可以通过试验测量组织力学行为来获取对比数据，并进行模型参数的优化和校准。

通过计算模拟方法，可以预测组织在不同加载条件下的力学响应，深入理解组织的变形机制和力学行为，这对于研究组织的力学特性、优化设计和仿真评估具有重要意义。

这个案例展示了组织力学的计算模拟方法在预测组织力学行为中的应用。通过构建数值模型、设定材料参数和边界条件，并进行数值求解和结果分析，可以获得组织的变形和应力分布，这为研究组织力学行为、优化组织工程设计和预测组织响应提供了一种有效的工具。

案例 1：有限元分析在预测组织应力分布中的应用

1.研究目的

利用有限元分析方法，预测人体组织在外部载荷下的应力分布，以深入了解组织的力学行为和应力分布特点(图5.11)。

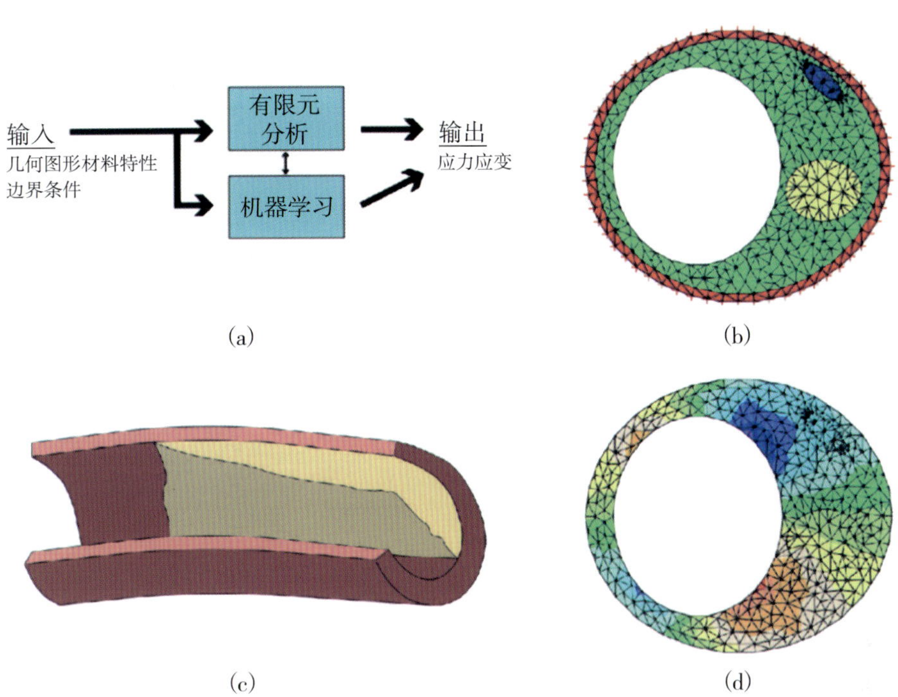

图5.11 有限元法模拟预测动脉粥样硬化血管应力

2.实施步骤

(1)模型建立：根据研究目的和实际情况，利用计算机辅助设计软件或三维建模软件，构建人体组织的几何模型，可以使用医学影像数据进行模型重建，或根据解剖结构和已知参数创建模型。

(2)材料参数设定：根据组织的特性和文献数据，为模型中的组织分配适当的材料参数，如弹性模量、剪切模量和泊松比等，这些参数描述了组织对外部力的响应和应力分布。

(3)网格划分：将组织模型划分为离散的有限元网格，即有限元网格化。根据模型复杂性和研究需求，选择适当的网格密度和单元类型，以确保准确的分析结果。

(4)载荷和约束设置：确定施加在模型上的外部载荷和约束条件，这可以是力的施加、位移或固定边界等，以模拟实际的生物力学环境。

(5)模型求解：使用有限元分析软件，对网格化的组织模型进行数值求解。通过迭代计算，计算模型中各个单元的应力分布。

(6)结果分析：分析模拟结果，包括组织中的应力分布、应变分布等。可以通过颜色图、等值线图等可视化方法来展示应力分布的空间变化。

(7)模型验证：将模拟结果与试验数据进行比较，验证有限元分析模型的准确性和可靠性。可以通过试验测量组织应力分布来获取对比数据，并对模型参数进行校准和优化。

通过有限元分析方法，可以预测组织在不同载荷条件下的应力分布，深入了解组织的力学特性和响应，这对于研究组织力学行为、优化生物工程设计和评估组织性能具有重要意义。

这个案例展示了有限元分析在预测组织应力分布中的应用。通过建立几何模型、设定材料参数、划分网格并进行数值求解，可以获得组织内部的应力分布，这为深入了解组织的力学特性、优化组织工程设计和预测组织响应提供了一种有效的工具。

案例 2：组织力学模型在预测组织生长和重塑中的应用

1.研究目的

利用组织力学模型，预测和模拟组织生长和重塑过程中的力学行为和组织结构变化，以揭示组织生长和再生的机制(图5.12)。

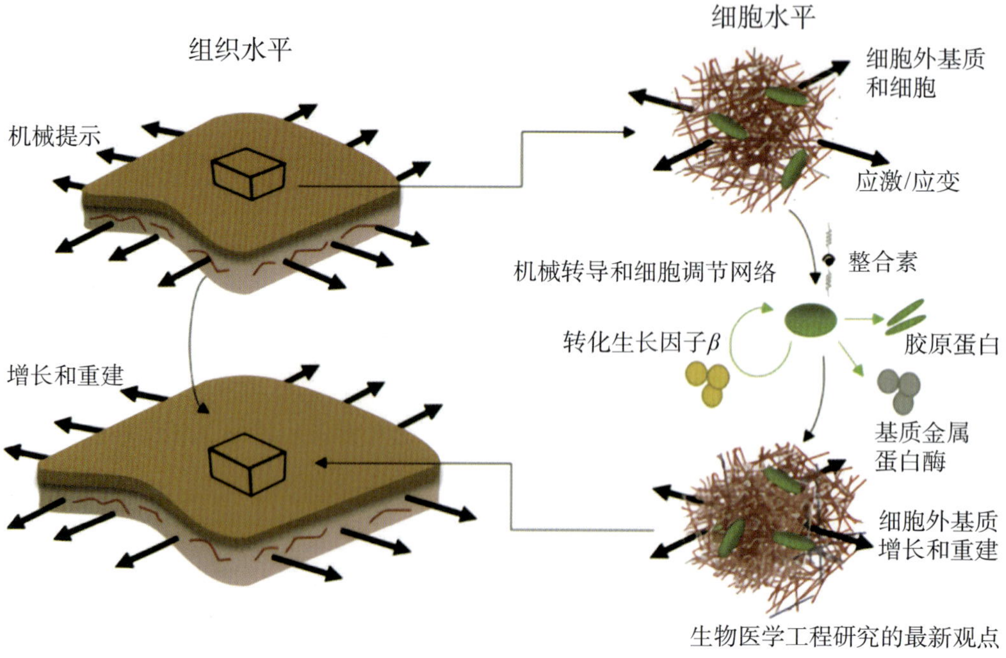

图5.12　从模型到实际应用

2.实施步骤

(1) 模型建立：根据研究目的和实际情况，建立组织生长和重塑的力学模型。可以考虑组织的初始结构、细胞分布、生长过程和外部刺激等因素。

(2) 力学参数设定：根据组织的特性和文献数据，为模型中的组织和细胞分配适当的力学参数，如弹性模量、剪切模量和泊松比等，这些参数描述了组织和细胞对外部力的响应和变形。

(3) 边界条件设置：确定施加在模型上的外部约束和刺激条件，这可以是力的施加、位移或生长因子的梯度等，以模拟组织生长和重塑的生物力学环境。

(4) 模型求解：使用数值方法(如有限元法或细胞自动机模型)对力学模型进行求解。通过迭代计算，模拟组织生长和重塑过程中的应力分布和组织结构变化。

(5) 结果分析：分析模拟结果，包括组织的应力分布、应变分布以及组织结构的变化。可以通过可视化方法展示组织生长和重塑过程中的力学行为和组织形态的演变。

(6)模型验证：将模拟结果与试验数据进行比较，验证组织力学模型的准确性和可靠性。可以通过试验测量组织应力分布和形态变化来获取对比数据，并对模型参数进行校准和优化。

通过组织力学模型的应用，可以预测和模拟组织生长和重塑过程中的力学行为和组织结构变化，这有助于深入理解组织生长和再生的机制，优化组织工程和再生医学的设计，以及指导临床治疗和医学决策。

这个案例展示了组织力学模型在预测组织生长和重塑中的应用。通过建立力学模型、设定力学参数和边界条件，并进行数值求解和结果分析，可以模拟组织的力学行为和结构变化，这为研究组织生长和再生的机制、优化组织工程设计和指导临床治疗提供了一种有力的工具。

5.4 组织力学的应用

5.4.1 组织力学在疾病诊断和治疗中的应用

组织力学作为一种重要的生物力学领域，对疾病的诊断和治疗提供了有益的信息和方法。通过测量和分析组织的力学特性，可以帮助诊断和监测多种疾病，并指导相应的治疗方案。

1.疾病诊断

(1)癌症诊断：组织力学测量可用于早期癌症的检测和诊断。癌细胞和正常细胞在力学特性上存在差异，通过测量组织的硬度、弹性等力学参数，可以鉴别癌细胞和正常细胞，辅助癌症的早期诊断。

(2)心脏病诊断：组织力学测量可用于评估心脏组织的功能和健康状况。通过测量心肌组织的弹性和收缩能力，可以提供心脏疾病的诊断和评估。

(3)骨质疏松诊断：组织力学测量可以评估骨骼的强度和稳定性，辅助骨质疏松症的诊断和预防。

2.疾病治疗

(1)癌症治疗：组织力学测量可用于指导肿瘤治疗的个体化和定量化。通过监测肿瘤组织的力学特性的变化，可以评估治疗的效果和肿瘤对治疗的响应，从而优化治疗方案。

(2)心脏病治疗：组织力学测量可用于指导心脏病的治疗策略。通过监测心脏组织的力学特性，可以评估治疗的效果和心脏功能的改善，指导心脏病的药物治疗和手术干预。

(3)组织工程和再生医学：组织力学测量可以评估生物材料和人工组织的力学特性，为组织工程和再生医学的设计和优化提供指导。通过调控组织的力学环境，可以促进组织的再生和修复。

组织力学在疾病诊断和治疗中的应用具有重要的意义。通过测量组织的力学特性，可以提供疾病的诊断依据，评估治疗的效果，优化治疗方案，并指导组织工程和再生医学的发展，这为疾病的早期发现、个体化治疗和康复提供了新的手段和途径，有助于改善疾病的预防和管理。

案例 1：组织力学在骨骼疾病诊断中的应用

骨质疏松是一种常见的骨骼疾病，主要特征是骨骼失去密度和强度，容易发生骨折。组织力学作为一种评估骨骼健康和功能的重要工具，可以在骨质疏松的诊断和治疗中发挥关键作用。

组织力学测量可通过评估骨骼的力学特性来确定骨质疏松的程度和风险(图5.13)。组织力学在骨质疏松诊断中的应用案例如下。

(1) 压缩试验：通过对骨骼样本施加压缩力，测量骨骼的应力–应变关系，可以评估骨骼的弹性模量和刚度，这些参数可以反映骨骼的力学特性和抗压能力，帮助判断骨质疏松的程度。

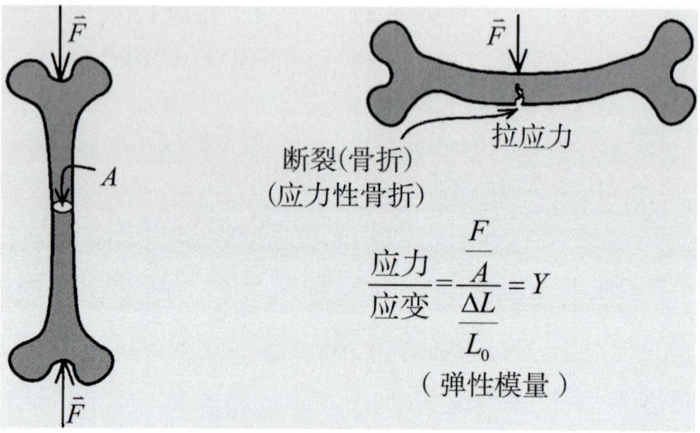

图5.13　骨骼力学试验

(2) 剪切试验：通过施加剪切力来测量骨骼的剪切应力–应变关系，可以评估骨骼的剪切强度和稳定性，提供关于骨骼韧性和抗扭能力的信息，用于骨质疏松的诊断和风险评估。

(3) 超声声速测量：超声声速测量可以评估骨骼的声传播速度，从而间接估计骨骼的密度和强度。声速测量广泛应用于骨质疏松的筛查和监测，可以提供非侵入性、快速和定量化的骨骼评估。

(4) 微力学测试：微力学测试使用微型力传感器或纳米压痕仪等仪器，可以测量骨小梁或单个骨细胞的力学特性，提供更精细的骨质疏松评估，了解骨组织的微观力学行为和力敏感性。

通过组织力学的应用，医生和研究人员可以获得关于骨骼健康和骨质疏松程度的定量信息，辅助骨质疏松的早期诊断、预防和治疗，这些方法具有非侵入性、准确性高、重复性好等优点，对于评估骨骼健康、制订个性化治疗方案以及监测治疗效果具有重要意义。

案例 2：组织力学在疼痛治疗中的应用

疼痛是许多疾病和疾病状态的常见症状，影响患者的生活质量。组织力学作为一种研究组织和细胞力学特性的工具，可以在疼痛治疗中发挥重要作用，帮助评估疼痛状况、指导治疗方案的制订，并监测治疗的效果(图5.14)。组织力学在疼痛治疗中的应用案例如下。

(1) 压痛测量：组织力学可以用于测量疼痛敏感区域的压痛阈值，通过施加控制力量在特定区域进行压痛测试，可以评估组织的敏感性和疼痛阈值。这有助于确定疼痛的程度和定位，并用于评估治疗的效果。

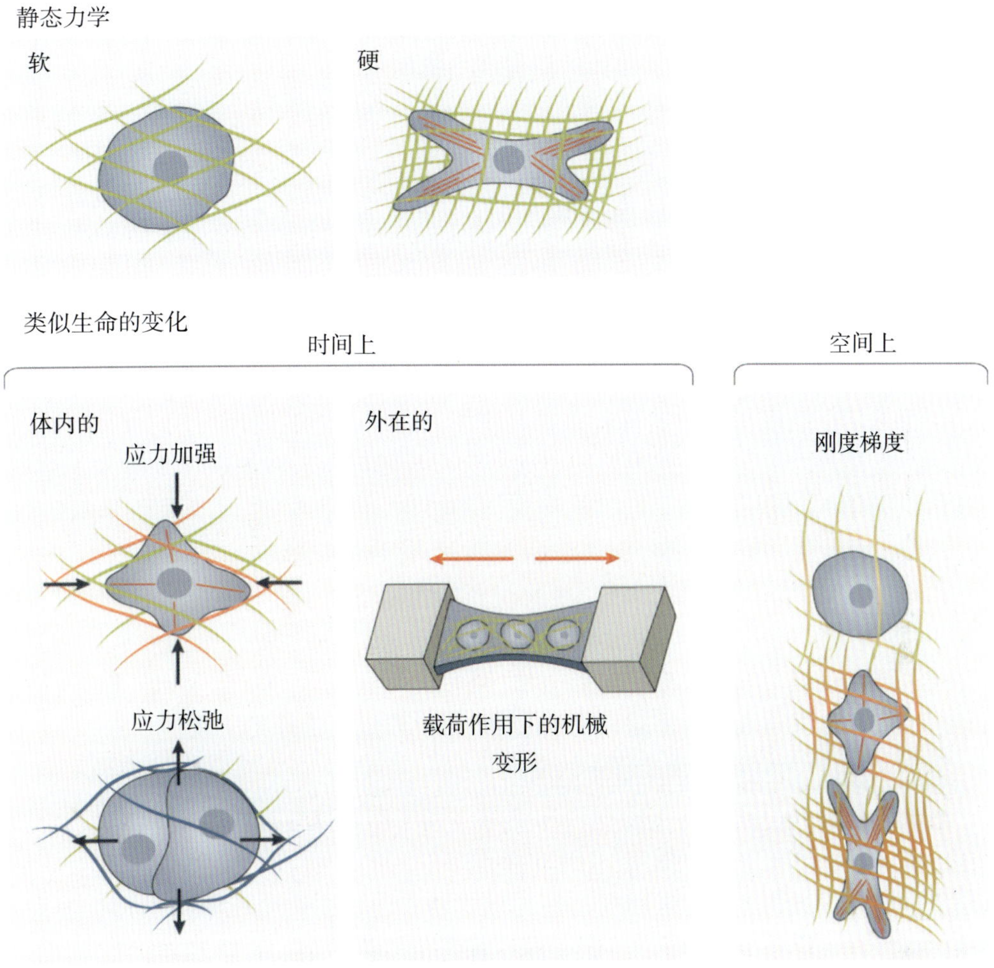

图5.14 组织力学在疼痛机制中的应用

(2) 组织刚度测量：组织刚度是指组织对外部力量的抵抗能力。在某些疼痛病症中，组织刚度可能会发生改变，如肌肉紧张或结缔组织僵硬。通过使用组织力学技术，如手动组织评估或弹性成像技术，可以测量和分析组织的刚度，并评估与疼痛相关的组织变化。

(3) 物理治疗监测：组织力学可以用于监测物理治疗手段的效果，如按摩、牵拉或物理疗法。通过测量组织的力学特性变化，可以评估物理治疗对组织松弛、血液循环改善或疼痛缓解的效果，并调整治疗方案以提高治疗效果。

(4) 疼痛模型研究：组织力学在疼痛模型研究中也发挥着重要作用。通过使用动物模型或人体模型，可以模拟不同类型的疼痛，并评估组织力学参数与疼痛程度之间的关系，这有助于深入了解疼痛发生机制，指导新型治疗方法的开发。

通过组织力学的应用，可以为疼痛治疗提供客观的评估指标和治疗监测手段，它有助于量化疼痛的程度和定位，指导治疗方案的制订，并监测治疗效果的变化。同时，组织力学研究还有助于深入了解疼痛的生理和病理机制，为疼痛管理提供新的理论基础和治疗策略。

5.4.2 组织力学在生物工程和材料科学中的应用

生物工程和材料科学领域利用组织力学的原理和方法，开发新型的生物材料和仿生结构，具有广泛的应用前景。

组织力学可用于设计和优化生物材料的力学性能。例如，利用有限元分析等计算模拟方法可以模拟和预测材料的力学响应，并优化材料的结构和成分，以实现所需的力学性能。通过调整材料的力学特性，可以提高生物材料的强度、刚度、耐磨性等，以适应不同的应用需求，如人工关节、植入物和组织工程支架等。

组织工程旨在利用生物材料、细胞和生物力学的原理，重建或修复受损组织和器官。组织力学在组织工程中发挥着重要的作用。组织力学的原理可用于设计和优化组织工程支架的力学性能。支架是用于支持和引导细胞生长和组织再生的人工结构。通过组织力学的分析和模拟，可以优化支架的结构、孔隙率、刚度等参数，以提供适当的机械支撑和生物信号传递，促进细胞黏附、分化和组织形成。

此外，组织力学还可应用于评估生物材料的相容性和生物相互作用，预测材料的衰老和疲劳性能，优化材料的表面形貌和力学性质，以提高生物材料的可靠性和持久性。通过结合组织力学的原理和试验方法，可以更好地设计和制造生物工程材料，以满足组织工程和医学领域的需求，并促进组织再生和健康治疗的实现。

案例 1：组织力学在组织工程中的应用

组织工程是一门涉及将生物材料和细胞应用于组织修复和再生的领域。组织力学在组织工程中发挥着重要作用，应用案例如下。

生物支架设计与优化：生物支架是用于支持和促进细胞生长和组织再生的人工结构。在组织工程中，组织力学可用于设计和优化生物支架的力学性能，以提供适当的机械环境来促进细胞的黏附、增殖和分化(图5.15)。通过有限元分析等计算模拟方法可以预测支架在不同应力条件下的力学响应，并优化其结构、孔隙度、刚度等参数，以实现所需的生物力学环境和生物相容性，从而促进组织再生和修复过程。

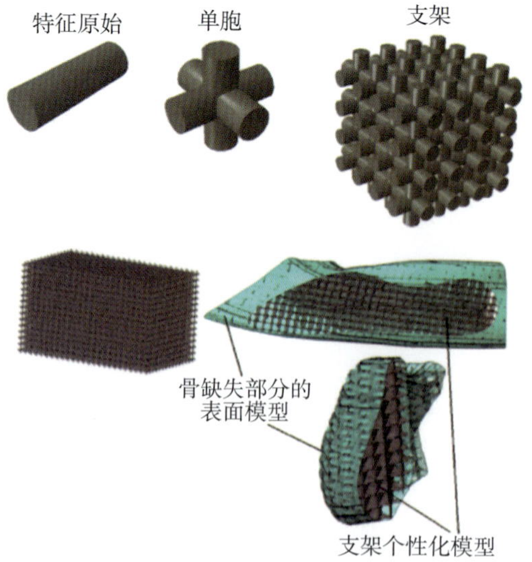

图5.15　生物支架设计与优化

此外，组织力学还可以应用于评估和优化生物材料的力学性能，如刚度、强度和韧性等。通过调整材料的力学特性，可以提供适当的支持和机械刺激，以模拟自然组织的力学环境，从而促进细胞的正常功能和组织的正常发育。

综上所述，组织力学在组织工程中的应用可以帮助优化生物支架的设计，提供适当的机械环境和力学刺激，促进细胞生长和组织再生，为组织工程的成功应用奠定基础。

案例2：组织力学在生物材料开发中的应用

生物材料是一类应用于医学和生物工程领域的材料，具有与生物组织相容性和功能性。组织力学在生物材料的开发过程中起着重要的作用，应用案例如下。

(1) 生物材料评估与设计：组织力学可以用于评估和设计生物材料的力学性能，确保其能够承受生物环境中的应力和负荷。通过试验方法和计算模拟方法，可以测量和预测生物材料在应力条件下的强度、刚度、韧性等力学特性，这些信息对于确定合适的生物材料用于特定的医疗应用至关重要，例如人工关节、植入器械、修复材料等。通过结合生物材料的力学性能和生物相容性，可以设计出具有良好生物功能和机械稳定性的生物材料。

(2) 材料改良与优化：组织力学的应用还可以帮助改良和优化已有的生物材料。通过调整材料的成分、结构和处理方式，可以改变其力学性能，以满足特定的医疗需求(图5.16)。例如，通过调节材料的孔隙度、纤维方向和交联程度等参数，可以调控材料的刚度和强度，以适应不同组织的力学特性和功能要求。

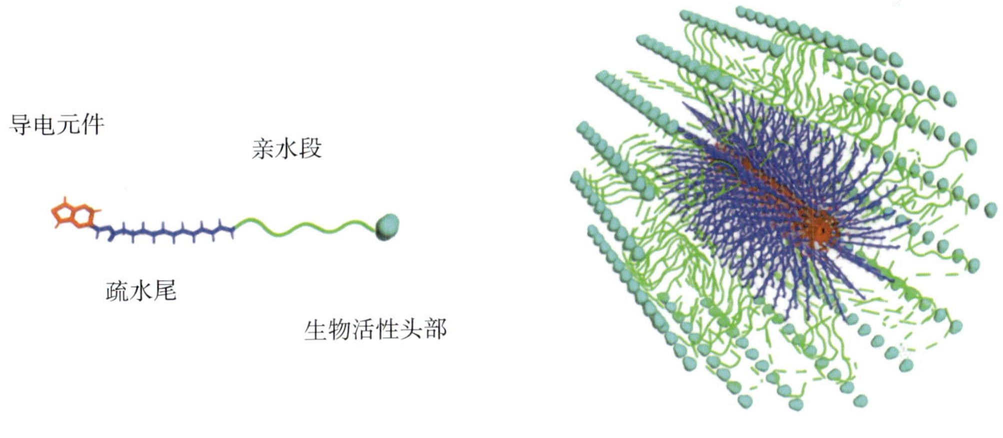

图5.16　生物材料的优化

综上所述，组织力学在生物材料开发中的应用可以帮助评估和设计生物材料的力学性能，确保其能够适应生物环境的力学需求。此外，组织力学还可以指导材料的改良和优化，以满足特定的医疗需求。通过组织力学的应用，可以开发出更具功能性和生物相容性的生物材料，为医学和生物工程领域的应用提供支持。

第 6 章　生物流体力学

6.1　生物流体力学的基本概念

6.1.1　生物流体力学的定义与重要性

生物流体力学是研究生物体内液体(如血液、淋巴液等)或气体(如呼吸气流)在生物体内部的流动行为及其相关力学特性的学科。它涉及生物体内部的动力学和流体力学现象,对于理解和解释生物体内各种生物流体运动的机制具有重要意义。

生物流体力学的重要性体现在以下几个方面。

(1) 生理功能理解:生物流体力学研究可以揭示生物体内液体和气体的运动规律,有助于深入理解生理功能的实现机制。例如,研究血液在血管中的流动可以揭示血液循环和心血管系统的功能,研究呼吸气流在呼吸道中的流动可以帮助理解呼吸过程和肺功能。

(2) 疾病诊断与治疗:生物流体力学的研究可以为疾病的诊断和治疗提供依据。通过研究血液流动的速度、压力和阻力等参数,可以评估血管狭窄、心脏瓣膜功能异常等心血管疾病。此外,生物流体力学还可以用于优化药物输送系统的设计,提高药物的局部浓度和治疗效果。

(3) 医疗器械设计:生物流体力学的知识对医疗器械的设计和优化具有重要指导作用。例如,生物流体力学可以应用于人工心脏瓣膜、血液透析设备和呼吸机等医疗器械的设计,确保其在使用过程中具有良好的流体动力学性能,同时最大限度地减少对生物体的不良影响。

综上所述,生物流体力学作为一个重要的学科,对于理解生物体内液体和气体的流动行为、揭示生理功能机制、疾病诊断与治疗以及医疗器械设计等方面都具有重要的定义和应用价值,它在生物医学领域的发展和应用为人类健康和医学进步做出了重要贡献。

案例 1:生物流体力学在心脏疾病研究中的重要性

生物流体力学在心脏疾病研究中发挥着重要作用。心脏是人体最重要的器官之一,它的正常功能依赖于复杂的血液流动和心肌收缩等生物流体力学过程。生物流体力学在心脏疾病研究中的几个重要方面如下。

(1) 血流动力学:生物流体力学可以用来研究血流在心脏和血管中的动力学行为,包括血液流速、血液压力、血管阻力等参数的测量和分析。通过模拟和分析血流动力学，可以揭示心脏瓣膜疾病、动脉粥样硬化等心血管疾病的发病机制，以及预测血流动力学异常对心脏功能的影响。

(2) 心脏瓣膜功能评估：生物流体力学可以帮助评估心脏瓣膜的功能和病变程度。通过建立心脏瓣膜的流体力学模型，可以模拟血流通过瓣膜的流动情况，并计算相关的力学参数，如血液压力梯度、瓣膜开启面积等，这些参数可以用来评估心脏瓣膜病变的严重程度，并指导疾病的诊断和治疗决策。

(3) 人工心脏辅助装置设计：生物流体力学可以用于优化人工心脏辅助装置(如人工心脏泵)的设计(图6.1)。通过模拟血流在辅助装置内的流动情况，可以评估装置的流体动力学性能，如血流剪切力、血流紊动度等。这些参数可以用来指导装置的优化设计，以提高血流动力学的稳定性和生物相容性。

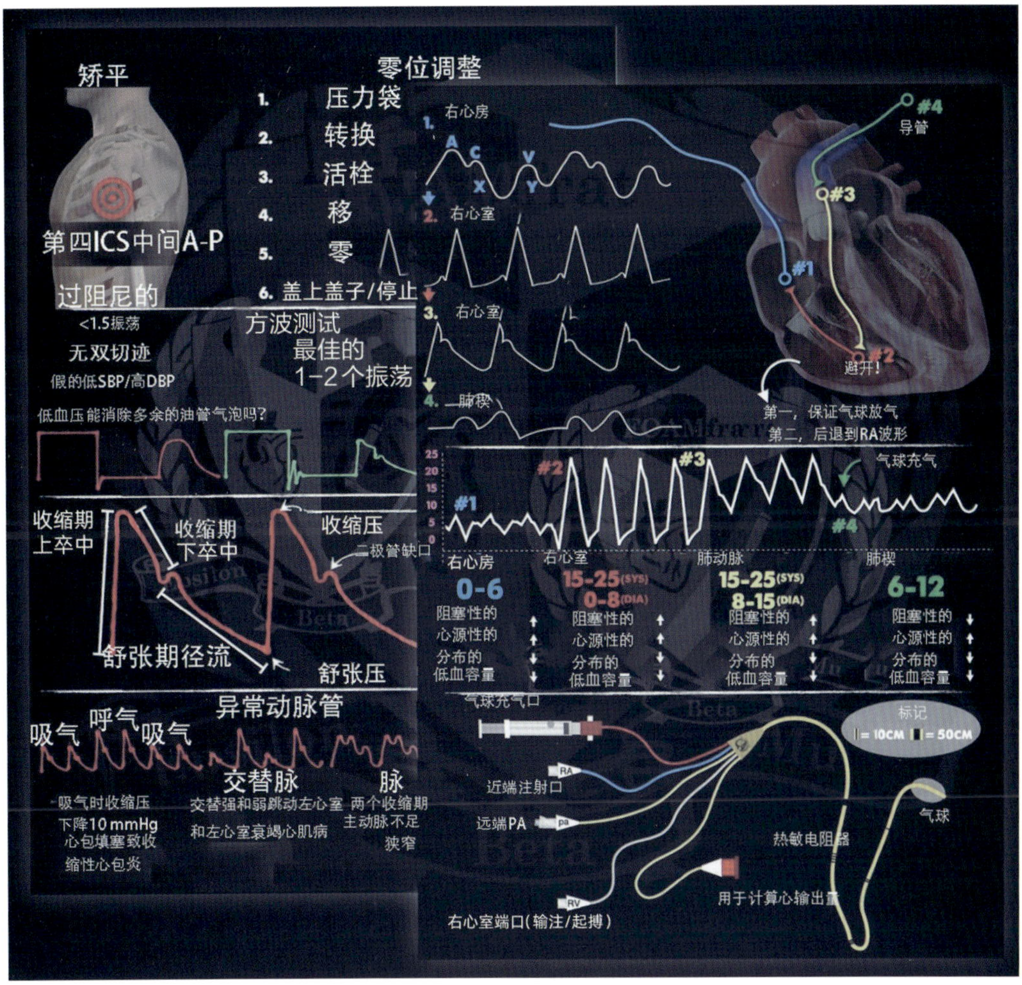

图6.1　人工心脏辅助装置设计

综上所述，生物流体力学在心脏疾病研究中的应用非常重要，它可以揭示心脏疾病的发病机制、评估病变的严重程度，以及指导医疗器械的设计和优化。通过生物流体力学的研究，可以促进心脏疾病的早期诊断、个性化治疗和预防策略的制订，为心血管医学领域的发展和进步做出重要贡献。

案例 2：生物流体力学在呼吸系统疾病研究中的应用

生物流体力学在呼吸系统疾病研究中具有广泛的应用。呼吸系统包括气道、肺组织和血液循环等部分，其正常功能依赖于复杂的气体流动和血液流动过程。生物流体力学在呼吸系统疾病研究中的几个重要方面如下。

(1) 气道流体力学：生物流体力学可以用来研究气道内气体的流动行为。通过模拟和分析气道内的气体流动，可以评估气道的通畅性、阻力和压力分布等参数(图6.2)，这对于研究呼吸道疾病，如哮喘、慢性阻塞性肺疾病(COPD)等具有重要意义。通过了解气道流体力学的变化，可以帮助诊断和治疗这些呼吸系统疾病。

(2) 肺组织力学：生物流体力学可以用于研究肺组织的力学特性和功能。通过建立肺组织的流体力学模型，可以模拟气体在肺泡和血管间的交换过程，评估肺组织的弹性和阻力等力学参数，这对于研究肺部疾病，如肺纤维化、肺水肿等，以及评估肺功能和通气效率具有重要意义。

(3) 血液循环：生物流体力学可以帮助研究呼吸系统中的血液循环。通过模拟和分析血液在肺血管和周围血管中的流动，可以评估血流动力学参数，如血流速度、血液压力和阻力等，这对于研究肺血管疾病，如肺动脉高压、肺栓塞等，以及评估肺血流和氧合能力具有重要意义。

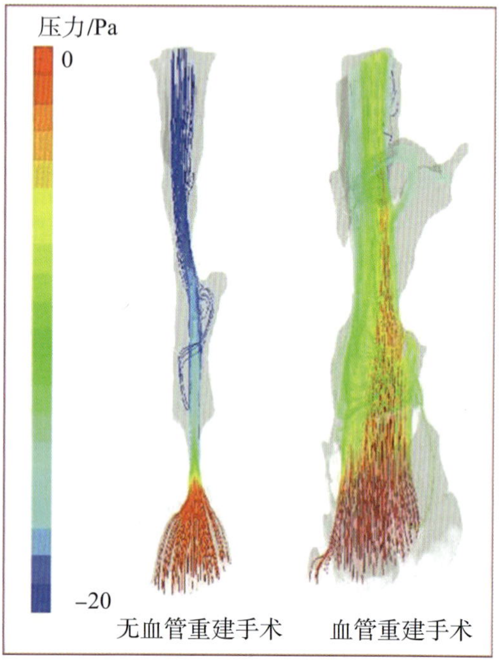

图6.2　流体力学在气道中的模拟

综上所述，生物流体力学在呼吸系统疾病研究中的应用十分重要，它可以揭示呼吸系统疾病的病理机制，评估病变的严重程度，以及指导呼吸系统疾病的诊断和治疗策略。通过生物流体力学的研究，可以促进呼吸系统疾病的早期发现、个性化治疗和康复护理，为呼吸医学领域的进展和改善健康状况做出重要贡献。

6.1.2　力在生物流体中的作用

力在生物流体中扮演着重要的角色，影响着生物体内流体的运动和行为。力在生物流体中的几个重要作用如下。

(1) 流体流动的驱动力：力是推动生物体内流体流动的驱动力之一。例如，心脏的收缩产生的力驱动血液在血管中流动，肺部的肌肉收缩和舒张产生的力推动气体在气道中流动，肌肉的收缩产生的力驱动消化液在消化道中流动等，这些力作用于生物体内的流体，使其实现必要的流动功能。

(2) 保持血液循环平衡：力在血液循环中起着平衡和调节的作用。心脏的收缩产生的力将血液推向全身，维持血液循环的稳定性。血管壁的弹性力和收缩力保持血液在血管内的正常流动，防止血液淤积和血栓形成，这种力的平衡和调节确保了血液的顺畅循环和组织器官的正常供氧和营养供应。

(3) 细胞间液的运输和交换：力推动细胞间液在组织和器官之间的运输和交换。细胞外液的流动力可以通过组织间隙中的压力差来实现，促进养分、代谢产物和信号分子的输送和排除，这种力的作用保证了细胞的正常代谢和功能。

(4) 气体交换和通气：力在呼吸系统中促进气体的交换和通气过程。肺泡和血管之间的压力差产生的力驱动氧气和二氧化碳在肺部的交换。肌肉的收缩和呼吸肌肉的运动产生的力推动气体在气道中的流动，使呼吸顺畅进行。

综上所述，力在生物流体中具有多种重要的作用，它们推动流体的运动和循环，保持生物体内环境的平衡和稳定，促进物质的输送和交换，实现各个系统和器官的正常功能。理解和研究力在生物流体中的作用，有助于深入认识生物体的生理学和病理学过程，并为疾病的诊断和治疗提供指导。

案例 1：力在血液流动中的作用

在血液循环中，力起着至关重要的作用，推动血液在血管中的流动并维持血流的正常功能。力在血液流动中的几个重要作用如下。

(1) 心脏收缩力：心脏的收缩产生的力是驱动血液流动的主要力量(图6.3)。当心脏收缩时，心肌肌纤维收缩，推动血液从心腔中被排出，进入主动脉和血管系统，这个力将血液推向全身，使血液流动到各个组织和器官，提供养分和氧气。

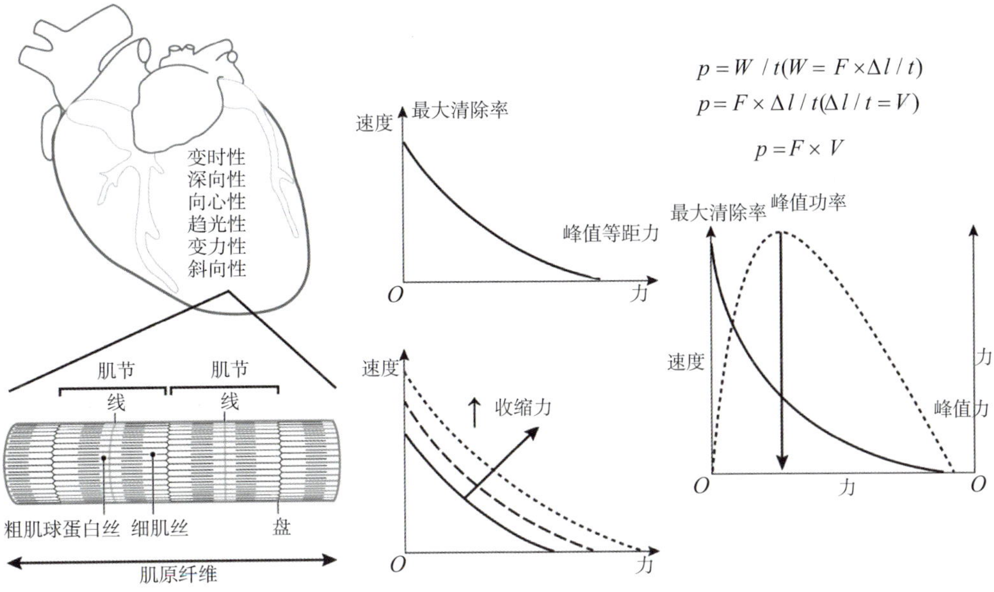

图6.3　心脏收缩力分析

(2) 血管壁收缩力：血管壁的平滑肌细胞收缩产生的力对血液流动起着调节作用。通过调节血管的直径和阻力，血管壁的收缩力可以改变血流速度和血压。例如，血管收缩可以使血液流速增加，增加器官的灌注量；血管扩张则可以降低阻力，减轻心脏的负担。

(3) 血液黏滞力：血液本身具有一定的黏滞性，即流体内部分子间的摩擦力，这种黏滞力对血液的流动具有阻碍作用。当血液流动速度较快时，黏滞力会增加，使血液流动受到一定的阻力。而当血液黏滞性增加时，例如在某些疾病情况下，血液流动性会降低，增加心脏的负荷。

(4) 重力作用：重力对血液流动也有一定的影响。例如，站立时，由于重力的作用，血液容易下降到下肢，静脉回流受阻，容易出现瘀血和静脉曲张。而在卧位时，重力对血液流动的影响较小，有助于血液回流和循环。

综上所述，力在血液流动中发挥着重要作用。心脏的收缩力、血管壁收缩力、血液黏滞力和重力等因素相互作用，使血液在血管系统中流动，保证各个组织和器官的血液供应，维持正常的生理功能。研究和了解力在血液流动中的作用，对于理解循环系统的功能和疾病的发生机制具有重要意义。

案例 2：力在淋巴流动中的作用

淋巴系统是人体循环系统的重要组成部分，起着排除组织液体、废物和细胞碎片的作用。力在淋巴流动中起着关键的作用(图6.4)，确保淋巴液在淋巴管网络中有效地流动和排除废物。力在淋巴流动中的几个重要作用如下。

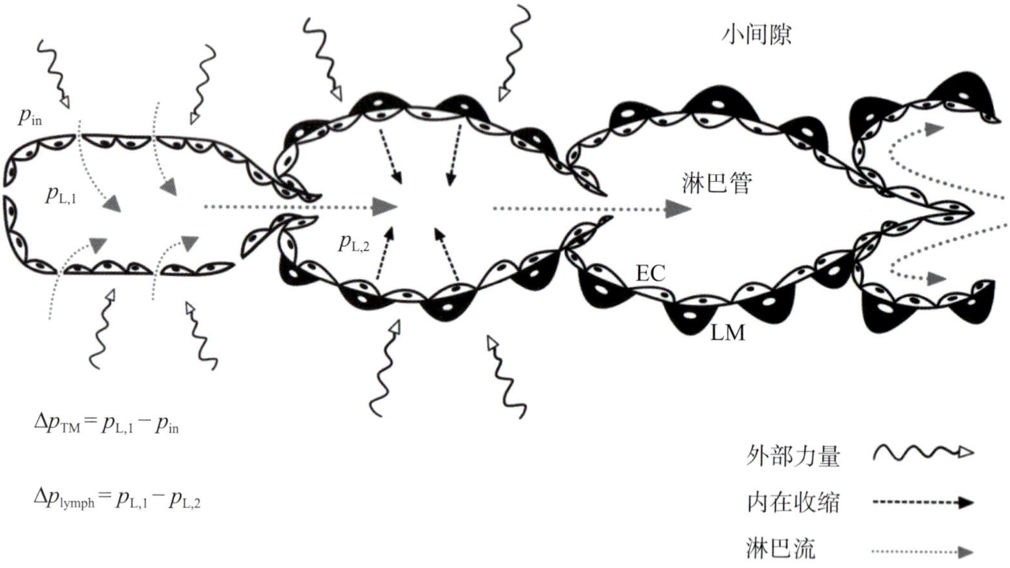

图6.4 淋巴流动中的压力与流动关系

(1) 肌肉收缩力：肌肉的收缩对淋巴流动具有促进作用。当肌肉收缩时，周围的组织受到压迫，压力传递到淋巴管，推动淋巴液向前流动。特别是在运动和活动过程中，肌肉的收缩力增加，促进了淋巴液的流动。

(2) 呼吸运动：呼吸运动对淋巴流动也有重要影响。随着呼吸的进行，胸腔和腹腔的压力变化，呼吸肌肉的活动导致胸腔内负压增加，使淋巴液被吸入淋巴管，促进淋巴流动。

(3) 组织间隙压力差：组织间隙中的压力差也是推动淋巴流动的重要力量。在组织间隙中存在一定的静水压和组织张力，这些力量对淋巴液的流动起着推动作用。

(4) 淋巴阀门：淋巴管内部存在阀门结构，起到单向阀门的作用，防止淋巴液的逆流。当淋巴液受到外力的推动向前流动时，阀门打开，允许淋巴液通过；而当流动停止或逆流时，阀门关闭，阻止淋巴液的逆流。

综上所述，力在淋巴流动中起着重要作用。肌肉收缩力、呼吸运动、组织间隙压力差和淋巴阀门的作用相互协调，推动淋巴液在淋巴管网络中流动。研究和了解力在淋巴流动中的作用，有助于理解淋巴系统的功能和疾病的发生机制，为淋巴循环相关疾病的预防和治疗提供指导。

6.2　生物流体的力学性质

6.2.1　生物流体的力学模型

生物流体的力学模型是用来描述生物体内流体运动的数学模型，它基于物理学和工程学的原理，利用数学方程和模拟方法来描述和预测生物体内流体的行为。几种常见的生物流体力学模型如下。

(1) 简化模型：简化模型是基于假设和简化条件构建的流体力学模型，以简化复杂的生物流体系统。例如，流体可以被建模为黏性流体或不可压缩流体，流动可以被视为定常流动或稳态流动。简化模型通常适用于研究特定的生物流体现象或问题，例如血液流动在血管中的行为。

(2) 计算流体动力学(CFD)模型：计算流体动力学模型基于Navier–Stokes方程，通过离散化和数值方法来解决复杂的流体力学问题，它可以模拟流体的速度、压力、流量分布等参数，以及流体与固体边界的相互作用。CFD模型在研究生物流体中的细节和复杂性方面具有较高的准确性和可靠性。

(3) 有限元分析模型：有限元分析模型将生物体内的流体系统划分为离散的小元素，并在每个元素上应用流体力学方程和边界条件，它可以考虑不同组织和器官的几何形状、材料特性和边界条件，从而更准确地模拟复杂的生物流体行为。有限元分析模型广泛应用于心血管系统、呼吸系统和生物工程等领域的研究和工程实践中。

(4) 多尺度模型：多尺度模型是结合不同尺度的模型，从微观到宏观来描述生物流体的行为，它可以将细胞和细胞间的相互作用、细胞与组织的相互作用以及组织和器官的相互作用考虑在内。多尺度模型对于研究复杂的生物流体现象和生物体内流体的整体行为具有重要意义。

通过建立和应用这些生物流体力学模型，可以深入了解生物体内流体的运动规律和相互作用，揭示生物体内各种生理和病理现象的机制，并为疾病诊断、治疗和生物工程设计等领域提供有益的指导。

案例1：生物流体力学模型在描述血液流动中的应用

血液流动是生物流体力学中的重要研究领域，生物流体力学模型在描述血液流动中的应用案例如下。

(1)研究血流动力学:生物流体力学模型可以用来研究血液在血管中的流动行为,包括血液流速、血压分布、血液力学参数等(图6.5)。通过建立三维的CFD模型,可以模拟血流在血管中的复杂流动形态,并预测血液流速和压力分布的变化,这对于研究血管疾病、动脉粥样硬化等病理情况下的血流变化具有重要意义。

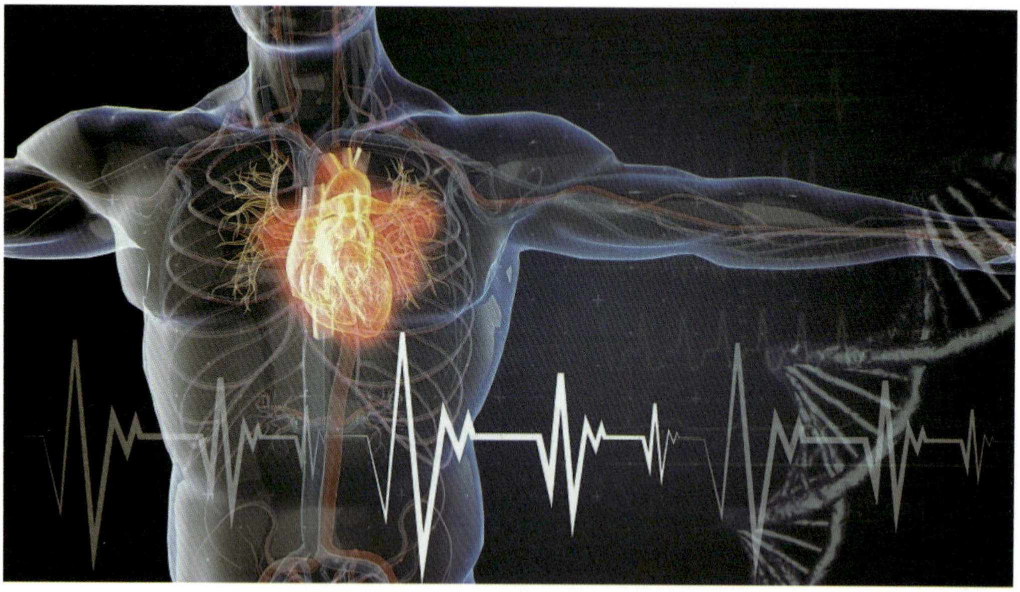

图6.5 心血管系统血流动力学示意图

(2)优化血液流动:生物流体力学模型可以用于优化血液流动的设计和治疗。通过改变血管的几何形状、直径、弯曲程度等参数,可以预测和优化血流的分布和速度,以改善血管疾病的治疗效果。例如,在冠状动脉狭窄的情况下,可以使用CFD模型评估不同的支架设计和放置位置,以实现最佳的血流重建效果。

(3)评估血液流动对器官功能的影响:生物流体力学模型可以用来评估血液流动对器官功能的影响。例如,在心脏瓣膜疾病中,通过建立模型模拟血流通过瓣膜的流动情况,可以评估瓣膜的开闭功能以及对心脏的负荷和功能的影响,这有助于理解和诊断心脏瓣膜疾病,并指导疾病的治疗方案。

通过这些应用案例,生物流体力学模型在描述血液流动中发挥重要作用,为研究血管疾病、优化治疗和评估器官功能提供了有力的工具和方法。

案例 2:生物流体力学模型在解析呼吸流动中的应用

生物流体力学模型在解析呼吸流动中的应用具有重要意义,相关案例如下。

(1)研究呼吸道流动:生物流体力学模型可用于研究呼吸道内的气体流动行为。通过建立三维的CFD模型,可以模拟气体在呼吸道中的流动速度、压力分布和气流模式等(图6.6),这有助于理解呼吸道疾病(如哮喘、慢性阻塞性肺疾病等)中的气流异常,并为疾病诊断和治疗提供指导。

(2)优化呼吸支持设备:生物流体力学模型可用于优化呼吸支持设备的设计和使

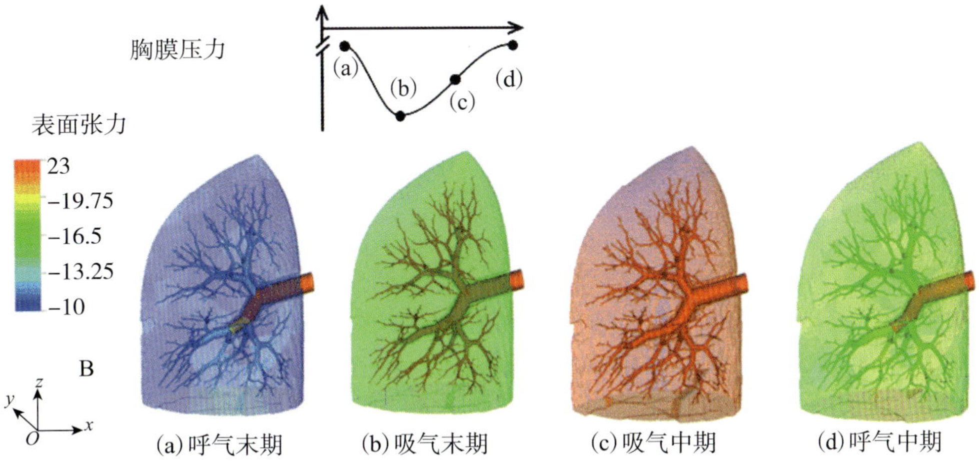

图6.6 肺部结构与气流力学分析

用。通过模拟呼吸机、呼吸面罩等设备对气流分布和呼吸力学参数的影响，可以改进设备的设计和操作策略，提高呼吸支持治疗的效果。例如，在睡眠呼吸暂停综合征的治疗中，CFD模型可以评估不同呼吸机参数和面罩形状对气流通畅性和患者舒适性的影响，从而优化治疗效果。

(3) 评估肺部疾病的影响：生物流体力学模型可以用于评估肺部疾病对呼吸流动的影响。例如，在肺纤维化或肺水肿等疾病中，通过建立模型模拟病变区域的气流阻力和肺组织的变形，可以评估疾病对肺部通气功能的影响，并为治疗方案的选择和优化提供参考。

通过这些应用案例，生物流体力学模型在解析呼吸流动中发挥重要作用，为研究呼吸道疾病、优化呼吸支持设备和评估肺部疾病的影响提供有力工具和方法。

6.2.2 生物流体的应力–流动行为

生物流体的应力–流动行为是指流体在生物系统中受到的力和其引起的流动行为。相关案例如下。

(1) 研究血液循环：生物流体力学模型可以用于研究血液在血管系统中的应力–流动行为。通过建立血管网络的三维的CFD模型，可以模拟血液在血管中的流动速度、压力分布和血流模式等，这有助于理解血管疾病(如动脉粥样硬化、血栓形成等)中的血流异常，并为疾病预防和治疗提供指导。

(2) 优化血流支持设备：生物流体力学模型可用于优化血流支持设备的设计和使用。例如，在人工心脏辅助装置(VAD)的研究中，CFD模型可以评估不同设备参数对血流动力学的影响，从而优化设备的设计和操作策略，提高血流支持治疗的效果。

(3) 评估心脏病变的影响：生物流体力学模型可用于评估心脏病变对血液流动的影响。例如，在心脏瓣膜疾病中，通过建立模型模拟瓣膜功能异常和血流流量变化，可以评估疾病对心脏血流动力学的影响，并为手术治疗方案的选择和优化提供参考。

通过这些应用案例，生物流体力学模型在研究血液循环、优化血流支持设备和评估心脏病变的影响方面发挥重要作用，它们为理解血管疾病、优化血流支持治疗和改善心脏病患者的生活质量提供了有力的工具和方法。

案例 1：应力–流动行为在研究动脉粥样硬化等血管疾病中的应用

动脉粥样硬化是一种血管疾病，其中动脉壁中的脂质斑块导致血管狭窄和血流受阻。生物流体力学模型可以用于模拟动脉粥样硬化病变区域的血流特性(图6.7)。通过考虑斑块形状和位置、血流速度和压力分布等因素，可以评估斑块对血流的影响，预测血流动力学变化，并进一步研究斑块的生长和破裂风险，为动脉粥样硬化的诊断和治疗提供支持。

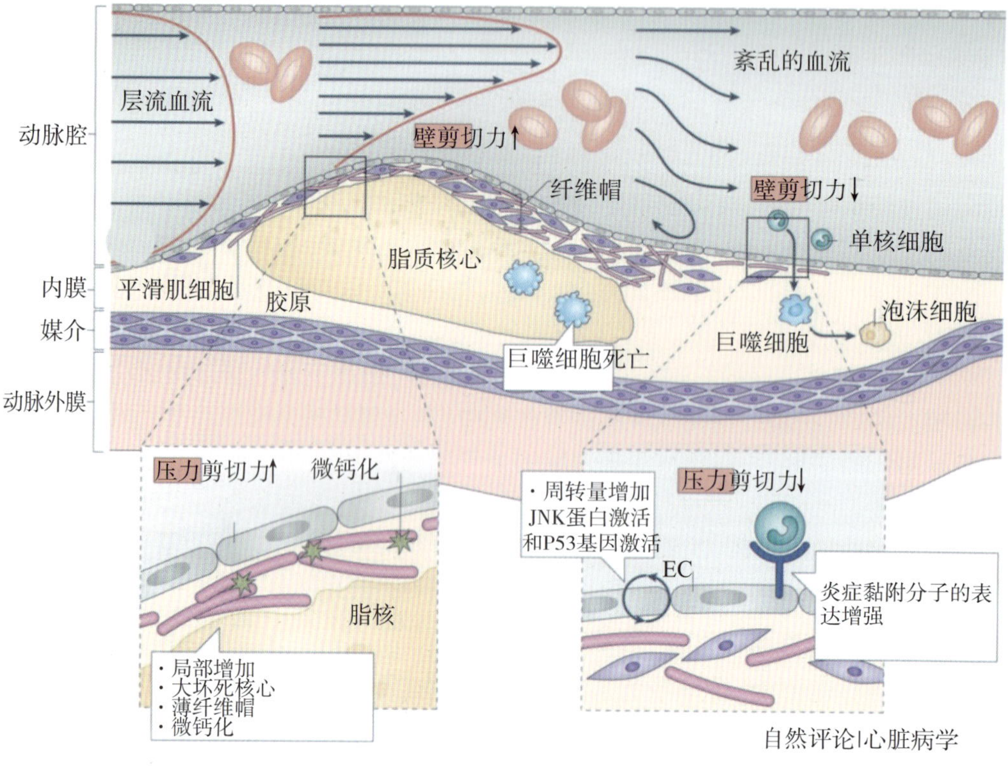

图6.7　动脉粥样硬化应力与流动分析

该案例突出了应力–流动行为在研究动脉粥样硬化等血管疾病中的应用。通过模拟血流动力学和考虑动脉壁的力学特性，可以深入理解血管病变的形成和进展机制，并为相关疾病的诊断、预防和治疗提供依据。

案例 2：应力–流动行为在解析呼吸流动中的应用

生物流体力学模型可以应用于解析呼吸系统中的气流动力学和肺部组织的应力分布。通过模拟和分析呼吸流动过程中的气体运动和气道壁的应力，可以深入研究呼吸系统疾病的发展机制和影响因素。例如，对哮喘、慢性阻塞性肺疾病等疾病进行生物流体力学模拟，可以评估气道的阻力、气体分布的不均匀性，并为疾病诊断和治疗提供指导和优化方案(图6.8)。

该案例强调了应力–流动行为在解析呼吸流动中的应用。通过生物流体力学模型，可以深入了解呼吸系统中气流的流动特性以及相关的应力分布情况，从而为呼吸系统疾病的研究和治疗提供重要的见解和指导。

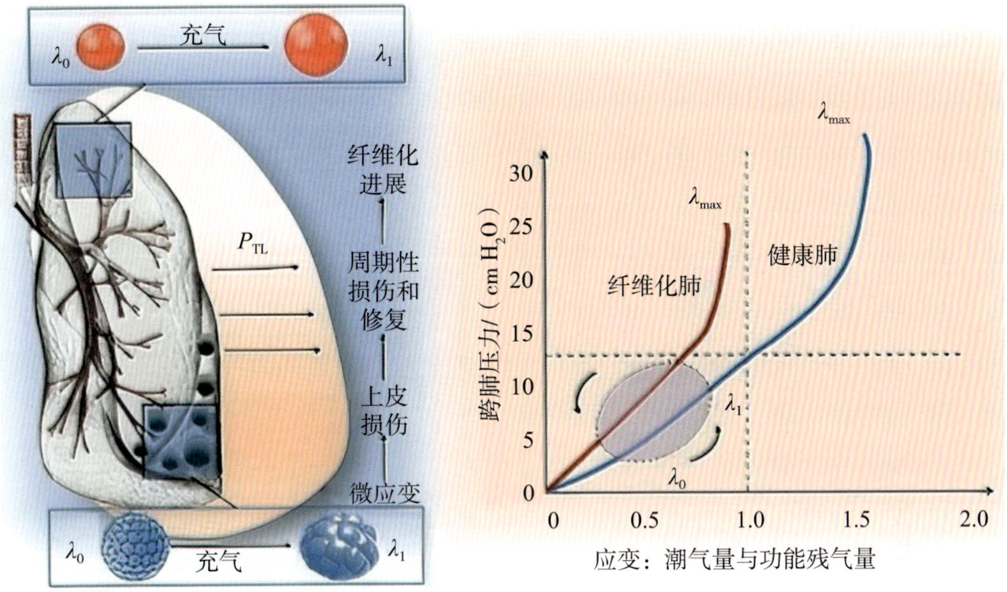

图6.8　人肺微应变与整体应力－应变曲线

6.3　测量和操作生物流体的力学方法

6.3.1　生物流体力学的试验方法

生物流体力学的试验方法包括许多技术和设备，用于测量和分析生物体内的流体行为。常用的试验方法如下。

(1) 测量血液流动：通过使用超声成像、血流动力学测量仪或血液流速计等设备，可以非侵入性地测量血液在血管中的流速、流量和血压等参数，这些数据可以用于分析血液循环中的力学行为。

(2) 测量气体流动：使用呼吸流量计、气体分析仪等设备可以测量呼吸系统中气体的流速和容量，这些测量结果可以用于分析气体流动的力学特性和呼吸过程中的压力变化。

(3) 测量液体流动：在研究液体流动时，可以使用流速计、压力传感器、微流控装置等设备来测量流体的速度、压力和流量，这些测量方法可用于研究血液、淋巴液、脑脊液等液体在生物体内的流动行为。

(4) 测量细胞流动：使用显微镜观察和记录细胞在流体中的运动行为，例如细胞迁移、细胞聚集等。可以通过跟踪细胞的运动轨迹和测量细胞与周围流体的相互作用力来研究细胞流动的力学特性。

这些试验方法可以为生物流体力学研究提供重要的数据和参数，从而增进对生物体内流体行为的理解，不同的试验方法可以根据具体研究目的和对象进行选择和应用。

案例 1：流变仪在测量血液黏度中的应用

流变仪是一种常用的试验设备，用于测量物质的流变性质，包括黏度、剪切应力和剪切速率等(图6.9)。在生物流体力学中，流变仪被广泛应用于测量血液的黏度特性。

血液的黏度是指血液在流动中的阻力，它受到多种因素的影响，包括红细胞数量、红细胞形状、血红蛋白浓度等。通过使用流变仪，可以对血液黏度进行定量测量，并研究不同条件下血液黏度的变化。

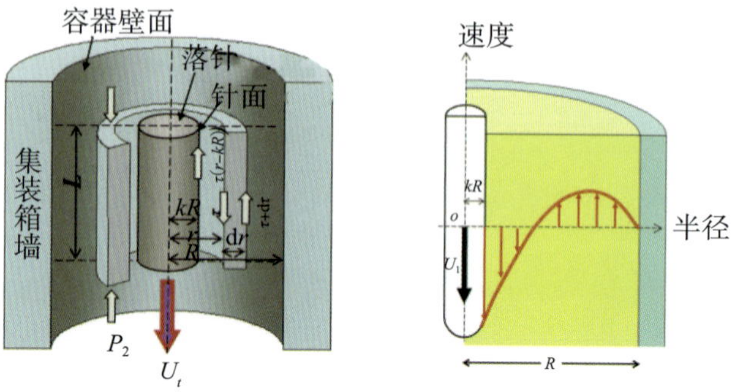

图6.9　流变仪血液黏度分析

在试验中，血液样品被置于流变仪的测试室中，施加恒定的剪切力，然后测量样品的剪切应力和剪切速率。通过改变施加的剪切力和速率，可以绘制血液的黏度–剪切率曲线，进而分析血液的流变特性。

这种测量方法在临床医学和疾病研究中具有重要意义。例如，通过测量血液黏度可以评估患者的血液流动性，判断是否存在血液黏稠度异常，如 高黏度血症。此外，血液黏度的变化也与某些疾病，如心血管疾病和炎症状态有关，因此流变仪的应用有助于对疾病进行诊断和监测。

总之，流变仪在测量血液黏度中的应用可以提供有关血液流变特性的重要数据，为了解血液循环和疾病机制提供了有价值的信息。

案例 2：高速摄像在测量心脏瓣膜运动中的应用

心脏瓣膜是心脏内的重要结构，负责控制血液流动方向，保持心脏的正常功能。了解心脏瓣膜的运动特性对于疾病诊断和治疗具有重要意义。在生物流体力学研究中，高速摄像技术被广泛应用于测量心脏瓣膜运动，并提供详细的运动信息。

高速摄像技术能够以高帧率捕捉快速运动的细节，从而提供准确的瞬时图像序列。在心脏瓣膜研究中，研究人员可以使用高速摄像仪拍摄心脏瓣膜的运动过程，包括开合和闭合过程。通过对这些图像进行分析和处理，可以获取瓣膜的运动速度、加速度、运动轨迹等相关参数。

高速摄像技术的应用可以揭示心脏瓣膜的运动特性和力学行为，有助于了解瓣膜的正常功能和异常状态(图6.10)。例如，通过分析瓣膜的开启和关闭速度可以评估瓣膜的灵敏性和功能状态。此外，高速摄像还可以用于研究心脏瓣膜病变导致的异常运动，如瓣膜反流和狭窄等。

通过结合高速摄像和其他测量技术，如超声成像和压力传感器，研究人员可以获得更全面的心脏瓣膜力学信息，这些信息对于心脏瓣膜疾病的诊断和治疗具有重要的临床应用意义，有助于改善疾病管理和手术规划。

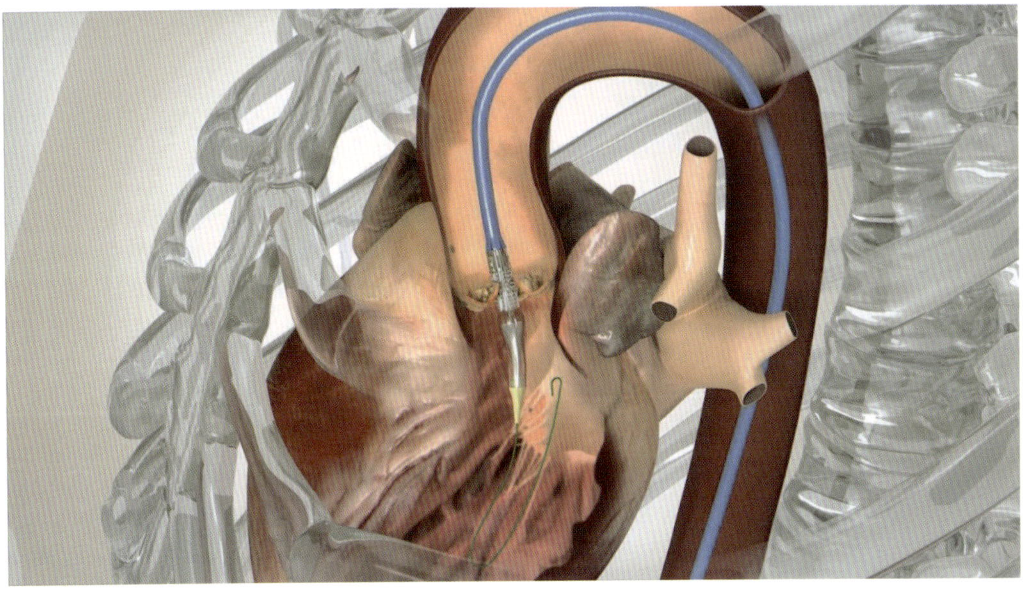

图6.10　高速摄像的瓣膜运动

综上所述，高速摄像技术在测量心脏瓣膜运动中的应用可以提供详细的瓣膜运动信息，为心脏瓣膜疾病的研究和临床应用提供重要的数据支持。

6.3.2　生物流体力学的计算模拟方法

生物流体力学的计算模拟方法是一种重要的研究手段，它可以通过数值计算和模拟来模拟和预测生物流体系统的行为。该方法基于物理学原理和数学模型，通过数值计算求解流体力学方程和相关方程，从而获得生物流体系统的重要参数和行为。常用的生物流体力学计算模拟方法包括有限元法、有限体积法、边界元法和CFD方法等。

有限元法是一种广泛应用的计算模拟方法，它将流体系统划分为有限数量的离散单元，通过数值求解离散方程组来模拟流体行为，该方法适用于复杂的几何形状和边界条件，并可以考虑多物理场耦合的情况。

有限体积法是一种基于体积积分的计算模拟方法，它将流体系统划分为有限数量的体积元，通过数值求解体积积分方程来描述流体行为，该方法适用于守恒方程和非守恒方程的求解，并且在处理复杂几何形状和复杂边界条件时具有优势。

边界元法是一种基于边界积分的计算模拟方法，它将流体系统划分为边界单元，通过求解边界积分方程来模拟流体行为，该方法适用于边界条件较为复杂的问题，如流体与固体的相互作用等。

CFD方法是一种基于数值求解流体力学方程的计算模拟方法。它将流体系统划分为离散的计算单元，通过求解连续方程、动量方程和能量方程等来模拟流体行为，该方法广泛应用于流体流动、传热和传质等问题的模拟和分析。

这些计算模拟方法在生物流体力学研究中发挥着重要的作用，它们可以用于模拟血液流动、气体交换、药物输送等生物流体现象，帮助研究人员深入了解生物流体系统的运动规律、力学特性和相互作用机制。同时，这些方法还可以用于设计和优化生物流体设备、预测疾病发展、指导治疗策略等方面。

综上所述，生物流体力学的计算模拟方法是一种强大的研究工具，它通过数值计算和模拟提供了对生物流体系统行为的深入理解，为生物流体力学领域的研究和应用提供了重要的支持。

案例 1：计算流体动力学在预测血液流动中的应用

CFD方法在预测血液流动方面具有广泛的应用。通过建立血管系统的几何模型和流体力学模型，结合数值计算方法，可以模拟和预测血液在血管内的流动行为，从而提供有关血液流速、压力分布、剪切力等重要参数的信息(图6.11)。

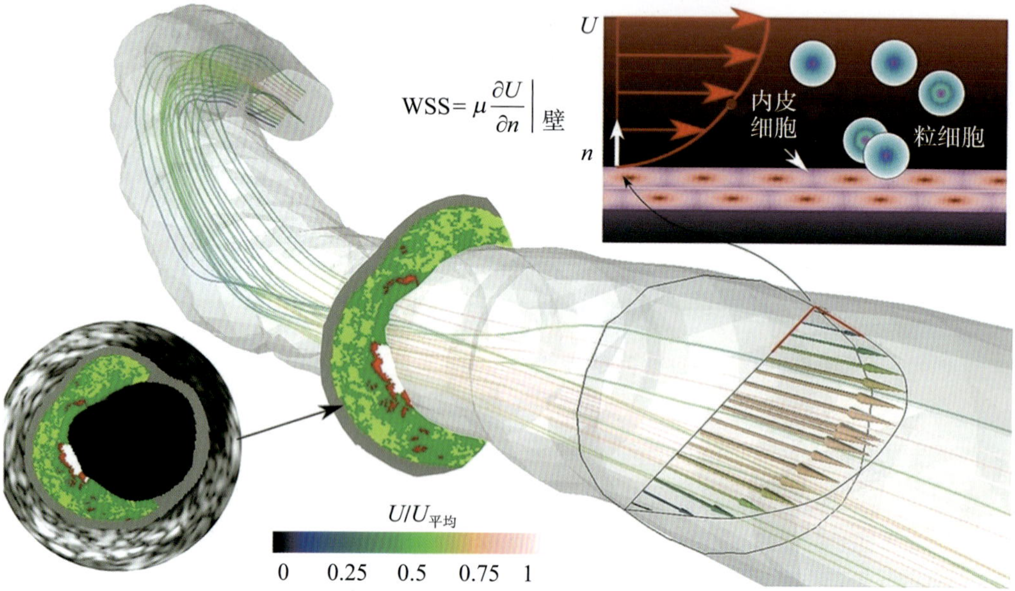

图6.11　血流动力学模拟示意图

CFD方法可以应用于多种血液流动场景，例如动脉、静脉、心脏等。在动脉中，CFD方法可以模拟血液在动脉内的流动模式，揭示动脉狭窄、血栓形成等疾病的发生机制，并帮助评估疾病的风险。在静脉中，CFD方法可以研究血液在静脉内的流动特性，包括血流动力学、血流速度和压力分布等，有助于了解深静脉血栓形成等静脉疾病的发展过程。

此外，CFD方法还可以在心脏领域应用于研究血液在心脏内的流动行为。通过建立心脏的解剖结构模型和流体力学模型，可以模拟心脏内的血液流动、心脏瓣膜的运动以及心脏病变对血液流动的影响，这对于研究心脏瓣膜疾病、心脏衰竭等心脏疾病的发病机制具有重要意义。

通过CFD方法对血液流动进行数值模拟，研究人员可以获取详细的流场信息，如速度分布、压力分布、剪切力等，这些信息对于评估血液流动的生理和病理状态具有重要意义，并可用于指导疾病的诊断和治疗。例如，在血管介入手术中，通过CFD模拟可以评估不同手术方案对血流动力学的影响，优化手术策略，提高手术成功率。

综上所述，计算流体动力学在预测血液流动中具有广泛的应用。通过数值模拟血液流动行为，可以深入了解血流动力学特性，揭示疾病的机制，指导疾病的诊断和治疗，为临床决策提供科学依据。

案例 2：生物流体力学模型在预测呼吸流动中的应用

生物流体力学模型在预测呼吸流动中的应用中起着重要的作用。通过建立呼吸系统的几何模型和流体力学模型，结合数值计算方法，可以模拟和预测呼吸过程中空气在气道内的流动行为，从而提供有关气流速度、气道压力分布、空气分布等重要参数的信息(图6.12)。

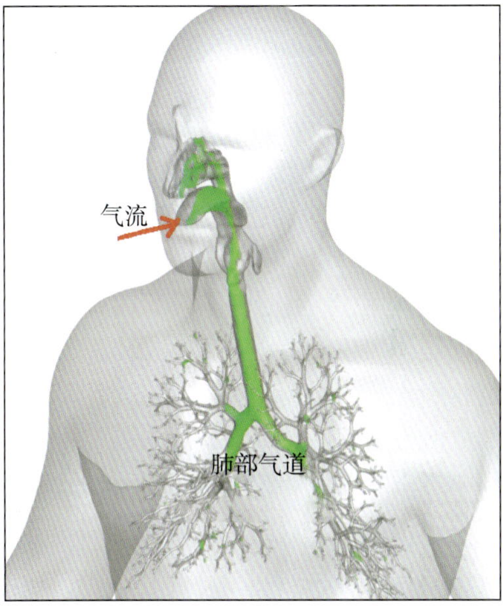

图6.12　肺部气道气流动态模拟

在呼吸系统中，生物流体力学模型可以帮助研究呼吸过程中空气在气道内的流动特性。通过建立气道的解剖结构模型和流体力学模型，可以模拟气流在气道内的传输和分布，包括气流速度、气道阻力、气道压力分布等。这对于研究呼吸系统疾病如哮喘、慢性阻塞性肺疾病等的发病机制具有重要意义。

生物流体力学模型还可以应用于评估呼吸治疗方法的效果。通过模拟不同呼吸治疗方式下的气流变化，可以比较不同治疗方法对气流分布和气道力学的影响，以及对疾病症状的改善程度，这对于优化呼吸治疗方案、指导临床决策具有重要的临床意义。此外，生物流体力学模型在呼吸系统中的应用还可以与影像学技术相结合，如计算机断层扫描(CT)或磁共振成像(MRI)，通过获取呼吸系统的几何结构和实际流动数据，建立更精确的模型，提高预测的准确性。

通过生物流体力学模型对呼吸流动进行数值模拟，可以获得详细的气流特性信息，有助于了解呼吸系统的生理和病理状态，并为疾病的诊断和治疗提供指导。同时，生物流体力学模型还可以用于评估和改进呼吸设备和治疗方法，提高治疗效果。

综上所述，生物流体力学模型在预测呼吸流动中具有重要的应用价值。通过数值模拟呼吸系统的流动行为，可以揭示呼吸过程的物理特性，为疾病的研究、治疗和设备改进提供科学依据。

6.4　生物流体力学的应用

6.4.1　生物流体力学在疾病诊断和治疗中的应用

生物流体力学在疾病诊断和治疗中扮演着重要的角色。通过对生物流体力学的研究和应用，可以深入理解疾病发展的机制，提供诊断依据，并为治疗方案的制订和优化提供指导。

一方面，生物流体力学可以应用于疾病的早期诊断。通过建立疾病相关的生物流体力学模型，如血液流动模型或气流模型，可以分析流体动力学参数的异常变化，发现血流或气流中的非正常流型、速度分布、压力梯度等特征，从而诊断疾病的存在或潜在风险。

另一方面，生物流体力学在疾病治疗中的应用越来越重要。通过模拟和优化治疗过程中的流体力学条件，可以提高治疗的效果和安全性。例如，在血管疾病治疗中，生物流体力学模型可以帮助评估血管支架的设计和植入位置，优化血流重建手术的方案，以及预测血流动力学的改变对治疗结果的影响。在呼吸系统疾病治疗中，生物流体力学模型可以辅助优化气道支持设备的设计和调节参数，提高气流的输送效率和呼吸功能的改善。

此外，生物流体力学还可以用于模拟和预测药物输送和治疗的效果。通过模拟药物在流体中的输送过程，可以评估不同治疗方案的药物浓度分布、扩散速度等参数，为药物治疗的优化提供参考。

综上所述，生物流体力学在疾病诊断和治疗中具有广泛的应用价值。通过建立生物流体力学模型，可以深入了解疾病发展的机制，提供诊断依据，并为治疗方案的制订和优化提供指导，这将有助于改善疾病的预防、诊断和治疗水平，为患者的健康和生活质量提供重要支持。

案例 1：生物流体力学在心脏疾病诊断中的应用

生物流体力学在心脏疾病诊断中发挥着重要的作用。心脏是一个复杂的生物流体系统，了解血液在心脏中的流动特性对于诊断心脏疾病非常关键(图6.13)。

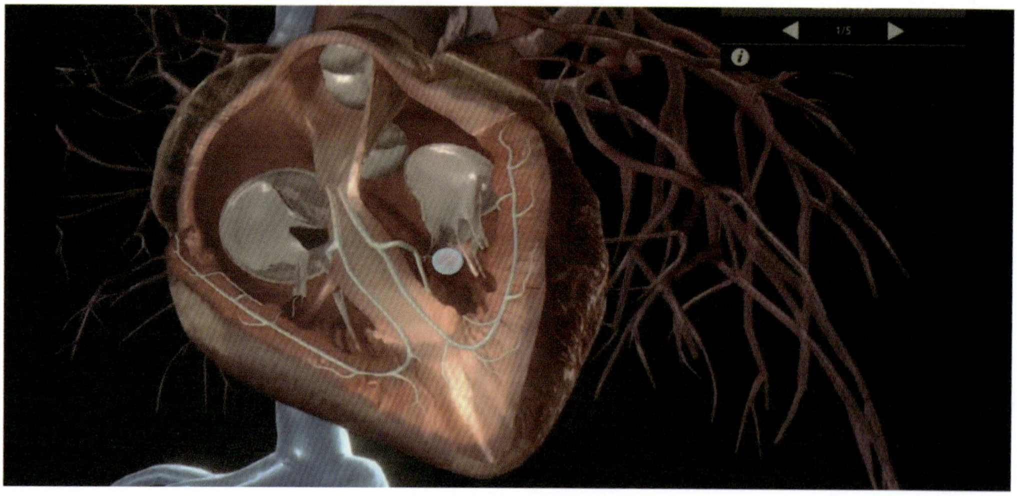

图6.13　心脏血液流动

通过建立心脏血液流动的生物流体力学模型，可以模拟血液在心脏中的流动情况，并提供对心脏功能的详细了解，这些模型可以考虑心脏的解剖结构、瓣膜运动、心脏收缩和舒张等生理过程，从而揭示心脏病变对血流动力学的影响。

在心脏瓣膜疾病的诊断中，生物流体力学模型可以帮助评估瓣膜的功能和疾病严重程度。通过模拟血液在瓣膜周围的流动，可以量化血流速度、压力梯度和涡旋等参数，从而评估瓣膜的狭窄程度、反流情况以及可能导致的心脏负荷增加等问题。

此外，生物流体力学模型还可以用于评估冠状动脉疾病的诊断和治疗策略。通过模拟血液在冠状动脉中的流动，可以评估血流速度、压力梯度和血流分布等参数，帮助发现冠脉狭窄和血栓形成等问题，并指导冠状动脉血运重建手术的方案选择。

此外，生物流体力学还可以应用于心脏肌肉疾病的诊断。通过模拟血液在心肌中的流动，可以评估心肌的收缩能力、心肌肥厚程度以及血流动力学的异常情况，从而帮助判断心肌疾病的类型和程度。

综上所述，生物流体力学在心脏疾病诊断中具有重要的应用价值。通过建立生物流体力学模型，可以深入了解心脏血液流动的特性，评估心脏病变对血流动力学的影响，并为心脏疾病的诊断和治疗提供有价值的信息，这将有助于改善心脏疾病的早期诊断、治疗方案的制订和优化，提高患者的生活质量和健康状况。

案例 2：生物流体力学在呼吸疾病治疗中的应用

生物流体力学在呼吸疾病治疗中发挥着重要的作用。呼吸系统是一个复杂的生物流体系统，了解气流在呼吸道中的流动特性对于呼吸疾病的诊断和治疗非常重要。

通过建立呼吸道气流的生物流体力学模型，可以模拟气流在呼吸道中的流动情况，并提供对呼吸道功能的详细了解(图6.14)，这些模型可以考虑呼吸道的解剖结构、肺组织的弹性、气流速度和气道阻力等因素，从而揭示呼吸疾病对气流动力学的影响。

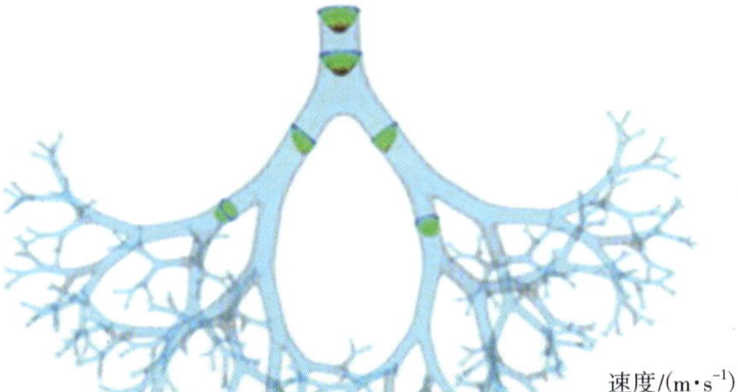

(a)

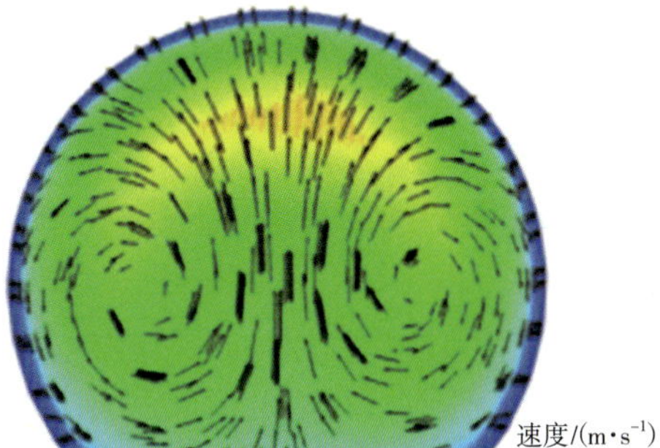

(b)

图6.14　呼吸道气流的生物流体力学模型

在气道狭窄和阻塞的疾病中，生物流体力学模型可以帮助评估气道阻力和通气不畅的程度。通过模拟气流在狭窄或阻塞的气道中的流动，可以量化气流速度、压力梯度和通气分布等参数，从而评估气道狭窄的程度、通气不足的情况以及可能导致的肺部负荷增加等问题。

此外，生物流体力学模型还可以用于评估肺泡交换气体的效率。通过模拟气体在肺泡和血液之间的传递过程，可以评估肺泡表面积、通气/血流比例以及气体扩散速率等参数，帮助发现肺部通气-血流失衡或肺泡扩散功能障碍等问题，并指导相应的治疗策略。

此外，生物流体力学模型还可以应用于评估气道湿化和纤毛清除的效率。通过模拟气道内气体和液体的流动，可以评估湿化作用和纤毛运动的影响，帮助发现气道湿化和纤毛清除功能异常的情况，并指导相应的治疗方法。

综上所述，生物流体力学在呼吸疾病治疗中具有重要的应用价值。通过建立生物流体力学模型，可以深入了解气流在呼吸道中的流动特性，评估呼吸疾病对气流动力学的影响，并为呼吸疾病的诊断和治疗提供有价值的信息，这将有助于改善呼吸疾病的早期诊断、治疗方案的制订和优化，提高患者的生活质量和健康状况。

6.4.2　生物流体力学在生物工程和药物输送中的应用

生物流体力学在生物工程和药物输送领域中发挥着重要的作用。通过建立生物流体力学模型，可以模拟生物体内液体和药物的流动行为，为生物工程和药物输送的设计和优化提供有价值的信息。

在生物工程领域，生物流体力学模型可以用于模拟人体组织和器官中的液体流动，帮助研究人体内部的生物流体行为。例如，在人工器官的设计和优化中，可以使用生物流体力学模型来评估液体在器官内部的流动速度、压力分布和液体混合效果，从而优化器官的结构和功能，提高器官的生物相容性和效率。

此外，生物流体力学模型还可以应用于药物输送的研究和优化。通过模拟药物在人体内的输送过程，可以评估药物在血液中的分布、组织内的扩散和药物释放速率等参数，这有助于优化药物输送系统的设计，提高药物的靶向性、生物利用度和疗效，并减少药物副作用。

此外，生物流体力学模型还可以应用于评估药物输送系统的输注和注射过程。通过模拟液体在输注和注射过程中的流动行为，可以评估输注速度、注射压力和药物在注射过程中的分布情况，这有助于优化输注和注射方案，提高药物输送的准确性和效果。

综上所述，生物流体力学在生物工程和药物输送中具有广泛的应用价值。通过建立生物流体力学模型，可以模拟生物体内液体和药物的流动行为，优化生物工程器官的设计和药物输送系统的性能，提高治疗的效果和患者的生活质量，这将推动生物工程和药物输送领域的创新和发展，为疾病治疗和医疗技术提供更加精准和有效的解决方案。

案例 1：生物流体力学在生物反应器设计中的应用

生物反应器是用于进行生物过程的控制和调节的设备，其中涉及生物体系的流体流动和质量传输。生物流体力学在生物反应器设计中发挥着重要的作用，可以帮助优化反应器的结构和操作条件，提高反应效率和产物质量。

生物流体力学模型可以用于模拟生物反应器中的流体流动行为，包括流速、流动模式、剪切力等参数。通过模拟流体的流动行为，可以评估反应器内的流动均匀性和混合效果，优化反应器的结构和搅拌方式，以实现更好的物质传输和反应效率(图6.15)。

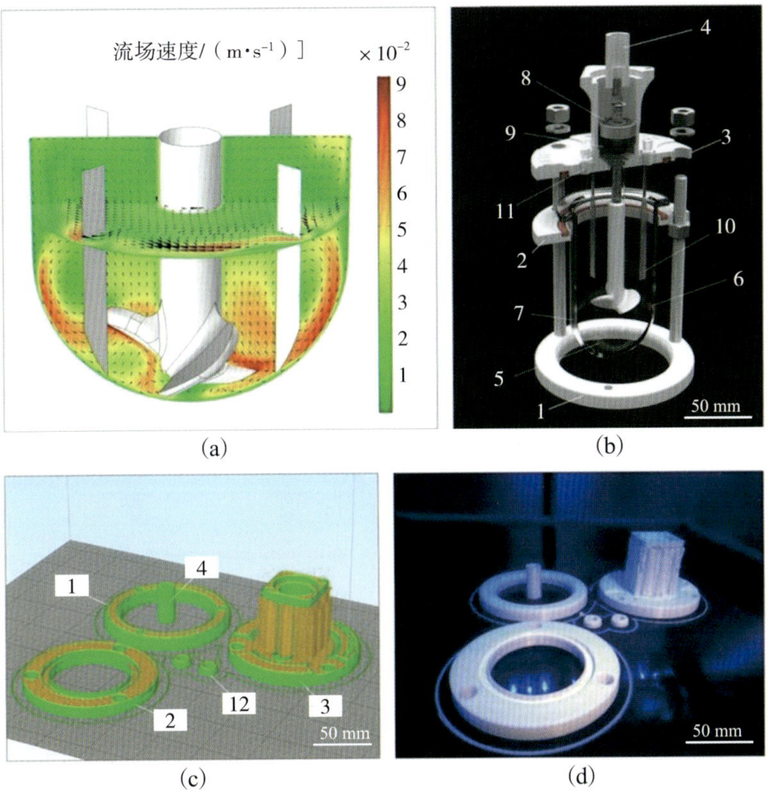

图6.15　生物流体力学驱动的生物反应器设计与分析

此外，生物流体力学还可以用于模拟生物反应器中的传质过程。传质过程是生物反应器中物质的转移和分布过程，包括营养物质的供应和代谢产物的去除。通过模拟传质过程，可以评估反应器中物质传输的速率和效果，优化反应器的操作条件和传质装置，提高反应器的产物质量和产量。

通过生物流体力学模拟，可以预测生物反应器中流体流动和传质的行为，并指导反应器的设计和操作。例如，在培养细胞的生物反应器中，生物流体力学模拟可以帮助优化培养液的供应和混合，提高细胞生长和产物合成的效率。在酶反应器中，生物流体力学模拟可以优化床层结构和液体循环方式，提高酶的活性和稳定性。

综上所述，生物流体力学在生物反应器设计中的应用可以优化反应器的结构和操作条件，提高反应效率和产物质量。通过模拟流体流动和传质过程，可以指导反应器的设计和优化，为生物工艺和生物制造领域提供更高效、可持续的解决方案。

案例 2：生物流体力学在药物输送中的应用

生物流体力学在药物输送领域中扮演着重要的角色，可以帮助设计和优化药物输送系统，提高药物的治疗效果和安全性。

生物流体力学模型可以用于模拟药物在体内的输送过程，包括药物在血液中的流动、药物在组织中的扩散和吸收等(图6.16)。通过模拟药物的输送行为，可以评估药物的分布情况、浓度变化和作用时间，从而指导药物剂量的设计和给药方案的制订。

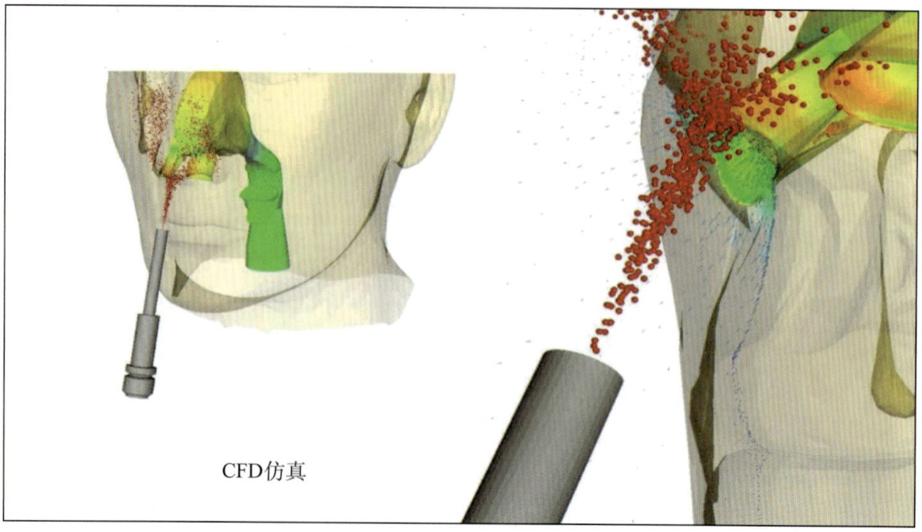

图6.16　流体动力学视角下的靶向药物释放

在静脉输液中，生物流体力学模拟可以优化输液装置和注射速度，确保药物在血液中的均匀分布和稳定输送。在口服给药中，生物流体力学模拟可以模拟药物在胃肠道中的溶解和吸收过程，预测药物的生物利用度和药效。

此外，生物流体力学还可以用于模拟药物在微流控芯片或药物输送器件中的输送过程。通过模拟微流体中的流动行为和传质过程，可以优化微流控芯片的结构和操作条件，实现精确的药物输送和控制释放，这对于精确调控药物的剂量和输送速度，实现个体化治疗和药物递送非常重要。

通过生物流体力学模拟，可以预测药物在体内的输送行为，为药物输送系统的设计和优化提供指导，这有助于提高药物的治疗效果和安全性，减少药物副作用和不良反应。同时，生物流体力学模拟还可以加速药物研发过程，降低试验成本和时间，为药物的快速上市提供支持。

综上所述，生物流体力学在药物输送中的应用可以帮助设计和优化药物输送系统，实现精确的药物输送和控制释放。通过模拟药物的输送过程，可以指导药物剂量和给药方案的设计，提高药物的治疗效果和安全性。

第 7 章　运动生物力学

7.1　运动生物力学的基本概念

7.1.1　运动生物力学的定义与重要性

运动生物力学是研究生物体在运动过程中力学原理和力学特征的学科，它涉及运动的机械原理、肌肉力量和控制、关节运动和稳定性等方面的研究。运动生物力学的重要性在于深入了解和解释生物体运动的力学原理，揭示人体运动的机制和效应，为运动训练、运动损伤防治、康复和人机交互设计等领域提供科学依据。

运动生物力学的研究可从宏观和微观两个层面进行。在宏观层面，研究者可以通过测量和分析运动过程中的力、力矩、能量消耗、关节运动范围等参数来理解和描述人体的运动特征，这些研究可以应用于运动训练、运动技术改进和运动能力评估等方面。在微观层面，运动生物力学还研究了肌肉组织和骨骼结构的力学行为，以及神经控制与协调机制。运动生物力学研究可以揭示肌肉和骨骼系统的力学特性和运动适应性，对预防和治疗运动相关的损伤和疾病具有重要意义。

通过运动生物力学的研究，可以优化运动技能和运动性能，提高运动员的竞技水平和运动表现。此外，运动生物力学还可用于解释和预测运动损伤的发生机制，为损伤的预防和康复提供指导。在康复领域，运动生物力学的应用可以帮助恢复运动功能、评估康复进程和设计个性化康复方案。此外，运动生物力学的研究还对人机交互设计和人体工程学等领域具有重要意义，可用于改善人体工作环境和设备的设计，提高人体的舒适性和效率。

综上所述，运动生物力学作为研究生物体运动的力学特性和机制的学科，具有重要的理论和应用价值。通过深入研究运动生物力学，能够更好地理解和解释人体运动的力学原理，提高运动能力和竞技水平，预防和治疗运动相关的损伤和疾病，并改善人体工程学和人机交互设计等方面的应用。

案例 1：运动生物力学在田径短跑训练中的应用

田径短跑是一项需要高速、爆发力和协调性的运动项目。为了提高短跑运动员的竞技水平和成绩，运动生物力学的研究可以提供科学依据和指导。

在研究中，运动生物力学可以通过分析运动员在起跑、加速、维持速度和冲刺等阶段的力学特征，揭示其运动机制和效应。通过运用力学原理和运动生物力学的知识，可以优化运动员的技术和动作，提高起跑爆发力、加速度、步频和步幅等关键指标(图7.1)。

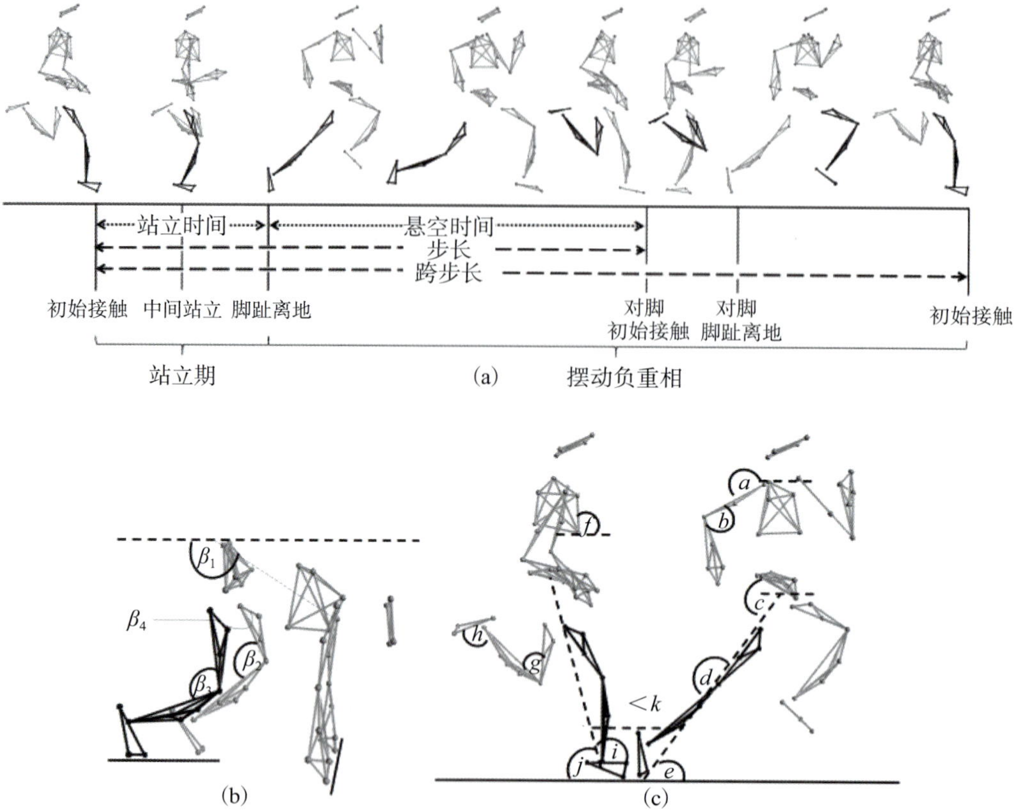

图7.1　从生物力学视角看短跑运动员的动作与策略

应用运动生物力学的方法如下。

(1) 力板测量：运动员在起跑时，通过站在装有力板的起跑块上，力板可以测量起跑过程中的力和时间。通过分析力板数据，可以评估起跑过程中的力量输出、爆发力和反应时间等指标，为起跑技术的改进提供指导。

(2) 三维运动捕捉系统：运动员在训练过程中使用三维运动捕捉系统，可以实时跟踪身体姿态和运动轨迹。通过分析运动员的姿势和动作，结合运动生物力学的原理，可以发现动作中的不足之处，并有针对性地进行调整和改进。

(3) 动力学分析：通过力学原理，结合运动员的质量和加速度等参数，可以计算出运动员在加速和冲刺过程中所产生的力和功率等指标，这些指标可以帮助训练师和教练员了解运动员的力量水平和能量利用效率，并根据分析结果进行训练计划的调整和优化。

(4) 通过运动生物力学的研究和应用，可以改进短跑训练方法和技术，提高运动员的爆发力、速度和协调性，从而提高竞技水平和成绩。此外，运动生物力学的研究也可以用于优化运动装备的设计，改善运动员的力学表现和舒适性。

综上所述，运动生物力学在体育运动中的重要性体现在它能够通过运用力学原理和运动生物力学的知识，提供科学依据和指导，优化运动员的技术和动作，提高竞技水平和成绩。

案例 2：运动生物力学在康复治疗中的应用

膝关节损伤是常见的运动损伤之一，康复治疗对于恢复膝关节功能和提高患者生活质量至关重要。在康复治疗过程中，运动生物力学的研究可以提供科学依据和指导，帮助恢复膝关节的正常生物力学功能(图7.2)。

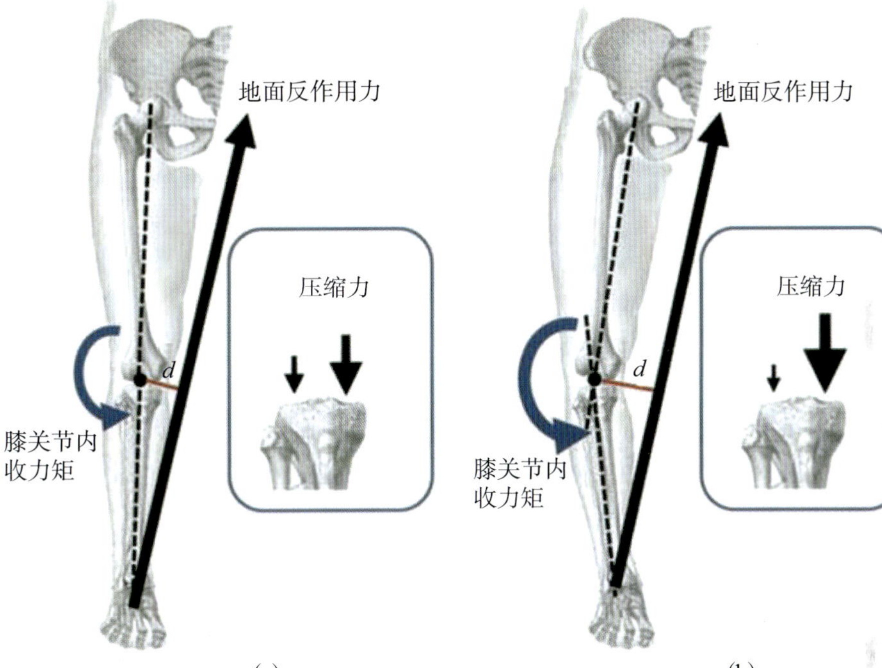

图7.2　关节康复力学分析

在膝关节康复治疗中，运动生物力学的应用主要包括以下方面。

(1) 动作分析：通过运用运动生物力学的原理和方法，可以对患者的步态、姿势和运动模式进行分析。通过运动分析系统和传感器等工具，可以量化分析患者在行走、跑步和下蹲等动作中的关节角度、力量分配和运动轨迹等参数，这些分析结果可以用于评估患者的运动功能和异常，帮助康复师制订针对性的康复计划和动作指导。

(2) 动力学评估：通过测量患者在运动过程中的力量输出和力的分布情况，可以评估肌肉力量的恢复和肌肉协调性。通过运用运动生物力学的原理，可以计算出患者在行走、上下楼梯和进行特定运动任务时所承受的关节力和肌肉力量，这些评估结果可以帮助康复师评估康复进展和调整康复计划，以促进膝关节功能的恢复和增强。

(3) 运动训练和机械辅助：通过运用运动生物力学的知识，结合康复装置和机械辅助设备，可以进行定向的运动训练和力量训练。例如，在膝关节康复中，康复师可以根据运动生物力学的分析结果，设计有针对性的力量训练和平衡训练，以恢复肌肉力量和提高关节稳定性。机械辅助设备如屈曲–伸展机、抗阻力器等也可以结合运动生物力学的原理，提供有针对性的运动支持和调整，帮助患者进行有效的康复训练。通过运动生物力学的研究和应用，可以在膝关节康复治疗中提供科学依据和指导，通过动作分析、动力学评估和运动训练等手段，帮助恢复膝关节的正常生物力学功能，提高患者的运动能力和生活质量。

综上所述，运动生物力学在康复治疗中的应用可以通过动作分析、动力学评估和运动训练等手段，帮助康复师评估患者的运动功能，设计个性化的康复计划，促进膝关节功能的恢复和提高。

7.1.2 力在运动中的作用

力在运动中起着关键的作用，它影响着身体的姿势、运动的速度、加速度和运动的方向。力在运动中的作用如下。

(1) 推动和拉动：力是产生运动的关键因素之一。例如，在力的作用下，肌肉通过收缩产生推动力，使身体能够运动。推动力也可以通过外部施加的力，如推、拉或使用器械来实现。

(2) 平衡和稳定：力可以帮助维持身体的平衡和稳定。例如，肌肉力量的平衡分布可以使身体保持稳定的姿势，并防止意外摔倒。此外，力的作用还可以通过调整身体的中心平衡点来改变运动的方向和姿势。

(3) 加速和减速：力可以使运动物体产生加速度或减速度。例如，当一个运动员在比赛中需要加速时，肌肉通过施加更大的力来增加运动的速度；相反，当需要减速或停止时，施加相反方向的力可以减慢运动的速度。

(4) 方向控制：力可以控制运动的方向。通过改变施加力的方向，身体或物体可以沿着不同的路径移动。例如，在运动中，运动员可以通过施加特定方向的力来改变移动的方向或进行转向。

(5) 碰撞和反作用：力在碰撞和反作用中发挥重要作用。例如，当一个运动员与球或其他物体发生碰撞时，力会影响碰撞的结果，如反弹、停止或改变运动方向。

这些是力在运动中的一些基本作用。通过理解和应用力的概念，可以更好地理解和解释各种运动现象，并为运动技能的改进和优化提供指导。

案例 1：力在跑步运动中的作用

在跑步运动中，力扮演着多个重要的角色(图7.3)。以下是一些力在跑步中作用的案例。

(1) 推动力：跑步时，肌肉通过收缩产生推动力，推动身体向前移动。推动力由腿部肌肉(如大腿肌肉和腓肠肌)的收缩产生，通过对地面的反作用力将身体推向前方。

(2) 重力：重力是一种向下的力，它影响着跑步者的垂直运动。当脚踩在地面上时，重力会产生向下的作用力，使身体保持与地面接触，并使跑步者能够保持稳定的姿势。

(3) 惯性力：惯性力是由跑步者的运动状态产生的力。当跑步者在奔跑过程中改变速度或方向时，惯性力会产生，对身体产生影响。例如，在转弯时，惯性力会推向外侧，需要施加额外的力来保持平衡。

(4) 空气阻力：当跑步者在高速奔跑时，空气会对其产生阻力，称为空气阻力。阻力会使跑步者感到额外的阻力，需要施加更多的力来克服它，并维持较快的速度。

(5) 地面反作用力：地面反作用力是跑步时脚踩在地面上产生的反作用力。当脚踩在地面上时，地面会对脚施加一个向上的力，推动身体向上抬起并支撑跑步的过程。

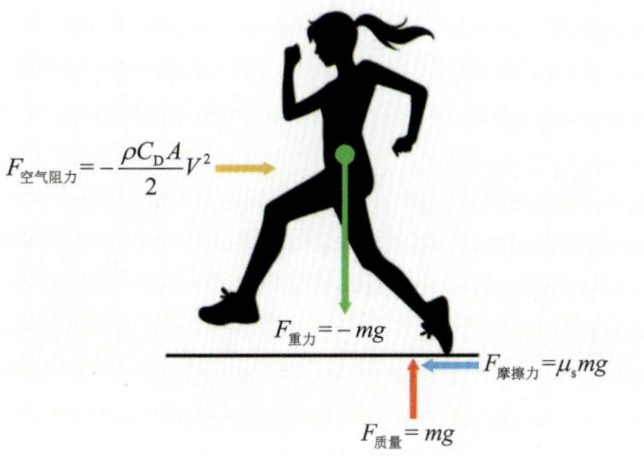

图7.3　运动人体受力分析

这些力相互作用，共同影响着跑步 者的运动。通过了解和利用这些力的作用，跑步者可以改善跑步技巧、提高速度和效率，并减少受伤的风险。

案例 2：力在游泳运动中的作用

在游泳运动中，力起着关键的作用，影响着游泳者的姿势、推进和速度(图7.4)。力在游泳中的作用如下。

(1) 推进力：推进力是游泳者通过手臂和腿部肌肉的推动产生的力。通过划水动作和踢腿动作，游泳者可以利用水的阻力来产生推进力，推动身体向前移动。

(2) 水阻力：水是游泳者需要克服的阻力介质。当游泳者在水中移动时，水会对身体产生阻力，这使得游泳者需要施加更多的力来克服阻力，并保持前进。

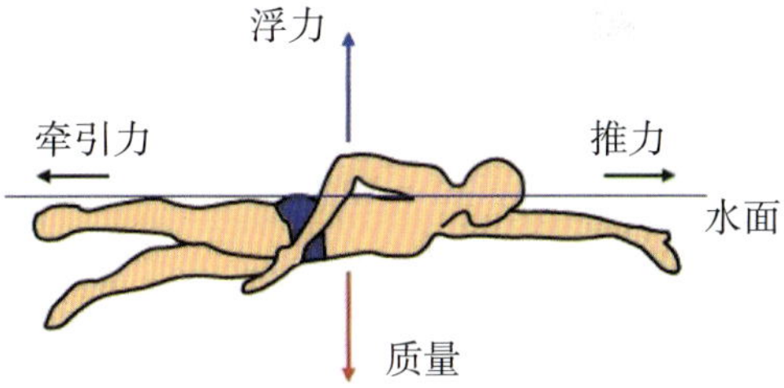

图7.4　游泳过程中的主要作用力

(3) 浮力：水的浮力对游泳者起到支持和减轻身体重力的作用。游泳者可以利用水的浮力来提供额外的支持，降低对身体的压力和负荷，使游泳更加轻松。

(4) 惯性力：当游泳者改变速度或方向时，惯性力会产生。例如，在转弯时，游泳者需要施加额外的力来克服惯性力，并保持稳定的姿势和方向。

(5) 反作用力：当游泳者划水或踢腿时，水会对身体产生反作用力，这种反作用力推动游泳者向前，同时也对身体施加一个向后的力，保持身体的平衡和稳定。

了解和利用这些力的作用可以帮助游泳者改善姿势、技术和效率，提高游泳速度，并降低耗能。游泳者还可以利用这些力来调整游泳姿势，减少水阻力，并提高游泳的舒适度和水性。

7.2　运动生物力学的基本原理

7.2.1　力和运动的关系

力和运动之间存在密切的关系。力是引起物体运动或改变物体运动状态的原因，而运动则是物体由一个位置或状态转移到另一个位置或状态的过程。力和运动之间关系的一些重要方面如下。

(1)牛顿第二定律：牛顿第二定律描述了力如何影响物体的运动。它表明，物体的加速度与作用在物体上的力成正比，与物体的质量成反比。换句话说，当施加的力增加时，物体的加速度也增加。

(2)动量和冲量：力还与物体的动量和冲量密切相关。动量是物体运动的量度，定义为物体的质量乘以其速度。根据牛顿第二定律，施加力可以改变物体的速度和动量。冲量是力在物体上施加的时间乘以力的大小，描述了力的作用时间和强度。

(3)反作用力：根据牛顿第三定律，当一个物体施加力于另一个物体时，另一个物体同样会对第一个物体施加大小相等、方向相反的力，这称为反作用力。反作用力可以影响物体的运动，因为它们相互抵消，使得物体保持平衡或改变运动方向。

(4)动能和势能：力的作用可以改变物体的动能和势能。当施加力使物体加速时，它会增加物体的动能，即物体的运动能量。当施加力改变物体的位置或形状时，它会改变物体的势能，即物体由于位置或形状而具有的能量。

综上所述，力是引起物体运动和改变物体运动状态的原因，它可以改变物体的速度、方向、形状和能量状态。通过理解力和运动之间的关系，可以解释和预测物体的运动行为，并应用于运动科学、工程和其他相关领域。

案例 1：力和运动关系在短跑中的应用

在短跑中，力和运动的关系起着关键的作用(图7.5)。以下是一些力和运动关系在短跑中的应用。

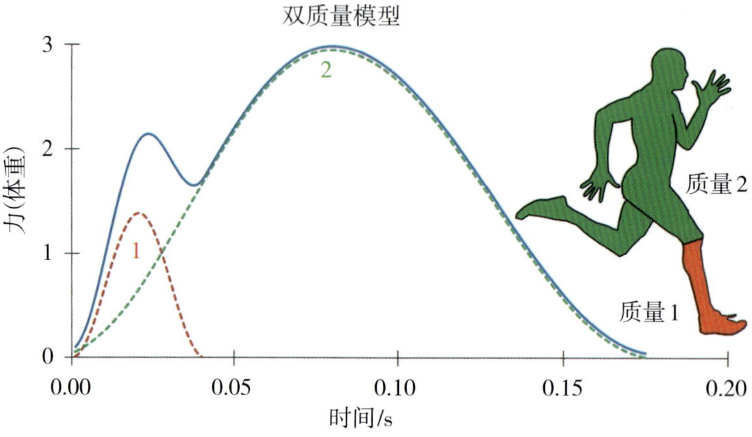

图7.5　力和运动的关系

(1)动力生成：在短跑中，运动员需要通过施加力来产生足够的动力，以推动身体向前加速。施加的力可以通过腿部肌肉的收缩和脚踏地面来实现，以产生推力并推动身体向前移动。

(2)加速度控制：力的应用在短跑中还与加速度的控制密切相关。运动员可以通过增加施加在地面上的反作用力来增加加速度，这可以通过更强的推力和更有效的步伐来实现，从而使运动员能够快速加速并达到最高速度。

(3) 动作协调：短跑中的力和运动关系还涉及动作的协调性。运动员需要在合适的时机施加力，通过有效的腿部推力、臂部摆动和身体姿势来最大限度地提高速度和稳定性。力的正确应用可以帮助运动员更好地控制身体的姿势和动作，从而实现更高效的运动。

(4) 能量转化：力的应用在短跑中还涉及能量的转化。运动员需要将身体储存的化学能量转化为机械能量，以推动身体向前移动，这涉及肌肉的收缩和能量释放过程，使能量转化为有效的推进力。

通过研究和理解力和运动关系在短跑中的应用，教练和运动员可以优化训练方法、改进技术和提高竞技表现。此外，科学和工程领域的研究人员也可以利用这些原理，开发新的训练设备和技术，以促进短跑运动的发展和进步。

案例 2：力和运动关系在篮球跳跃中的应用

在篮球跳跃中，力和运动关系起着关键的作用(图7.6)。力和运动关系在篮球跳跃中的应用案例如下。

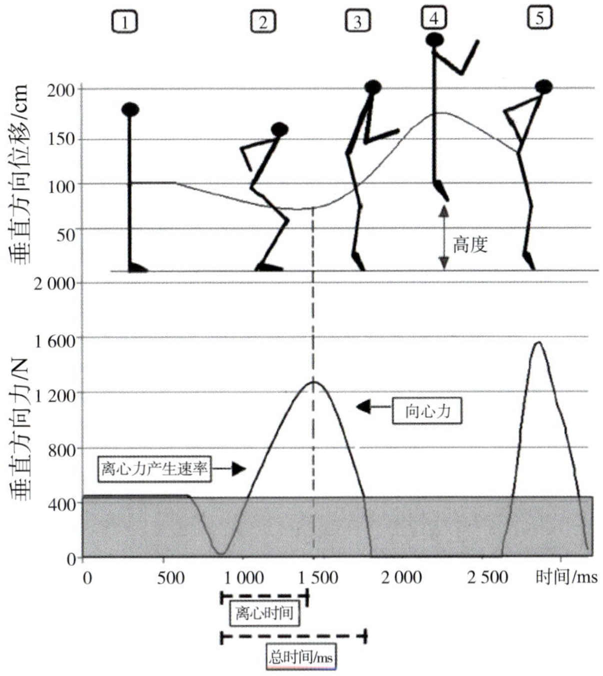

图7.6 篮球跳跃力

(1) 垂直跳跃力：篮球跳跃的关键是产生足够的垂直跳跃力，以抵抗重力并达到更高的跳跃高度。运动员通过腿部肌肉的收缩和推力施加力，以克服身体重力并推动身体向上。力的正确应用可以帮助运动员产生更强大的推力，从而实现更高的垂直跳跃高度。

(2) 动作协调和节奏：在篮球跳跃中，力和运动关系还涉及动作的协调性和节奏感。运动员需要在合适的时机施加力，并与身体的其他部分(如臂部和躯干)协调配合，以实现优化的跳跃动作。正确的力的应用可以帮助运动员控制起跳时机和力量输出的节奏，从而实现更流畅和高效的跳跃动作。

(3) 能量转化和利用：篮球跳跃涉及能量的转化和利用。运动员需要将储存在肌肉中的能量转化为机械能，以推动身体向上跳跃。正确的力的应用可以帮助运动员将储存的能量有效地转化为弹跳力，从而实现更高的跳跃高度。

(4) 稳定性和控制：力和运动关系还与跳跃的稳定性和控制密切相关。运动员需要控制施加在地面上的力的方向和强度，以保持平衡并控制跳跃的方向和高度。正确的力的应用可以帮助运动员在跳跃过程中保持稳定，并实现所需的跳跃目标。

通过研究和理解力和运动关系在篮球跳跃中的应用，教练和运动员可以优化训练方法、改进技术和提高跳跃能力。此外，科学和工程领域的研究人员也可以利用这些原理，设计和改进篮球鞋及跳跃训练设备，以推动篮球运动的发展和进步。

7.2.2　运动的优化

运动的优化是指通过合理的力的应用和技术改进，以提高运动员的表现和效果。与运动优化相关的方面如下。

⑴ 技术改进：通过改进和优化运动员的技术，可以提高运动的效率和准确性，包括改进动作的执行方式、姿势的调整、肌肉的协调性等。技术改进的关键在于将力的应用与运动的要求相匹配，以最大限度地发挥运动员的潜力。

⑵ 力量和爆发力训练：力量和爆发力是许多运动项目中重要的因素。通过有针对性的力量训练，可以增强运动员的肌肉力量和爆发力，从而提高运动的质量和效果。合理的力的应用可以帮助运动员在关键时刻释放更大的力量，例如爆发性起跑、跳跃或冲刺。

⑶ 节奏和协调：节奏和协调对于许多运动项目的成功至关重要。通过合理的力的应用，可以帮助运动员控制动作的节奏和协调，以实现更流畅和高效的运动，这涉及力的施加时机、力量输出的调节和运动的协调性。

⑷ 运动技战术：在团队运动中，运动的优化还包括运动技战术的发展和应用。通过合理的力的应用和策略的选择，可以优化球队的整体运动效果，提高比赛的胜算，这可能涉及战术的调整、球员之间的配合和力的集中使用。

⑸ 运动心理学：运动的优化不仅仅涉及身体方面，还包括心理方面。运动员的心理状态、集中力和自信心对于运动的效果至关重要。通过心理训练和技巧的应用，可以提高运动员的心理素质，从而优化运动表现。

通过综合考虑上述因素，并根据不同运动项目的特点，可以制订针对性的训练计划和策略，以实现运动的优化。科学的研究和技术的进步也为运动优化提供了更多的工具和方法。因此，持续的学习和研究是实现运动优化的关键。

案例 1：运动优化在长跑中的应用

运动优化在长跑中的应用可以涉及以下几个方面(图 7.7)。

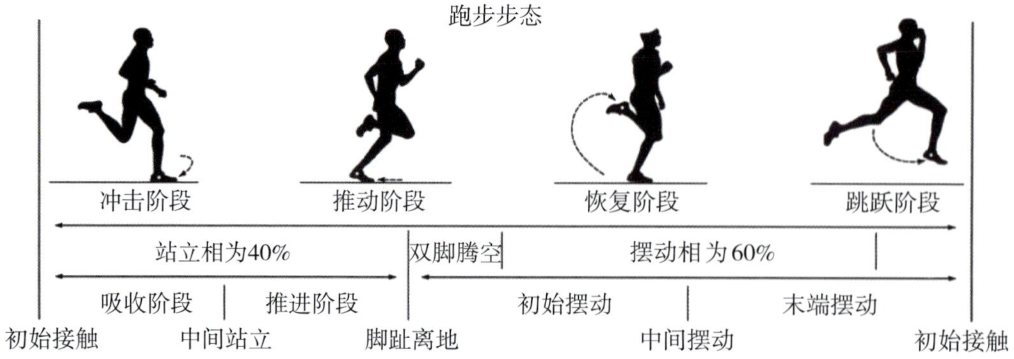

图 7.7　跑步步态优化示意图

(1) 步频和步幅调节：在长跑中，步频和步幅的合理调节对于提高跑步效率和减少能量消耗至关重要。通过分析个体的步幅和步频数据，并结合运动员的身体特点和目标速度，可以制订适合的步频和步幅策略，以实现更高效的跑步效果。

(2) 姿势和身体平衡：良好的姿势和身体平衡对于长跑的稳定性和效率至关重要。通过优化运动员的姿势，如保持直立的身体姿势、放松肩膀和手臂、保持稳定的髋部运动等，可以减少能量的浪费并提高跑步效果。

(3) 呼吸控制：在长跑中，呼吸的控制对于保持氧气供应和身体稳定至关重要。通过训练合适的呼吸模式和节奏，可以帮助运动员更好地调节呼吸，提高氧气的摄入和二氧化碳的排出，从而提高长跑的持久力和效果。

(4) 能量供给和补给：在长跑过程中，合理的能量供给和补给对于维持体力和延缓疲劳至关重要。通过制订科学的营养计划，包括合适的饮食结构、补给时机和补给物质的选择，可以帮助运动员在长跑过程中维持能量平衡，延缓疲劳的发生，提高长跑效果。

(5) 训练计划和阶段性调整：通过制订个性化的训练计划，并根据运动员的适应能力和目标制定适时的阶段性调整，可以帮助运动员逐步提高长跑能力和效果。训练计划应包括适量的跑量、强度和速度训练，并结合适当的恢复和休息，以实现长期的运动优化。

通过综合考虑上述因素，并结合运动员的个体特点和目标，可以制订有针对性的长跑优化策略，以提高长跑的效果和成绩。持续的监测和评估也是实现长跑优化的关键，以便及时调整训练和策略，适应个体的变化和需求。

案例 2：运动优化在高尔夫球挥杆中的应用

运动优化在高尔夫球挥杆中的应用可以涉及以下几个方面(图7.8)。

(1) 挥杆姿势和身体平衡：在高尔夫球挥杆中，良好的挥杆姿势和身体平衡对于稳定性和精准性至关重要。通过分析挥杆过程中的身体动作和姿势，包括脚位、身体转向、手臂动作等，可以制订适合个体的挥杆姿势和平衡调节策略，以实现更准确和稳定的挥杆效果。

(2) 挥杆力量和速度控制：高尔夫球挥杆的力量和速度控制对于击球距离和球的飞行轨迹至关重要。通过优化击球力量和速度的控制，包括合适的肌肉协调、腰部和手腕的转动、杆的摆动轨迹等，可以帮助运动员实现更高效和精准的挥杆效果。

(3) 击球角度和球的方向控制：在高尔夫球挥杆中，击球角度和球的方向控制对于击球精度和球的落地点至关重要。通过优化挥杆过程中的杆头路径、击球点和球杆的角度控制，可以帮助运动员实现更准确和一致的球的方向和弹道控制。

(4) 技术训练和策略调整：通过针对性的技术训练，包括挥杆练习、姿势调整、杆头控制等，可以帮助运动员提高挥杆技术和效果。此外，根据球场和比赛情况的不同，制订合适的策略，包括选杆、球的落地点选择等，以适应不同挑战和需求。

(5) 挥杆心理调节：挥杆过程中的心理状态对于挥杆效果的影响很大。通过心理训练和调节，包括集中注意力、保持冷静、应对压力等，可以帮助运动员在挥杆过程

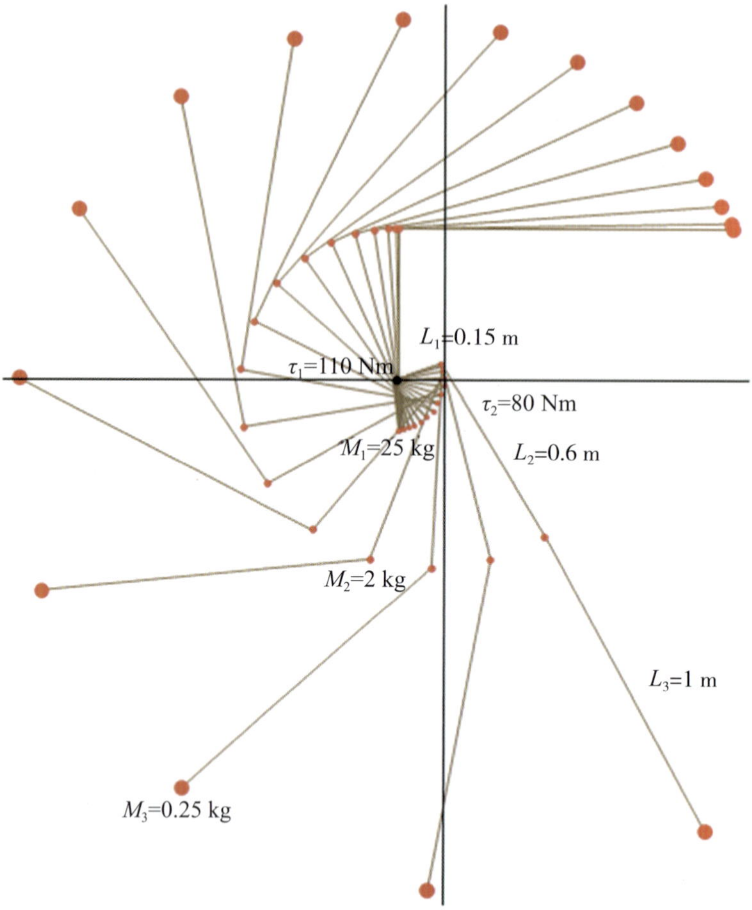

图7.8　高尔夫球挥杆优化示意图

中保持良好的心理状态，提高挥杆效果。

通过综合考虑上述因素，并结合运动员的个体特点和目标，可以制订有针对性的高尔夫球挥杆优化策略，以提高挥杆的效果和成绩。持续的监测和评估也是实现挥杆优化的关键，以便及时调整训练和策略，适应个体的变化和需求。

7.3　运动生物力学的测量与分析方法

7.3.1　运动生物力学的试验方法

运动生物力学的试验方法涵盖了多种技术和工具，用于测量和分析人体运动过程中的力学参数。以下是几种常用的试验方法。

(1) 动作分析：运动生物力学试验通常使用动作分析系统来记录和分析人体运动的关节角度、身体位置和运动轨迹等参数，包括使用运动捕捉系统、摄像机、惯性测量单元(IMU)等设备来捕捉人体运动，并使用相关软件进行数据分析和解释。

(2) 力平台测量：力平台是一种用于测量人体接触地面的力和压力的设备。运动生物力学试验中，力平台被用来测量步态、跳跃、平衡等活动中的接触力和地面反作用力。通过分析力平台的数据，可以获得关于运动员的力学特征和运动负荷的信息。

(3) 肌电图(EMG)测量：EMG是用于测量肌肉电活动的技术。在运动生物力学试验中，EMG被用来记录和分析运动过程中肌肉的激活模式和力量输出，这对于研究肌肉协调、力量生成和运动效率等方面非常重要。

(4) 压力分布测量：压力分布测量系统可以用来测量人体表面接触物体的压力分布情况，这对于研究运动中的力学负荷分布、姿势控制和运动质量评估等非常有用。

(5) 力传感器测量：力传感器是一种用于测量物体受力的装置。在运动生物力学试验中，力传感器被用来测量人体运动中的力的大小和方向。包括使用压力传感器、拉力传感器、扭力传感器等设备来测量力学参数。

这些试验方法可以用于研究不同类型的运动，包括步行、跑步、跳跃、投掷等，它们提供了关于人体运动的力学特性、肌肉活动和负荷分布的定量数据，从而有助于理解和优化运动技能、预防运动损伤以及设计相关的康复和训练方案。

案例 1：运动捕捉在步态分析中的应用

步态分析是运动生物力学中的重要研究领域，用于研究人体行走和奔跑等步态运动的力学特征和运动模式。运动捕捉系统在步态分析中发挥着关键的作用(图7.9)。

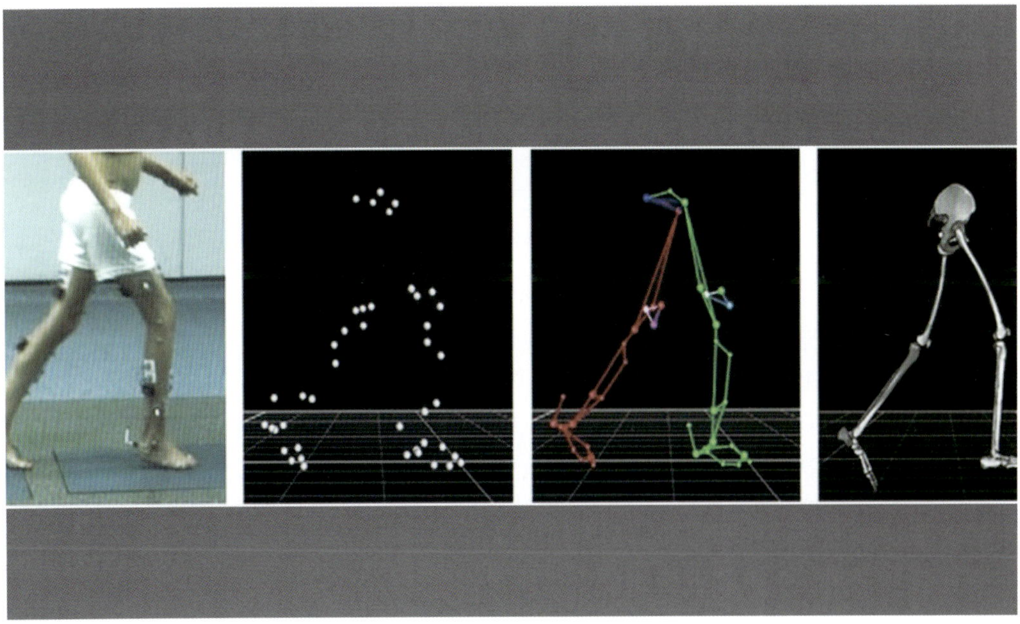

图7.9　运动捕捉系统步态分析图

运动捕捉系统使用多个摄像机和标记点(如反射球或传感器)来跟踪人体运动的关节角度和身体位置。通过捕捉身体各个部位的运动轨迹和角度变化，运动捕捉系统可以提供关于步态运动的详细数据。

在步态分析中，运动捕捉系统可以帮助研究人员测量和分析以下参数。

(1) 步长和步频：运动捕捉系统可以准确测量人体每一步的长度和频率，从而帮助评估步行和奔跑的节奏和速度。

(2) 关节角度：通过跟踪关节的角度变化，运动捕捉系统可以提供详细的关节运动信息，如膝关节和髋关节的屈曲和伸展角度，从而评估步态运动的正常性和异常情况。

(3) 身体位置和姿势：运动捕捉系统可以捕捉人体在步态过程中的身体位置和姿势变化，如身体的前倾、侧倾和旋转等，从而帮助评估步态的稳定性和平衡。

(4) 步态周期参数：通过分析步态周期中的关键事件，如着地时间、摆动时间和双支撑时间等，运动捕捉系统可以提供关于步态周期的详细参数，用于研究步态运动的时间特性和节奏。

步态分析数据可以用于评估运动的质量、检测运动异常和损伤，并为康复治疗、运动训练和运动技术改进提供有价值的信息。运动捕捉系统的高精度和实时性使其成为步态分析中常用的工具，广泛应用于医学、康复和运动科学领域。

案例 2：力平台在跳跃分析中的应用

力平台是一种用于测量地面反作用力和压力分布的设备，广泛应用于运动生物力学领域的跳跃分析中(图 7.10)。

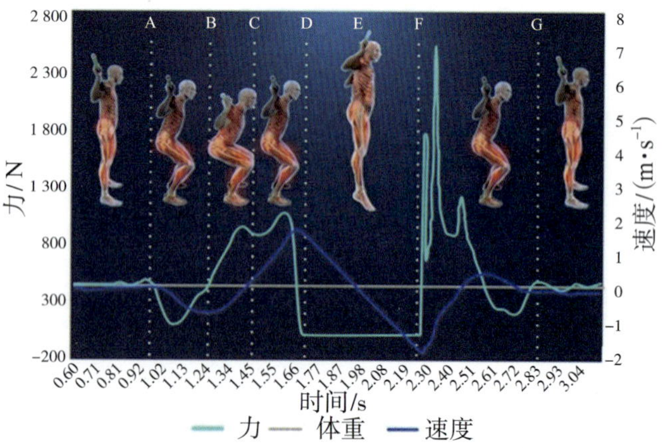

图7.10　力平台跳跃分析图

在跳跃分析中，力平台被放置在跳板或地面上，当运动员进行跳跃时，力平台可以实时记录和测量以下参数。

(1) 接触力：力平台能够测量运动员与地面之间的接触力。通过测量接触力的变化，可以分析跳跃过程中的冲击力和动态力学特征。

(2) 压力分布：力平台能够提供地面上的压力分布信息，显示出不同部位的受力情况。通过分析压力分布图，可以评估运动员在跳跃过程中的身体姿势和重心控制。

(3) 力时曲线：力平台可以生成力时曲线，显示跳跃过程中的力的变化情况，这些曲线可以提供关于起跳、着地和跳跃阶段的力学特征，如峰值力、持续时间和力的变化速率等。

(4) 功率输出：通过结合接触力和运动员的身体参数，力平台可以计算出跳跃过程中的功率输出，这对于评估运动员的爆发力和跳跃能力非常重要。

通过使用力平台进行跳跃分析，研究人员和教练可以更全面地了解运动员的跳跃技术和运动机制，它们可以评估跳跃的力学特征、动态控制和运动效能，并根据分析结果制订训练计划和技术改进策略。同时，力平台还可以用于跳跃运动的运动捕捉和生物力学建模，进一步深入研究跳跃运动的力学特性和运动机理。

7.3.2　运动生物力学的计算模拟方法

运动生物力学的计算模拟方法是通过数值计算和仿真来模拟和预测运动过程中

的力学行为，这些方法结合了数学建模、计算力学和运动学原理，以帮助理解和解释运动的力学特性。

以下是几个常见的运动生物力学计算模拟方法的案例。

(1) 有限元分析(finite element analysis, FEA)：有限元分析是一种广泛应用于运动生物力学研究中的计算模拟方法，它将复杂的生物系统分解为有限数量的离散单元，并利用力学原理和材料特性进行模拟和分析。例如，在骨骼研究中，有限元分析可以用于预测骨骼结构的应力和变形，评估不同力加载条件下的骨骼稳定性。

(2) 多体动力学模拟(multibody dynamics simulation, MBS)：多体动力学模拟是一种模拟多个刚体或弹性体之间相互作用的计算模拟方法，它可以模拟复杂的运动系统，如人体关节、肌肉和骨骼系统。通过建立刚体或弹性体之间的运动方程和相互作用力，多体动力学模拟可以预测和分析运动过程中的力学特性和运动行为。

(3) 基于计算流体力学的模拟(computational fluid dynamics, CFD)：计算流体力学模拟是一种用于模拟流体流动行为的计算模拟方法。在运动生物力学中，CFD可以用于模拟血流动力学、呼吸流动等涉及流体运动的生物系统。通过数值求解流体动力学方程，CFD可以提供关于流速、压力分布、阻力等方面的信息，从而帮助理解和研究流体在生物系统中的力学行为。

(4) 随机模拟(monte carlo simulation, MCS)：随机模拟是一种基于概率和随机性的计算模拟方法。在运动生物力学中，随机模拟可以用于模拟和预测运动过程中的不确定性和变异性。例如，在人体运动分析中，随机模拟可以考虑肌肉力的随机变化，从而更准确地评估运动控制和稳定性。

这些计算模拟方法提供了一种便捷、灵活和经济的手段，用于研究和分析复杂的运动系统，它们可以为运动生物力学领域的研究人员和工程师提供深入理解和优化运动行为的工具和方法。

案例1：多体动力学模型在人体运动模拟中的应用

多体动力学模型在人体运动模拟中具有广泛的应用，其应用如下。

在人体运动分析和仿真中，多体动力学模型被用于建立人体的骨骼、肌肉和关节系统，并模拟人体在各种运动任务中的力学行为(图7.11)。

例如，研究人员可以利用多体动力学模型来模拟人体的步行过程。根据解剖学知识和实测数据构建一个包含骨骼、肌肉和关节的多体模型，模拟人体在行走时的运动和力学行为。通过将肌肉的活动和关节的约束纳入模型中，可以模拟肌肉力对关节和骨骼的作用，并预测行走过程中的力学特征，如步态周期、步长、步频等。

多体动力学模型还可以用于模拟其他运动活动，如跑步、跳跃、抛掷等。通过改变模型中的肌肉活动模式和关节约束条件，研究人员可以研究不同运动模式下的力学特征，并优化运动技巧和性能。

这些多体动力学模型可以通过数值求解运动方程和力学约束，得到人体运动过程中的力学参数，如关节力、肌肉张力和力矩分布，还可以用于评估运动员的运动技能、优化运动训练和设计运动装备。

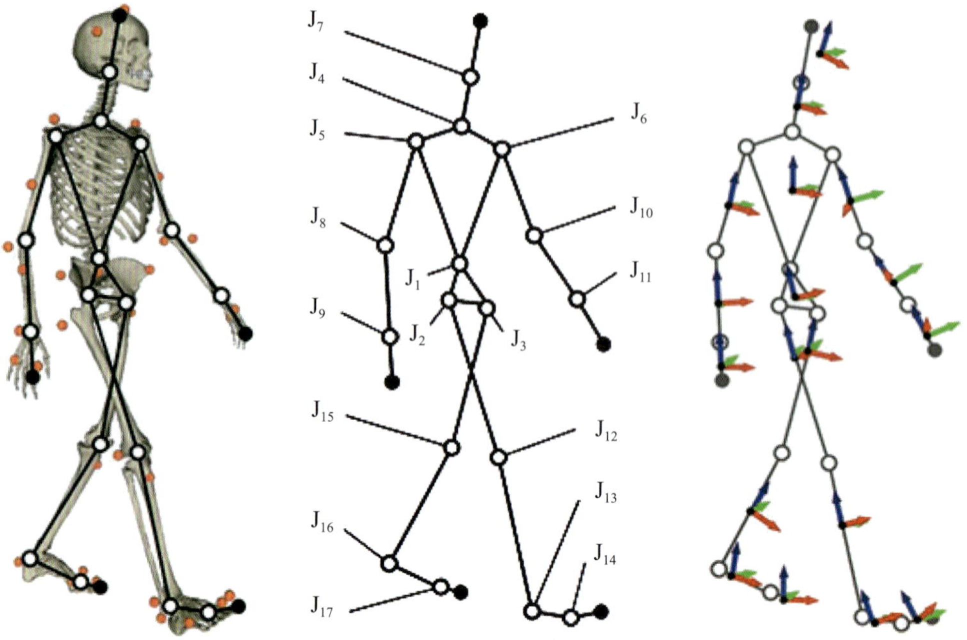

图7.11　人体多体动力学模拟图

总之，多体动力学模型在人体运动模拟中的应用可以提供深入的理解和预测人体运动的力学行为，为运动训练、运动医学和人机交互等领域提供有价值的信息和工具。

案例2：优化算法在运动优化中的应用

优化算法在运动优化中有着广泛的应用，其应用案例如下。

在许多运动领域，如运动训练、运动技能提高和运动装备设计中，优化算法被广泛应用于优化运动表现和达到最佳运动效果(图7.12)。

例如，在运动训练中，优化算法可以用于优化训练计划和参数，以最大程度地提高运动员的表现。通过考虑不同的变量和约束条件，优化算法可以自动调整训练强度、持续时间、频率和休息周期等，以实现最佳的训练效果。优化算法可以根据运动员的个体特征和目标设定，为每个人制订个性化的训练方案。

图7.12　运动优化示意图

在运动技能提高方面，优化算法可以用于优化动作序列、姿势调整和力的应用，以提高运动技能的效率和精确性。通过考虑运动过程中的动力学约束和生物力学原理，优化算法可以找到最佳的运动策略和动作参数，帮助运动员改善运动技能并达到更高水平。

另外，优化算法还可以应用于运动装备的设计和优化。通过将优化算法应用于运动装备的结构设计、材料选择和性能优化，可以提高装备的舒适性、稳定性和安全性，从而为运动员提供更好的支持和保护。

优化算法在运动优化中的应用可以帮助提高运动表现、优化训练计划、改善运动技能和设计优化运动装备，这些算法的应用可以提供定量和个性化的指导，帮助运动员和教练员在训练和竞技中取得更好的成绩。

7.4　运动生物力学的应用

7.4.1　运动生物力学在运动表现优化中的应用

运动生物力学在运动表现优化中具有重要的应用。其应用如下。

在许多运动项目中，运动生物力学可以帮助分析和优化运动员的技术和表现，以达到更高水平的运动成就。

例如，在田径运动中，运动生物力学可以通过分析运动员的步态、跑步姿势、着地力和步频等参数，找到改进的潜力，并提供个性化的训练建议。通过运动生物力学的测量和分析，可以识别出运动员在技术方面存在的问题，例如步幅过大、姿势不正确或者着地方式不恰当等，然后通过训练和调整，改善这些问题，从而提高跑步表现。

在球类运动中，运动生物力学可以帮助分析运动员的动作技术，例如击球、投掷或者传球动作。通过运动生物力学的测量和分析，可以识别出技术上的问题，如身体姿势、手臂运动轨迹、力的应用等，并提供改进建议。运动员可以根据运动生物力学的指导，调整自己的技术动作，提高动作的效率和精确性，从而优化运动表现。

此外，运动生物力学还可以帮助优化运动员的力量训练和运动策略。通过分析运动员的肌肉力量、力的产生和应用方式，可以制订有针对性的力量训练计划，提高爆发力、耐力和动作的稳定性。同时，运动生物力学可以提供关于运动策略的建议，如攻击性和防守性的动作选择、力的应用时机等，以优化比赛中的表现。

综上所述，运动生物力学在运动表现优化中的应用可以帮助分析和改善运动员的技术动作、力的应用和运动策略，从而提高运动表现和竞技成绩，这些应用可以提供量化的指导和个性化的训练建议，为运动员和教练员提供科学依据，提高训练和比赛中的效果。

案例 1：运动生物力学在短跑表现优化中的应用

运动生物力学在短跑表现优化中扮演着重要的角色。其应用如下。

短跑是一项需要高度爆发力、速度和协调性的竞技体育项目。运动生物力学可以通过对运动员的动作进行测量和分析，为优化短跑表现提供有价值的信息(图7.13)。

在短跑中，运动生物力学可以帮助分析和改善起跑动作。通过使用力平台和高速摄像等工具，可以测量和分析运动员的爆发力、起跑时间、加速度和姿势等参数。运动生物力学的分析可以揭示运动员在起跑阶段存在的问题，如起跑时间过长、力的应用不够高效或姿势不正确等。基于这些分析结果，教练和运动员可以采取用针对

图7.13　短跑力学优化图

性的训练和调整，以提高起跑的效率和速度。

此外，运动生物力学还可以帮助优化短跑过程中的步频和步幅。通过对运动员的步态和腿部动作进行分析，可以确定最佳的步频和步幅组合，以实现最大速度和最高效的跑步方式。运动生物力学的测量和分析可以帮助识别出运动员在步频和步幅方面的不足，例如步幅过大或过小、步频不均匀等问题，并提供相应的训练建议和调整策略。

除了起跑和跑步技术的优化，运动生物力学还可以帮助优化短跑中的转弯技术。在短跑比赛中，转弯是一个关键的环节，需要运动员在高速奔跑时保持平衡、控制速度和正确转向。运动生物力学可以通过测量运动员在转弯过程中的身体姿势、转向力和角速度等参数，分析转弯技术的效果和潜在问题，并提供相应的改进建议。

综上所述，运动生物力学在短跑表现优化中的应用可以帮助分析和改善起跑动作、步频和步幅以及转弯技术等关键方面。通过量化测量和分析，教练和运动员可以根据运动生物力学的指导，进行个性化的训练和调整，以提高短跑表现的效果和竞技成绩。

案例 2：运动生物力学在篮球投篮技巧优化中的应用

运动生物力学在篮球投篮技巧优化中扮演着重要的角色。其应用如下。

篮球投篮是一项需要准确性、力量和协调性的运动技巧。运动生物力学可以通过对篮球运动员的动作进行测量和分析，为优化投篮技巧提供有价值的信息(图7.14)。

在篮球投篮中，运动生物力学可以帮助分析和改善投篮动作的力的应用和身体姿势。通过使用高速摄像和力平台等工具，可以测量和分析投篮动作中的动作轨迹、身体姿势、手臂力量和球的旋转等参数。运动生物力学的分析可以揭示投篮动作中存在的问题，如手臂动作不协调、力的应用不准确或姿势不正确等。基于这些分析结果，教练和球员可以有针对性地进行训练和调整，以提高投篮的准确性和效果。

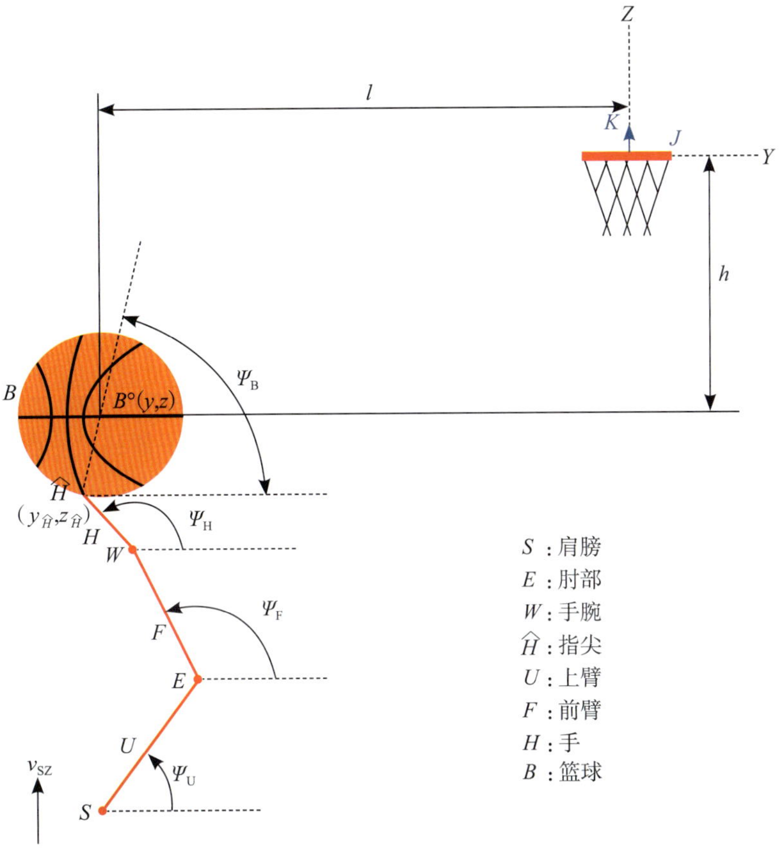

图7.14　篮球投篮技巧优化图

此外，运动生物力学还可以帮助优化篮球投篮的力量和速度。通过分析投篮动作中的力量输出和身体动作，可以确定最佳的力量和速度组合，以实现更强的投篮力量和更快的投篮速度。运动生物力学的测量和分析可以帮助识别出投篮动作中的力量和速度不足，例如手臂力量不够、投篮速度过慢等问题，并提供相应的训练建议和调整策略。

综上所述，运动生物力学在篮球投篮技巧优化中的应用可以帮助分析和改善投篮动作的力的应用、身体姿势和动作协调性，以及提高投篮的力量和速度。通过量化测量和分析，教练和球员可以根据运动生物力学的指导，进行个性化的训练和调整，以提高投篮技巧的准确性、力量和效果。

7.4.2　运动生物力学在运动伤害预防和康复中的应用

运动生物力学在运动伤害预防和康复中发挥着重要的作用。其应用如下。

运动伤害是体育运动中常见的问题，而运动生物力学可以帮助识别和减少运动伤害的风险，并为康复提供指导和支持。

以跑步为例，运动生物力学可以通过分析跑步动作的力的应用、关节角度和身体姿势等参数，评估跑步者的运动技术和运动负荷。通过高速摄像、压力测量系统和惯性测量等工具，可以对跑步时的力量分布、足底压力、身体姿势稳定性等进行定量分析。基于这些分析结果，可以识别出可能导致运动伤害的问题，例如过度用力、错误的着地方式、不良的身体姿势等。运动生物力学的应用可以帮助跑步者纠正不良习惯、调整跑步姿势和训练计划，以减少受伤风险。

在康复方面，运动生物力学可以用于评估和监测受伤运动员的康复进展。通过比较受伤前后的运动技术和力的应用，可以评估康复过程中的改善和恢复情况。运动生物力学的测量和分析可以提供客观的数据，帮助康复专业人员调整治疗计划、设计适当的康复训练，并监测康复过程中的进展。

此外，运动生物力学还可以通过评估运动装备和器械的设计和功能，提高运动员的保护性和运动效率，从而减少运动伤害的发生。

综上所述，运动生物力学在运动伤害预防和康复中的应用可以帮助识别运动伤害的风险因素，优化运动技术和训练计划，提供定量的康复评估和监测，以及改善运动装备和器械的设计和功能。通过运动生物力学的指导和支持，可以减少运动伤害的发生，并促进受伤运动员的康复和回归运动状态。

案例 1：运动生物力学在 ACL 撕裂预防中的应用

运动生物力学在ACL撕裂预防中发挥着重要作用。ACL是位于膝关节内部的重要韧带，负责稳定和限制下肢的旋转和前后移动(图 7.15)。应用如下。

通过运动生物力学的分析，可以评估运动员在运动过程中ACL所承受的力和应变情况。运动生物力学的方法可以通过使用运动捕捉系统、力平台、动作分析软件等工具，收集和分析运动员在运动过程中的运动数据，例如关节角度、肌肉活动和力的分布等。

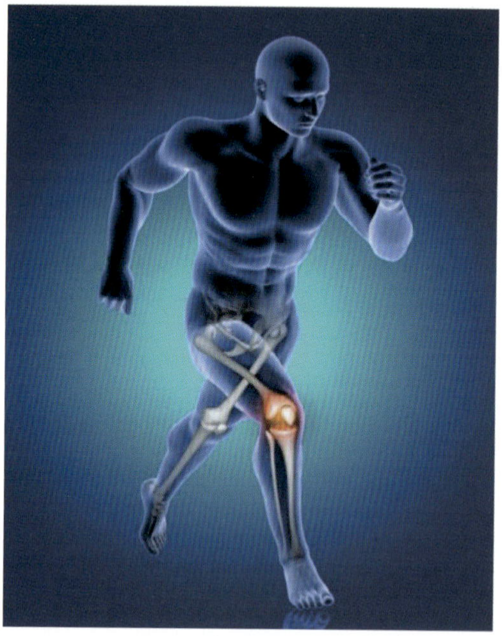

图 7.15　ACL 撕裂预防图

在ACL撕裂预防中，运动生物力学的应用主要集中在以下几个方面。

(1) 运动技术纠正：通过运动生物力学的分析，可以发现运动员在运动过程中可能存在的不良运动技术，例如错误的着地方式、过度的旋转力等。通过纠正这些不良技术，可以减少ACL受力并降低撕裂的风险。

(2) 力量和平衡训练：通过运动生物力学的分析，可以确定运动员在ACL受力较高的动作中可能存在的肌肉力量和平衡不足。基于这些分析结果，运动生物力学可以指导运动员进行有针对性的力量训练和平衡训练，以增强相关肌肉群的稳定性和控制能力，减少ACL受力并降低撕裂风险。

(3) 运动装备优化：运动生物力学可以评估和优化运动装备，如鞋子、护具等，以提供足够的支撑和稳定性，减少ACL受力和撕裂的风险。通过运动生物力学的分析，可以确定装备设计上的改进点，并为制造商提供反馈和建议。

综上所述，运动生物力学在ACL撕裂预防中的应用可以通过运动技术纠正、力量和平衡训练以及运动装备优化，帮助运动员减少ACL受力和撕裂的风险，这些应用可以在训练和比赛过程中起到指导和支持的作用，从而提高运动员的运动表现和降低受伤风险。

案例2：运动生物力学在康复训练中的应用

运动生物力学在康复训练中发挥着重要作用，帮助康复者恢复功能和减少再伤的风险(图7.16)。

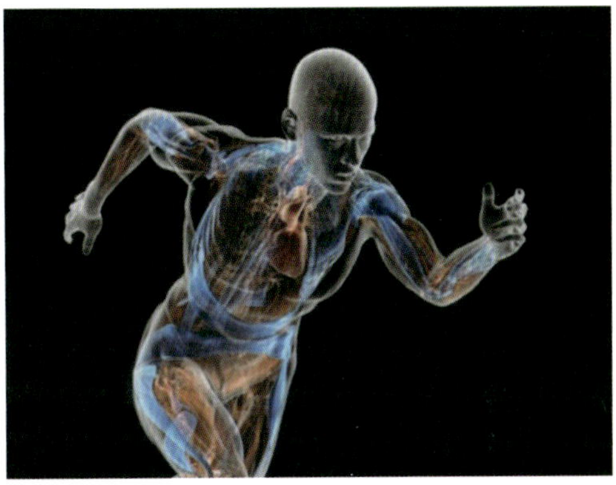

图7.16　运动生物力学康复训练图

假设一个运动员经历了膝关节前交叉韧带的损伤，并接受了手术修复。在康复过程中，运动生物力学可以应用于以下方面。

(1) 运动分析和运动模式评估：通过运动生物力学的分析，可以评估康复者的运动模式和运动技术是否正确，以及在特定动作中是否存在异常的力和应变分布，这有助于识别康复者在运动过程中可能存在的问题和风险因素，并有针对性地进行干预和调整。

(2) 功能评估和恢复监测：运动生物力学可以用于评估康复者的运动功能，包括关节活动范围、力量、平衡和协调性等方面。通过定量测量和分析，可以跟踪康复进展，并根据数据调整康复计划，确保康复者逐步恢复正常的运动功能。

(3) 运动技术纠正和动作训练：通过运动生物力学的分析，可以识别康复者在特定动作中可能存在的不良运动技术或不良习惯，例如不正确的姿势、动作过度或不平衡的力分布等。通过纠正这些不良技术，并进行相关的动作训练，可以帮助康复者重新学习正确的运动模式和技巧，减少受伤风险，并促进康复过程。

(4) 力量和稳定性训练：运动生物力学可以提供关于受伤部位周围肌肉力量和稳定性的定量数据。根据这些数据，康复专业人员可以设计个性化的力量训练和稳定性训练计划，以加强受伤部位周围的肌肉群，提高关节稳定性，并减少再伤的风险。

综上所述，运动生物力学在康复训练中的应用可以通过运动分析和运动模式评估、功能评估和恢复监测、运动技术纠正和动作训练，以及力量和稳定性训练，帮助康复者恢复功能，降低再伤风险，并实现更快、更安全的康复过程。

第 8 章　生物力学与生物材料

8.1　生物材料的基本概念

8.1.1　生物材料的定义与重要性

生物材料是指在医学和生物工程领域中应用于生物体内的材料，它们具有与生物体相容性良好、可调控的生物活性和机械特性，用于替代或修复受损组织、支持生物体的功能，或在生物体与外部环境之间起到界面作用。生物材料的研究和应用对于医学、生物工程、组织工程等领域具有重要意义。

生物材料的重要性体现在以下几个方面。

(1) 替代和修复受损组织：生物材料可以用于替代和修复受损的组织或器官，如人工心脏瓣膜、人工关节、血管支架等。通过合适的生物材料选择和设计，可以恢复受损组织的功能和结构，提高患者的生活质量。

(2) 促进组织再生和生物修复：某些生物材料可以促进组织再生和生物修复过程。例如，生物可降解材料可以提供临时支撑结构，在逐渐降解的同时为新生组织提供支持和导向，这些材料可以用于组织工程、创伤修复和整形外科等领域。

(3) 接口与相容性：生物材料在生物体与外部环境之间起到接口作用，例如人工植入物和人工器官与生物体组织的界面。良好的生物材料选择和设计可以减少生物体对材料的排斥反应和炎症反应，提高材料的相容性和耐久性。

(4) 药物传递和控释：一些生物材料具有药物传递和控释功能，可以用于给药系统的设计。通过结合药物和生物材料，可以实现药物的持续释放和定向输送，提高治疗效果并减少药物剂量。

(5) 生物传感和诊断：一些生物材料具有生物传感和诊断功能，可以用于检测生物体内的生物标志物、监测生理参数等，这些材料可以应用于生物传感器、体外诊断和生物成像等领域，有助于实现早期疾病诊断和个体化医疗。

总之，生物材料在医学和生物工程领域中具有重要的作用，可以用于替代和修复组织、促进组织再生、界面与相容性、药物传递和控释，以及生物传感和诊断等方面。通过生物材料的研究和应用，可以改善医疗技术和治疗手段，提高患者的生活质量和健康水平。

案例 1：生物材料在人工心脏瓣膜中的应用

人工心脏瓣膜是用于治疗心脏瓣膜疾病的重要医疗器械(图 8.1)。心脏瓣膜的功能是控制血液流动方向，保证心脏正常的收缩和舒张。传统的人工心脏瓣膜主要采用金属或合成材料制成，但这些材料在生物体内容易引发排斥反应和血栓形成等副作用。

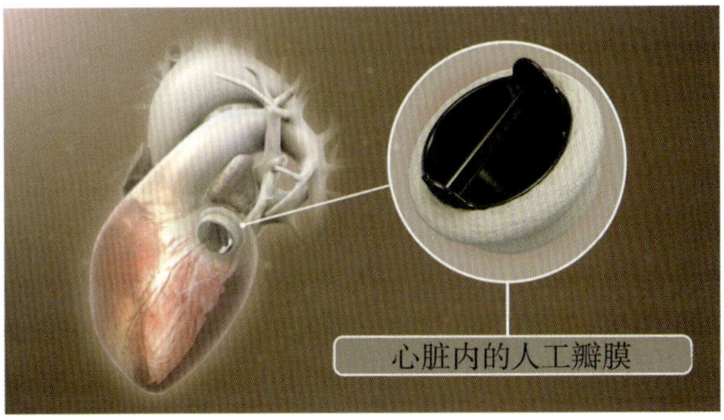

图8.1 人工心脏瓣膜图

为了解决这些问题，生物材料被广泛应用于人工心脏瓣膜的设计和制造中，其中最常见的生物材料是生物可降解聚合物和动物组织。这些材料具有良好的生物相容性，可以降低排斥反应和血栓形成的风险，并且可以促进周围组织的再生。

生物可降解聚合物，如聚乳酸酸(PLA)和聚乳酸-羟基乳酸酸(PLGA)被广泛应用于人工心脏瓣膜的制造，这些材料具有良好的机械特性和可调控的降解速率，可以提供持久的结构支持并逐渐降解为无毒的代谢产物。

此外，动物组织如动脉瓣膜和心包组织也被用作人工心脏瓣膜的材料，这些组织具有天然的生物活性和生物力学特性，可以更好地模拟天然心脏瓣膜的功能。

通过使用生物材料制造的人工心脏瓣膜，可以提供更好的生物相容性、更低的排斥反应风险，并且具有更好的长期耐久性，这使得患者能够获得更好的治疗效果和生活质量，并减少了术后并发症的发生率。

因此，生物材料在医疗器械中的应用，如人工心脏瓣膜，对于改善患者的健康和生活质量具有重要意义。它们可以提供更好的生物相容性、可调控的降解特性和生物活性，从而改善医疗器械的性能和治疗效果。

案例2：生物材料在骨组织工程中的应用

组织工程是一种通过利用生物材料和细胞来重建或修复受损组织的方法。在骨组织工程中，生物材料起着关键的作用(图8.2)。

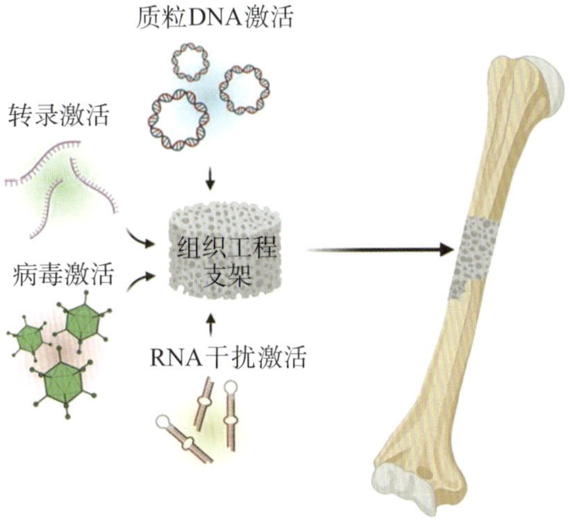

图8.2 骨组织工程图

骨缺损是一种常见的临床问题，需要进行修复和再生。在传统的治疗方法中，常常使用自体骨移植或人工骨修复，但这些方法存在供体限制、手术创伤大和移植物排异等问题。而生物材料在骨组织工程中提供了一种替代的解决方案。

生物材料如生物可降解聚合物、钛合金和羟基磷灰石(HA)等被广泛应用于骨组织工程中，这些材料具有良好的生物相容性、可调控的降解速率和适当的力学特性，能够为细胞提供支持和刺激骨再生。

在骨组织工程中，生物材料常用于制造支架或骨替代物，这些支架或骨替代物提供了一个三维结构，可以为细胞的附着、增殖和分化提供支持，并为新骨组织的生成提供物理支持。

此外，生物材料也可以用作载体来释放生长因子和细胞因子，以促进骨细胞增殖和骨再生过程，这种载体可以通过控制材料的化学性质和结构来实现精确的生长因子释放，以适应不同的治疗需求。

通过应用生物材料于骨组织工程中，可以实现骨缺损的修复和再生，它们提供了一个支持细胞生长和骨再生的三维结构，并促进骨细胞的增殖和分化，这种技术可以在临床上应用于骨损伤修复、骨肿瘤治疗和骨缺血修复等领域，为患者提供更有效、可持续的治疗方案。

8.1.2　生物材料的类型与性质

生物材料可以分为多种类型，每种类型具有不同的性质和特点。以下是一些常见的生物材料类型及其性质的概述。

(1) 生物可降解聚合物：生物可降解聚合物是一类可以在体内逐渐降解并被代谢的材料，这些材料通常具有良好的生物相容性和可降解性，能够为细胞提供支持，并逐渐被新生组织取代。常用的生物可降解聚合物包括PLA、PLGA和聚己内酯(PCL)等。

(2) 金属材料：金属材料在生物医学领域中得到广泛应用，例如钛合金和不锈钢等，这些材料具有优异的力学性能和耐腐蚀性能，适用于骨修复和关节置换等应用。金属材料可以提供良好的结构支持，并与周围组织形成牢固的结合。

(3) 陶瓷材料：陶瓷材料在生物医学领域中常用于骨修复和牙科应用，它们具有优异的生物相容性和抗腐蚀性能，能够模拟天然组织的硬度和组织学结构。常见的陶瓷材料包括羟基磷灰石和氧化锆等。

(4) 天然生物材料：天然生物材料是从动物或植物组织中提取的材料，具有与人体组织相似的化学成分和结构特点。常见的天然生物材料包括胶原蛋白、明胶和海藻酸盐等。这些材料具有良好的生物相容性和生物活性，可以促进组织再生和修复。

(5) 合成生物材料：合成生物材料是通过化学合成或改性获得的材料，具有可控的化学和物理特性，这些材料可以根据具体需求进行定制，如调节材料的力学性能、表面特性和生物活性。合成生物材料常用于组织工程、药物输送和生物传感等领域。

不同类型的生物材料具有不同的性质和适用范围。选择合适的生物材料取决于具体应用的需求，例如材料的生物相容性、力学性能、降解速率、可加工性和生物活性等。正确选择和设计生物材料对于实现成功的生物医学应用至关重要。

案例 1：生物降解材料的类型与性质

生物降解材料是一类可以在生物体内被降解和代谢的材料，它们具有许多特点和性质，以下是几种常见的生物降解材料及其性质的概述。

(1)　PLA：PLA是一种广泛应用的生物降解聚合物，具有良好的生物相容性和降解性能，它可以通过酸性水解降解为乳酸，并由身体自身代谢排出。PLA具有可调节的降解速率和力学性能，适用于各种医疗应用，如缝合线、骨修复材料和植入支架等。

(2) PLGA：PLGA是一种由乳酸和羟基乙酸组成的共聚物，它具有良好的生物相容性和可降解性，降解产物也是可代谢的。PLGA的降解速率和力学性能可以通过调整乳酸和羟基乙酸的比例来调节，使其适应不同的应用，如药物缓释系统、组织工程支架和缝合线等。

(3) PCL：PCL是一种生物降解聚合物，具有低毒性和良好的生物相容性，它的降解速率较慢，可以提供长期的机械支持。PCL广泛应用于组织工程、药物缓释和生物打印等领域。

(4) 胶原蛋白：胶原蛋白是一种天然的生物降解材料，是人体组织中最丰富的蛋白质之一，它具有优异的生物相容性和生物活性，可以促进细胞黏附和组织再生。胶原蛋白广泛应用于组织工程、伤口敷料和美容医疗等领域。

这些生物降解材料具有可调节的降解速率和力学性能，能够在生物体内逐渐降解并被新生组织取代，它们的降解产物通常是可代谢的，不会对身体造成持久性损害。选择合适的生物降解材料需要考虑到应用的具体需求，如降解速率、力学性能、生物相容性和生物活性等。

案例2：生物兼容材料的类型与性质

生物兼容材料是一类能够与生物体相容并不引起明显的免疫反应或毒性反应的材料，它们具有良好的生物相容性和生物活性，以下是几种常见的生物兼容材料及其性质。

(1) 钛合金：钛合金是一种广泛应用的生物兼容金属材料，具有良好的力学性能和生物相容性，它被广泛用于骨科植入物，如人工关节和牙种植体等。

(2) 不锈钢：不锈钢是一种耐腐蚀且具有良好生物相容性的金属材料，它常用于医疗器械、内部支架和外科器械等应用。

(3) 聚乙烯醇(PVA)：PVA是一种生物兼容性较高的合成聚合物，具有良好的可溶性和低毒性，它常被用于药物缓释系统、软组织修复材料和人工眼泪等应用。

(4) PLGA：PLGA是一种生物降解聚合物，具有优异的生物相容性和可降解性，它被广泛应用于药物缓释系统、组织工程和缝合线等领域。

(5) 胶原蛋白：胶原蛋白是一种天然的生物兼容材料，是人体组织中最丰富的蛋白质之一，它具有良好的生物相容性和生物活性，常被用于组织工程、伤口敷料和美容医疗等应用。

这些生物兼容材料具有良好的生物相容性、生物活性和力学性能，能够与生物体相互作用而不引起明显的免疫反应或毒性反应。选择合适的生物兼容材料需要考虑到应用的具体需求，如生物相容性、力学性能、耐腐蚀性和可加工性等。

8.2 生物力学与生物材料的关系

8.2.1 生物力学在生物材料设计中的作用

生物力学在生物材料设计中发挥着重要的作用，它可以帮助优化材料的力学性能、功能和稳定性，从而提高材料的性能和适应性。生物力学在生物材料设计中的一些重要作用如下。

(1) 材料力学性能的优化：生物力学可以帮助评估和优化材料的力学性能，包括强度、刚度、韧性等。通过了解材料在生物环境中的受力情况，可以针对特定应用需求设计出具有适当力学性能的生物材料。

(2) 材料与生物体相互作用的研究：生物力学可以帮助研究材料与生物体之间的相互作用，包括材料与组织、细胞、蛋白质等的相互作用。通过理解这些相互作用，可以设计出更好的与生物体相容并具有良好性能的生物材料。

(3) 功能化设计：生物力学可以帮助设计具有特定功能的生物材料，例如调节生物材料的生物降解速率、控制材料的渗透性、促进细胞黏附和增强生物材料与周围组织的交互作用等。

(4) 稳定性评估：生物力学可以用于评估生物材料的稳定性和寿命，预测材料在长期使用过程中可能遇到的应力、变形和失效情况。通过了解材料的稳定性，可以提前预防材料失效，并优化材料设计以提高其使用寿命。

(5) 模拟和仿真：生物力学可以通过模拟和仿真方法预测材料的力学行为和性能，从而加快材料设计和开发过程。通过模拟和仿真，可以减少试验测试的成本和时间，并提供更全面的材料性能信息。

总之，生物力学在生物材料设计中的作用是关键的，它可以帮助优化材料的力学性能、相容性和功能，从而开发出更具竞争力和适应性的生物材料。

案例 1：生物力学在生物医疗器械设计中的应用

生物力学在生物医疗器械设计中发挥着重要的作用，可以帮助优化器械的力学性能、功能和可靠性，以提高其治疗效果和患者的生活质量。生物力学在生物医疗器械设计中的一些应用如下。

(1) 人工关节设计：生物力学可以帮助设计和优化人工关节的力学特性，以确保其与周围组织的相容性和运动性能。通过模拟和分析关节运动、力学负荷分布等参数，可以提高人工关节的稳定性、运动范围和长期耐用性。

(2) 心脏起搏器设计：生物力学可以帮助优化心脏起搏器的电极位置和形状，以提高其在心脏中的稳定性和效果。通过模拟和分析心脏的电生理特性和力学响应，可以优化起搏器的工作模式和参数，从而更准确地控制心脏的节律和收缩(图 8.3)。

(3) 支架设计：生物力学可以帮助设计和评估血管支架的力学性能和适应性。通过模拟和分析血管壁的应力分布和变形情况，可以优化支架的形状、材料和结构，以提供更好的血管支撑和恢复血流的能力。

(4) 医用植入物设计：生物力学可以帮助设计和评估各种医用植入物的力学特性和相容性。例如，通过模拟和分析骨骼植入物的应力传递和负荷分布，可以优化植入物的形状和材料，以促进骨愈合和稳定。

(5) 压力敷料设计：生物力学可以帮助设计和评估压力敷料的力学特性和适应性。通过模拟和分析敷料对皮肤的压力分布和变形情况，可以优化敷料的结构和材料，以

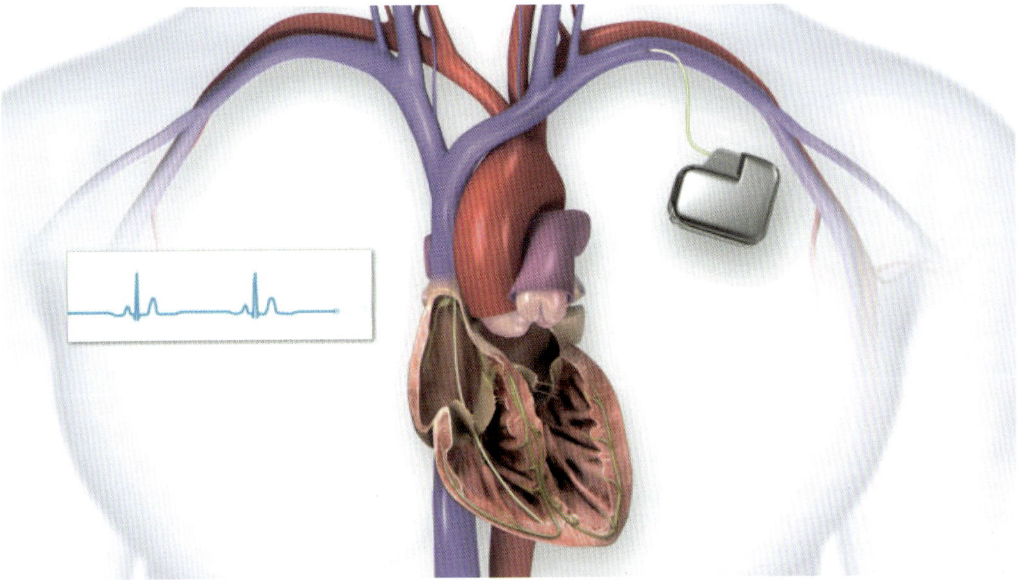

图8.3　心脏起搏器优化设计力学响应图

提供合适的压力分布，促进伤口愈合和减轻压力性损伤的风险。

总之，生物力学在生物医疗器械设计中的应用可以帮助优化器械的力学性能、相容性和功能，以提高其治疗效果和患者的生活质量。通过生物力学的分析和优化，可以确保医疗器械与生物体的相互作用达到最佳效果。

案例 2：生物力学在组织工程支架设计中的应用

生物力学在组织工程支架设计中发挥着重要作用，帮助优化支架的力学性能、结构和相容性，以促进组织再生和修复。生物力学在组织工程支架设计中的一些应用如下。

(1) 骨组织工程支架：生物力学可以帮助设计和优化用于骨组织工程的支架。通过模拟和分析支架与周围骨组织的力学相互作用，可以优化支架的形状、孔隙结构和材料特性，以提供合适的力学环境，促进骨细胞的附着、增殖和分化，促进骨愈合和再生。

(2) 软组织工程支架：生物力学可以帮助设计和优化用于软组织工程的支架，如血管、肌肉和皮肤。通过模拟和分析支架与周围组织的力学相互作用，可以优化支架的形状、孔隙结构和材料特性，以提供适当的力学环境，促进细胞的附着、增殖和分化，促进组织再生和修复。

(3) 关节软骨工程支架：生物力学可以帮助设计和优化用于关节软骨工程的支架。通过模拟和分析支架与关节软骨组织的力学相互作用，可以优化支架的形状、孔隙结构和材料特性，以提供合适的力学环境，促进软骨细胞的附着、增殖和分化，促进关节软骨的再生和修复(图8.4)。

(4) 组织工程膀胱支架：生物力学可以帮助设计和优化用于组织工程膀胱的支架。通过模拟和分析支架与膀胱组织的力学相互作用，可以优化支架的形状、孔隙结构和材料特性，以提供合适的力学环境，促进膀胱细胞的附着、增殖和分化，促进膀胱组织的再生和修复。

总之，生物力学在组织工程支架设计中的应用可以帮助优化支架的力学性能、结构和相容性，以提高组织再生和修复的效果。通过生物力学的分析和优化，可以确保支架与周围组织的相互作用达到最佳效果，促进功能性组织的恢复和修复。

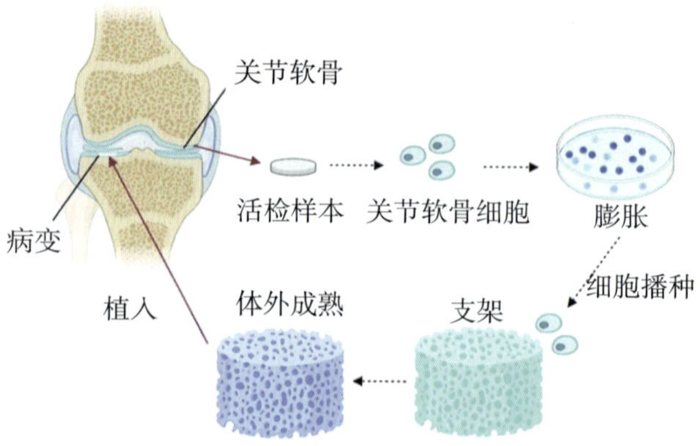

图8.4　组织工程支架设计图

8.2.2　生物材料在生物力学分析中的应用

生物材料在生物力学分析中扮演着重要角色，用于解析和评估生物体内组织和器官的力学行为。生物材料在生物力学分析中的一些应用如下。

(1) 力学测试和测量：生物材料被用于进行力学测试和测量，以获取组织和细胞的力学性质。例如，使用生物材料进行拉伸、压缩、弯曲等力学测试，可以测量材料的应力-应变关系、弹性模量、刚度等参数，从而了解其力学行为。

(2) 仿生模型和模拟：生物材料被用于制造仿生模型和模拟器，以模拟和研究生物体内的力学环境。例如，使用生物材料制造血管模型，可以模拟血管的形状、结构和力学特性，研究血液流动和血管壁的响应。

(3) 植入材料评估：生物材料被用于评估植入材料的力学性能和生物相容性。通过将生物材料作为植入材料的替代品进行测试，可以评估其在体内的耐久性、稳定性和适应性，从而指导植入材料的设计和选择。

(4) 材料优化和设计：生物材料被用于优化和设计新的材料，以满足特定的生物力学需求。通过改变材料的组成、结构和处理方式，可以调控材料的力学性能，使其适应特定的应用要求，如组织工程、医疗器械等。

总之，生物材料在生物力学分析中的应用可以帮助了解生物体内组织和器官的力学行为，评估材料的力学性能和相容性，以及优化材料的设计和制备，这些应用对于研究生物体力学、开发新的生物医学材料和设计生物工程器械都具有重要意义。

案例 1：生物材料在人工髋关节力学分析中的应用

人工髋关节是用于替代受损髋关节的重要医疗器械。在设计和评估人工髋关节时，生物材料的选择和性能对于其长期稳定性和功能的成功至关重要(图 8.5)。生物材料在人工髋关节力学分析中的应用如下。

(1) 材料选择：在人工髋关节中，使用的生物材料需要具有足够的强度和耐磨性，以承受人体活动时产生的力和摩擦。通过对各种材料的力学特性进行测试和评估，可以确定最适合人工髋关节的材料，如金属合金、陶瓷材料和聚乙烯等。

(2) 力学性能评估：生物材料在人工髋关节中的力学性能需要满足特定的要求。通过对材料进行力学测试，如拉伸、压缩和弯曲测试，可以评估材料的强度、刚度、弹性模量和耐磨性等参数，这些测试结果可以用于确定材料的合适性以及对关节功能的影响。

(3) 关节模拟：使用生物材料制造人工髋关节模型，可以模拟关节的结构和力学行为。通过模拟人体活动时关节的运动和负荷分布，可以评估人工髋关节的稳定性、可靠性和生物相容性，这有助于优化人工髋关节的设计，提高其性能和寿命。

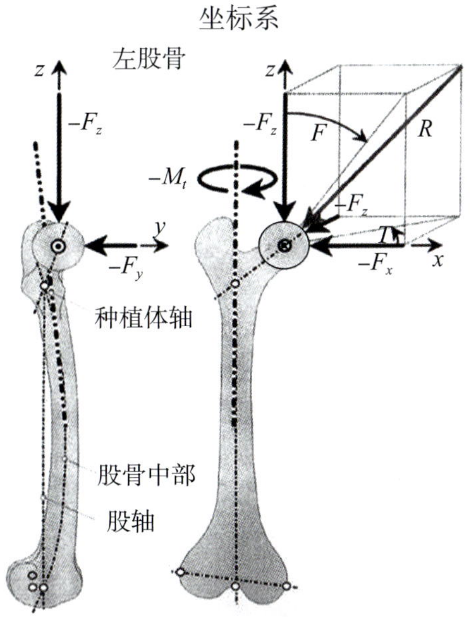

图8.5　人工髋关节力学分析图

(4) 植入后力学分析：人工髋关节植入后，生物材料的力学行为对关节的稳定性和功能起着重要作用。通过实施力学分析，如有限元分析，可以评估植入后关节中材料的应力分布、变形和承载能力，从而提供有关植入件设计和适应性的重要信息。

综上所述，生物材料在人工髋关节力学分析中扮演着关键角色，包括材料选择、力学性能评估、关节模拟和植入后力学分析等方面，这些应用帮助优化人工髋关节的设计，提高其稳定性、耐久性和生物相容性，从而提供更好的关节功能和患者的生活质量。

案例 2：生物材料在心脏瓣膜力学分析中的应用

心脏瓣膜是控制血液流动的关键结构，其力学特性对于正常心脏功能至关重要(图8.6)。在心脏瓣膜的设计和评估过程中，生物材料发挥着关键作用，具体应用如下。

(1) 材料选择：选择合适的生物材料对于制造耐久且具有良好生物相容性的心脏瓣膜至关重要。常见的心脏瓣膜材料包括生物材料(如动脉瓣膜和二尖瓣膜的动物组织瓣膜)和人工材料(如金属合金和聚合物)。通过评估不同材料的力学特性、生物相容性和耐久性，可以选择最适合心脏瓣膜的材料。

(2) 力学性能评估：通过对心脏瓣膜材料进行力学测试，如拉伸、压缩和弯曲测试，可以评估材料的强度、刚度、弹性模量和耐久性等参数，这些测试结果可以用于确定材料的合适性，以确保心脏瓣膜在长期使用中能够承受血液流动的力和压力。

(3) 关节模拟：使用生物材料制造心脏瓣膜模型，可以模拟瓣膜的结构和力学行为。通过模拟血液流动和瓣膜开闭过程中的力学行为，可以评估瓣膜的稳定性、运动范围和流体动力学特性，这些模拟结果有助于优化心脏瓣膜设计，改善其功能和生物相容性。

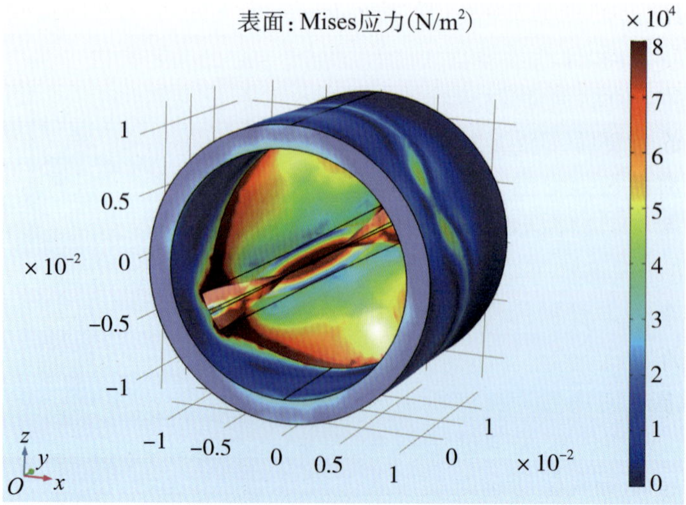

图8.6　心脏瓣膜力学分析图

(4) 植入后力学分析：在心脏瓣膜植入后，生物材料的力学行为对于瓣膜的稳定性和功能至关重要。通过实施力学分析，如有限元分析，可以评估植入后瓣膜中材料的应力分布、变形和承载能力，从而提供有关植入件设计和适应性的重要信息。

综上所述，生物材料在心脏瓣膜力学分析中扮演着关键角色，包括材料选择、力学性能评估、关节模拟和植入后力学分析等方面，这些应用帮助优化心脏瓣膜的设计，提高其稳定性、耐久性和生物相容性，从而提供更好的心脏功能和患者的生活质量。

8.3　测量和操作生物材料的力学方法

8.3.1　生物材料力学的试验方法

生物材料力学的试验方法涉及对材料进行力学测试和测量，以评估其力学性能。一些常用的生物材料力学试验方法如下。

(1) 拉伸试验：拉伸试验是最常见的力学试验方法之一，用于测量材料在拉伸加载下的力学行为。通过施加拉伸力，并测量应变和应力的关系，可以确定材料的弹性模量、屈服强度、断裂强度等力学参数。

(2) 压缩试验：压缩试验用于测量材料在压缩加载下的力学行为。通过施加压缩力，并测量应变和应力的关系，可以确定材料的压缩模量、屈服压力、断裂压力等力学参数。弯曲试验:弯曲试验用于测量材料在弯曲加载下的力学行为。通过施加弯曲力，

(3) 并测量弯曲位移和弯曲应力的关系，可以确定材料的弯曲刚度、屈服弯矩等力学参数。

(4) 剪切试验：剪切试验用于测量材料在剪切加载下的力学行为。通过施加剪切力，并测量剪切应变和剪切应力的关系，可以确定材料的剪切模量、剪切屈服强度等力学参数。

(5) 疲劳试验：疲劳试验用于评估材料在循环加载下的耐久性。通过施加交变载荷，并记录载荷周期数和样品的变形情况，可以确定材料的疲劳寿命和疲劳强度。

(6) 硬度测试：硬度测试用于评估材料的抗压性能。常用的硬度测试方法包括洛氏硬度、布氏硬度和维氏硬度等。

(7) 断裂韧性测试：断裂韧性测试用于评估材料在受到冲击或拉伸加载时的抗断裂能力。常用的断裂韧性测试方法包括冲击试验和断裂韧性试验。

这些试验方法可以针对不同的生物材料进行定量的力学性能评估，试验结果可以提供有关材料的强度、刚度、韧性和耐久性等重要信息，从而有助于生物材料的设计、选择和应用。

案例1：压缩测试在测量生物材料力学性质中的应用

压缩测试在测量生物材料力学性质中的应用是评估骨骼组织的力学性能。骨骼组织承受身体负荷并支撑身体结构，因此了解其力学行为对于骨骼健康和疾病治疗非常重要。

压缩测试是一种常用的力学测试方法，通过施加压缩力来测量材料在压缩加载下的性能。在测量生物材料中，压缩测试可用于评估骨骼组织的强度、刚度和韧性等力学性质。

在骨骼组织力学研究中，常用的压缩测试方法是通过压力加载机或材料测试机施加垂直方向的压缩力，使骨骼样本经历压缩变形。通过测量加载过程中的压缩力和样本的位移或变形，可以计算出应力-应变曲线，从而获得骨骼组织的力学性能参数，如压缩强度、弹性模量和屈服压力等。

压缩测试可以应用于研究骨骼组织的力学特性，比如评估骨质疏松症的风险、评估骨折愈合的进展以及评估骨骼植入物的性能等。此外，压缩测试还可以用于评估其他生物材料，如软组织和生物降解材料的力学性质。

通过压缩测试，可以获得关于生物材料的力学性能的定量信息，为生物材料的设计、选择和应用提供重要参考。

案例2：拉伸测试在测量生物材料力学性质中的应用

拉伸测试在测量生物材料力学性质中的应用是评估材料的拉伸强度、弹性模量和断裂韧性等重要参数，这种测试方法广泛应用于各种生物材料，如骨骼组织、肌肉组织和生物人工材料等。

在拉伸测试中，材料样本被施加拉伸力，沿着长度方向产生拉伸变形。通过测量加载过程中的拉伸力和样本的位移或变形，可以绘制应力-应变曲线，并从中计算出一系列力学性质。

对于骨骼组织的拉伸测试，常用的方法是使用材料测试机或万能试验机，施加垂直拉伸力来拉伸骨骼样本。通过测量拉伸过程中的力和样本的位移或应变，可以计算出应力-应变曲线，从中获取骨骼组织的力学性能参数，如拉伸强度、弹性模量、延伸率和断裂韧性等。

拉伸测试不仅可以应用于骨骼组织的力学研究，还可以评估其他生物材料的性能，如肌肉组织的弹性特性、生物人工材料的拉伸强度等，这些信息对于设计和选择合适的生物材料以及评估其在不同应用中的稳定性和可靠性非常重要。

综上所述，拉伸测试是一种常用的试验方法，可用于测量生物材料的力学性质。通过拉伸测试，可以获得关于生物材料的强度、弹性和韧性等性能参数，为生物材料的设计和应用提供重要的参考。

8.3.2　生物材料力学的计算模拟方法

生物材料力学的计算模拟方法是通过数值模拟和计算方法来预测和分析材料的力学行为，这些方法基于力学原理和数值计算技术，可以模拟材料在受力条件下的变形、应力分布和力学性能。

一种常用的计算模拟方法是有限元分析。在有限元分析中，将材料或结构分割成有限数量的小单元，每个小单元的力学行为通过数学方程描述。通过求解这些方程，可以得到材料的应力分布、位移场和变形行为。有限元分析可以用于模拟各种生物材料的力学行为，如骨骼组织、软组织和生物人工材料等。

另一种常用的计算模拟方法是分子动力学模拟。分子动力学模拟基于牛顿力学原理，通过模拟分子之间的相互作用和运动，可以预测材料的力学行为和力学性能。分子动力学模拟可以用于研究生物材料的微观结构和力学特性，例如蛋白质、DNA和细胞膜等。

此外，还有其他计算模拟方法，如多体动力学模拟、离散元法、格子Boltzmann方法等，它们在不同领域和问题中有着广泛的应用。

计算模拟方法具有许多优点，如可以模拟复杂的力学行为、提供详细的应力和变形分布、节省时间和成本等。然而，它们也受到模型精度、边界条件的选择、计算资源的要求等方面的限制，需要结合试验数据进行验证和校正。

综上所述，生物材料力学的计算模拟方法是一种重要的工具，可以预测和分析材料的力学行为。有限元分析、分子动力学模拟等方法可以用于研究各种生物材料的力学特性，为生物材料的设计和优化提供支持。

案例1：有限元分析在人工关节力学行为预测中的应用

人工关节是用于替代受损关节的医疗器械，如人工髋关节和人工膝关节。在设计和优化人工关节时，了解其力学行为对其性能和可靠性至关重要。有限元分析可以用于模拟和预测人工关节在受力条件下的变形、应力分布和接触行为，从而评估其力学性能和可靠性(图8.7)。

在案例中，假设要研究人工膝关节的力学行为。首先，通过扫描真实人膝关节的形状和结构，获取关节的几何模型。然后，将关节模型转换为有限元网格，将其分割成小单元，每个单元都有其特定的材料属性和边界条件。

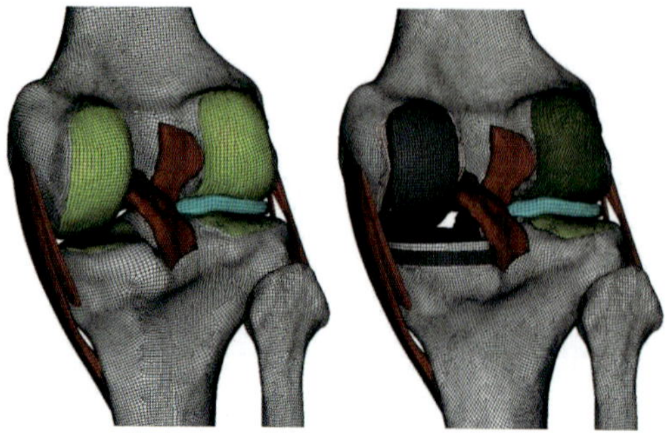
图8.7　人工关节的力学性能评估图

接下来，根据人工关节材料的力学性质和相关文献，为每个单元分配合适的材料属性，包括弹性模量、屈服强度、摩擦系数等。在有限元分析软件中，可以设置适当的加载条件，例如关节承受的正常行走载荷。

通过求解有限元模型的方程，可以获得人工关节的应力分布、变形行为和接触压力分布，这些结果可以帮助评估人工关节的力学性能，如应力集中区域、关节表面的磨损和松动情况等。此外，可以进行参数化分析和优化，以改进人工关节的设计和性能。通过有限元分析可以更好地理解和预测人工关节在不同力学条件下的行为，为设计和改进人工关节提供指导。此外，有限元分析还可以帮助评估不同材料和结构设计对人工关节性能的影响，从而促进人工关节的发展和改进。

综上所述，有限元分析在生物材料力学行为预测中的应用非常重要，可以帮助研究人员和工程师更好地理解和优化生物材料的力学性能，为医疗器械的设计和改进提供支持。

案例 2：力学模型在生物材料力学行为预测中的应用

骨骼组织的力学行为对于理解骨折、骨质疏松等骨骼疾病的发生机制以及指导骨折修复和骨缺损治疗具有重要意义。力学模型是一种常用的工具，可以用来预测和解析骨骼组织的力学行为。

在案例中，将重点介绍力学模型在骨骼组织力学行为预测中的应用，以骨折修复为例。

首先，需要建立一个力学模型来描述骨骼组织的力学行为。常见的力学模型包括连续介质力学模型和微观力学模型。连续介质力学模型基于弹性力学理论，将骨骼组织看作连续的均匀介质，并使用弹性常数描述其力学性质。微观力学模型则基于骨骼组织的微结构和细观力学性质，考虑到组织的非均质性和各向异性。

其次，需要收集试验数据来验证和参数化所建立的力学模型。试验可以包括进行骨骼组织的拉伸、压缩和弯曲等力学测试，并测量相关的力学参数，如应力-应变关系、刚度和破坏强度等(图 8.8)。这些试验数据可以用来优化和调整力学模型的参数，以更准确地预测骨骼组织的力学行为。

最后，利用所建立的力学模型，可以进行骨折修复方案的设计和优化。通过模拟不同骨折类型、骨折修复材料和手术方法等条件下的力学行为，可以评估修复方案的稳定性和可靠性，预测骨折线的愈合过程和骨折部位的应力分布，这有助于指导临床医生在骨折修复中的决策和操作，以提高骨折治疗的成功率和患者的康复效果。

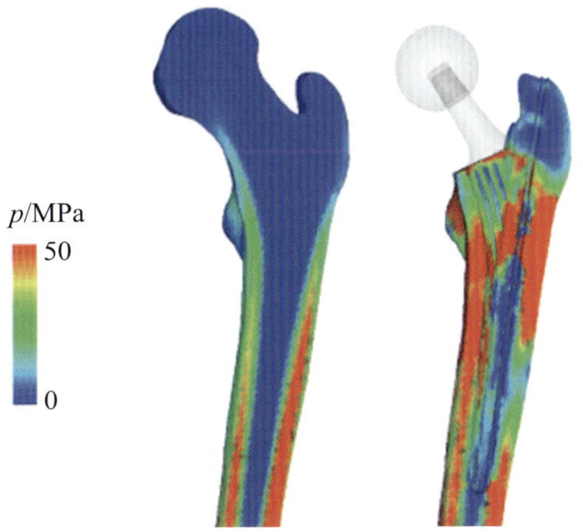

图8.8　骨骼应力分布分析

综上所述，力学模型在预测生物材料力学行为中具有重要的应用，特别是在骨骼组织力学行为预测中。通过建立合适的力学模型并结合试验数据，能够更好地理解和预测生物材料的力学行为，为医疗器械设计、骨折修复和骨缺损治疗等提供指导和支持。

8.4 生物材料的应用

8.4.1 生物材料在医疗器械中的应用

生物材料在医疗器械中具有广泛的应用，为医疗诊断、治疗和康复提供支持。生物材料在医疗器械中的应用如下。

(1) 骨植入物：生物降解材料、金属合金和陶瓷等材料常被用作骨植入物，用于骨折修复、关节置换和脊柱融合等手术，这些材料具有良好的力学性能和生物相容性，能够提供支撑和稳定骨组织生长。

(2) 心血管支架：金属或生物降解聚合物材料常被用于制造心血管支架，用于治疗冠心病和血管狭窄等心血管疾病，这些支架具有良好的力学性能和生物相容性，能够恢复血管的通畅性和稳定性。

(3) 医用植入物：生物降解聚合物材料被用于制造可吸收缝线、螺钉和固定器等医用植入物，这些材料在手术后逐渐降解，避免了二次手术取出植入物的需要。

(4) 人工关节：金属合金和聚乙烯醇等材料被广泛应用于制造人工关节，用于关节置换手术，这些人工关节具有与天然关节相似的力学性能，能够恢复关节的功能和运动范围。

(5) 医用软组织修复材料：生物降解聚合物和胶原蛋白等材料被用于制造医用软组织修复材料，如人工血管、人工皮肤和软骨修复材料等，这些材料具有良好的柔韧性和生物相容性，能够模拟和恢复软组织的功能和结构。

生物材料在医疗器械中的应用，能够改善患者的生活质量和健康状况，它们不仅具有良好的力学性能，还能够与人体组织相互作用，促进组织的愈合和康复。随着科学技术的发展，生物材料在医疗器械领域的研究和创新仍在不断进行，为医学领域的发展和进步做出了重要贡献。

案例 1：生物材料在人工关节的应用

人工关节是生物材料在医疗器械领域的重要应用之一(图 8.9)，关于生物材料在人工关节中的应用如下。

(1) 人工髋关节：人工髋关节通常由金属合金、陶瓷和聚乙烯等材料制成。金属合金用于制造髋关节的承载结构，具有高强度和耐磨性；陶瓷用于制造髋头和髋盂，具有良好的耐磨性和生物相容性；聚乙烯用于制造髋关节的摩擦表面，减少关节磨损，这些材料的选择和设计旨在恢复髋关节的正常运动范围和功能。

(2) 人工膝关节：人工膝关节常采用金属合金和聚乙烯材料制成。金属合金用于制造膝关节的骨支架和连接部件，提供稳定性和支持；聚乙烯用于制造膝关节的摩擦表面，减少磨损。人工膝关节的设计和材料选择旨在恢复膝关节的正常屈伸运动和减轻疼痛。

(3) 人工肩关节：人工肩关节通常由金属合金和聚乙烯材料制成。金属合金用于制造肩关节的承载结构和连接部件，提供稳定性和支持；聚乙烯用于制造肩关节的摩擦表面，减少磨损。人工肩关节的设计和材料选择旨在恢复肩关节的正常活动范围和功能。

人工关节的设计和材料选择是基于生物力学原理和人体解剖结构，生物材料在人工关节中发挥关键作用，使得患者能够恢复正常的关节功能和改善生活质量。随着科学技术的不断发展，对于生物相容性、耐久性和功能性的要求也在不断提高，生物材料的研究和创新仍然是人工关节领域的重要课题。

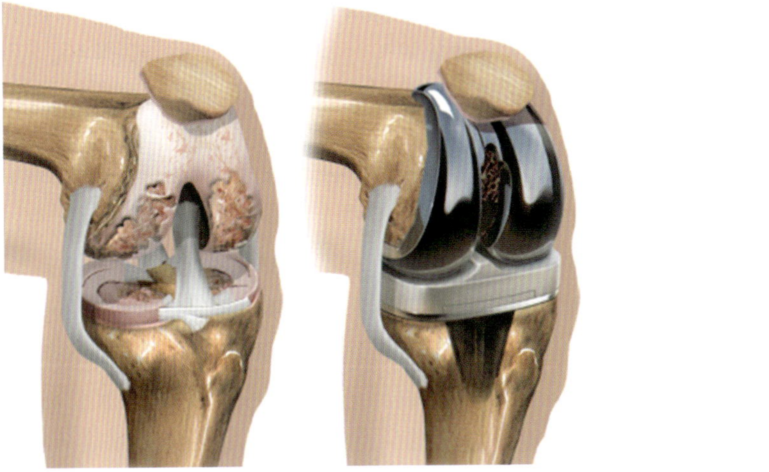

(a) 术前　　(b) 术后

图8.9　人工关节

案例 2：生物材料在心脏支架的应用

生物材料在心脏支架中的应用是心血管医疗领域的一个重要方面(图8.10)。关于生物材料在心脏支架中的应用如下。

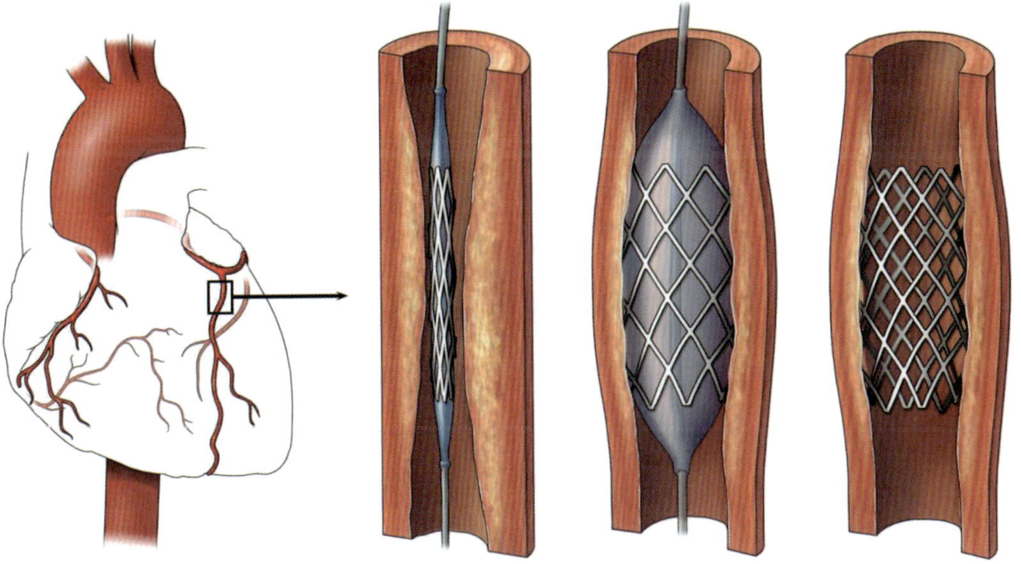

图8.10　心脏支架

(1) 金属支架：金属支架通常由不锈钢、镍钛合金(Nitinol)或钴铬合金制成，这些金属具有优异的强度和弹性特性，能够提供支撑和保持血管通畅。金属支架在介入治疗中用于扩张狭窄的冠状动脉，恢复血液流动并预防血管再狭窄。

(2) 生物可降解支架：生物可降解支架通常由PLA或PCL等可降解聚合物制成，这些材料在植入后逐渐被人体吸收，减少了长期的支架存在并促进血管的自然恢复。生物可降解支架在冠状动脉介入治疗中得到广泛应用。

(3) 生物活性涂层：生物活性涂层是在支架表面应用药物或生物活性分子的一层薄膜。这些涂层可以促进血管的再生和修复，抑制血管内膜增生，并减少血栓形成的风险。常用的生物活性涂层包括药物涂层和细胞因子涂层。

生物材料在心脏支架中的应用旨在恢复冠状动脉的正常血流和改善患者的心血管状况。对于心脏支架的材料选择、设计和制造都需要考虑生物相容性、力学性能、降解性能和生物活性等因素。这些技术的不断发展和创新为心血管疾病的治疗提供了新的可能性，并为患者带来了更好的治疗效果和生活质量。

8.4.2 生物材料在组织工程中的应用

生物材料在组织工程中扮演着关键的角色，用于重建和修复受损组织的功能和结构。生物材料在组织工程中的应用如下。

(1) 组织工程支架：生物材料被用作支架或框架，为细胞和组织的生长提供支持和导向，这些支架可以是生物可降解的或非降解的，常见的材料包括生物可降解聚合物、生物玻璃和生物陶瓷等。组织工程支架提供了一个支持细胞黏附和生长的三维结构，促进组织再生和修复。

(2) 组织工程生物材料：生物材料可以被设计成类似于天然组织的结构和性质，以促进细胞和组织的生长和分化。例如，人工皮肤用于治疗烧伤或创伤，人工骨骼用于骨缺损修复，人工血管用于心脏血管再造等，这些生物材料可以提供一个支持细胞生长和功能表现的人工环境，促进组织再生和功能恢复。

(3) 生物打印技术：生物打印技术将生物材料、细胞和生长因子以三维模型的形式精确打印到特定位置，以构建复杂的组织结构，这项技术可以用于生成定制化的组织工程构建，例如人工器官、组织修复和再生等。生物打印技术在组织工程领域具有巨大的潜力，可以为个体化医疗和组织修复提供新的解决方案。

生物材料在组织工程中的应用旨在重建和修复受损组织的结构和功能。生物相容性、生物活性、力学性能和生物降解性等是选择合适的生物材料的关键因素，这些技术的发展为组织工程提供了新的方法和工具，为患者提供了更好的治疗选择和生活质量。

案例 1：生物材料在骨骼组织工程中的应用

在骨骼组织工程中，生物材料被广泛应用于骨缺损修复和骨再生方面。生物材料在骨骼组织工程中的应用如下。

(1) 骨修复支架：生物降解聚合物被用作骨修复支架的材料，这些支架可以定制成特定形状和尺寸，以适应骨缺损的区域。支架提供了一个结构支撑，有助于细胞黏附和生长，并为骨细胞提供合适的生长环境。支架材料逐渐降解，为新生骨组织提供空间并促进骨愈合。

(2) 生物陶瓷：生物陶瓷是一类具有良好生物相容性和机械强度的无机材料，常用于骨骼组织工程中。例如，氧化铝、氧化锆和羟基磷灰石等生物陶瓷材料被用作人工骨植入物(图8.11)。这些材料可以促进骨细胞的附着和生长,并与周围骨组织结合,促进骨愈合和骨再生。

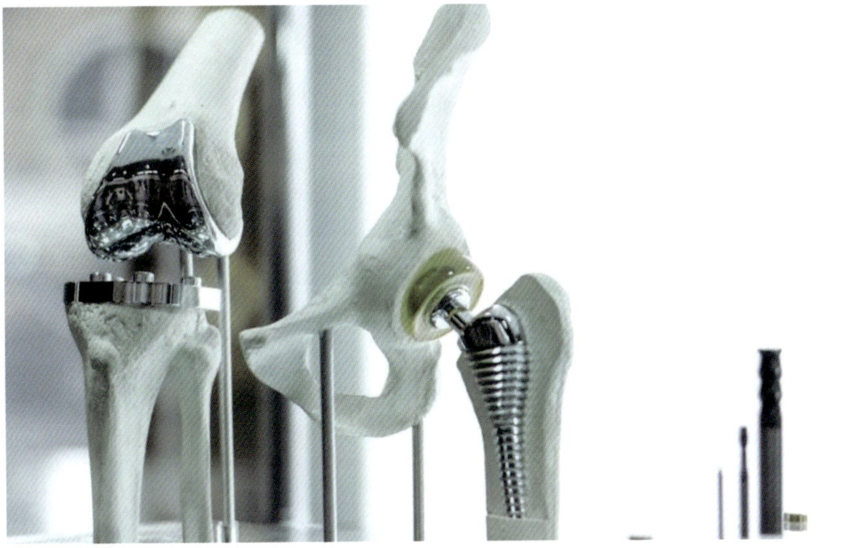

图8.11　髋关节植入生物陶瓷

(3) 生物活性涂层:生物活性涂层可以在生物材料表面引入特定的生物活性物质,如生长因子和细胞黏附剂,以促进骨细胞的增殖和分化,这些涂层可以改善生物材料的生物相容性和骨结合性能,促进骨再生过程。

这些生物材料在骨骼组织工程中的应用有助于修复骨缺损、促进骨再生和改善患者的生活质量。选择合适的生物材料需要考虑其生物相容性、力学性能、降解性能和生物活性等因素,以确保其与宿主组织的相容性和功能一致性,这些材料的研究和应用不仅在骨骼组织工程领域有重要意义,也为其他组织工程领域提供了借鉴和启发。

案例 2:生物材料在皮肤组织工程中的应用

在皮肤组织工程中,生物材料被广泛应用于创面修复、皮肤再生和皮肤替代物的开发。关于生物材料在皮肤组织工程中的应用如下。

(1) 生物可降解支架:生物可降解聚合物被用作皮肤创面修复的支架材料(图8.12)。这些支架可以提供支撑和结构性支持,有助于创面的愈合和新皮肤组织的生长。支架材料逐渐降解,为新生皮肤组织提供空间,并与周围组织融合。

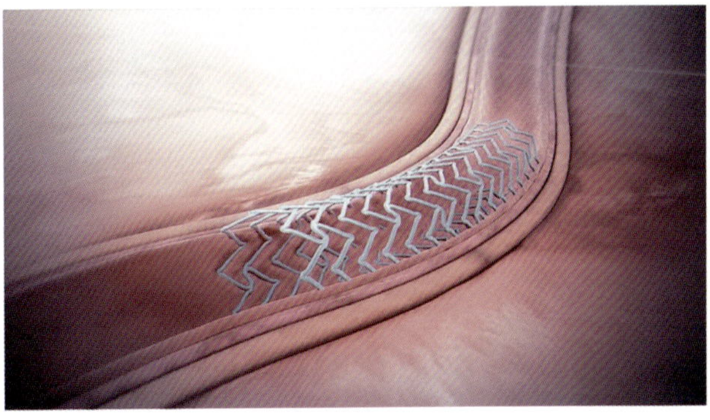

图8.12　可降解支架

(2) 生物活性衬底:生物活性衬底可以用于培养和扩增皮肤细胞,促进新皮肤组织的形成,这些衬底可以提供细胞黏附和增殖所需的生物活性分子，如细胞黏附因子和生长因子，它们可以提供适宜的生长环境，促进细胞的生长和分化，从而形成功能性的新皮肤组织。

(3) 生物医用材料：生物医用材料，如胶原蛋白、海藻酸盐和玻璃纤维等，被用于制备皮肤替代物。这些材料可以模拟天然皮肤的结构和特性，并具有良好的生物相容性和生物降解性。它们可以作为临时或永久性的替代物，用于修复受损的皮肤组织，并恢复其功能。

生物材料在皮肤组织工程中的应用有助于创面愈合、皮肤再生和美容修复。选择合适的生物材料需要考虑其生物相容性、降解性能、力学性能和生物活性等因素，以确保其与宿主组织的相容性和功能一致性，这些材料的研究和应用为创伤修复、美容整形和皮肤疾病治疗提供了新的解决方案和技术进展。

第 9 章　生物力学在医疗器械设计中的应用

9.1　医疗器械设计的基本概念

9.1.1　医疗器械设计的重要性

医疗器械设计的重要性在于为医疗领域提供安全有效的工具和设备，用于诊断、治疗和监测疾病。医疗器械设计的重要性体现有以下几个方面。

(1) 患者安全：医疗器械设计的首要考虑因素是患者的安全。设计者必须确保设备在使用过程中不会对患者造成伤害或不良反应。通过考虑材料选择、结构设计、使用便捷性和操作流程等因素，设计可以减少患者的风险和疼痛，并提供最佳的治疗效果。

(2) 临床效果：医疗器械设计直接影响诊断和治疗的准确性和效果。合理的器械设计可以提高诊断的精确度，帮助医生做出正确的治疗决策。此外，器械设计还可以优化治疗过程，提高治疗的效果和成功率。

(3) 操作人员的便利性：医疗器械设计应该考虑操作人员的便利性和操作的易用性。合理的设计可以减少操作的复杂性和烦琐性，降低错误发生的风险，并提高操作人员的工作效率和舒适度。

(4) 质量控制：医疗器械设计需要考虑生产和质量控制的方面，以确保设备的稳定性和可靠性。设计者需要选择合适的材料和工艺，并进行严格的测试和验证，以确保器械的性能和质量符合规定标准和要求。

(5) 创新和发展：医疗器械设计是医疗技术创新和发展的重要驱动力。通过不断改进和创新，设计者可以开发出新的设备和技术，提供更好的医疗解决方案，改善患者的生活质量，并推动医疗领域的进步。

综上所述，医疗器械设计的重要性在于保障患者安全、提高临床效果、方便操作人员、确保质量控制，并推动医疗技术的创新和发展。良好的器械设计可以为医疗领域带来积极的影响，提高医疗质量和效率，促进健康产业的可持续发展。

案例 1：医疗器械设计在人工关节中的重要性

医疗器械设计在人工关节中具有重要性，主要体现在以下几个方面。

(1) 功能恢复：人工关节被广泛应用于关节疾病的治疗，如髋关节和膝关节置换手术。医疗器械设计师需要设计出符合人体解剖结构和运动机能的人工关节，以帮助患者恢复关节功能和运动能力。优秀的器械设计可以实现关节的稳定性、平衡性和正运动范围，使患者能够自如地进行日常活动和运动。

⑵患者适应性：医疗器械设计需要考虑不同患者的特殊需求和解剖结构。人工关节的设计应具备良好的适应性，能够适应不同体型、年龄和病情的患者。器械设计师需要根据患者的个体差异，选择合适的尺寸、形状和材料，以确保人工关节的适应性和稳定性。

⑶持久性和耐用性：人工关节需要在人体内长期稳定地运行，因此医疗器械设计师需要选择耐久性高的材料和优化结构，以确保人工关节的长期稳定性和耐用性，这样可以减少关节磨损和松动的风险，延长人工关节的使用寿命。

⑷手术便捷性：医疗器械设计应考虑手术的便捷性和可操作性。手术过程中，医生需要方便地植入人工关节，并确保正确的定位和固定。器械设计师需要设计出易于操作的器械和引导工具，以简化手术过程并提高手术成功率。

⑸安全性：医疗器械设计在人工关节中的应用需要确保患者的安全。器械设计师需要考虑材料的生物相容性和抗过敏性，以及设计合理的结构和连接方式，避免患者出现感染、排异反应等不良反应。

综上所述，医疗器械设计在人工关节中的重要性体现在恢复关节功能、适应不同患者、提供持久耐用的解决方案、方便手术操作，并确保患者的安全。优秀的医疗器械设计可以为关节疾病患者带来更好的治疗效果和生活质量。

案例 2：医疗器械设计在心脏支架中的应用

医疗器械设计在心脏支架中具有重要性，主要体现在以下几个方面。

⑴冠状动脉疾病治疗：心脏支架是一种用于治疗冠状动脉疾病的重要器械。冠状动脉疾病是心血管疾病的主要原因之一，而心脏支架可以通过在狭窄或阻塞的冠状动脉中放置支架来恢复血流通畅。医疗器械设计师需要设计出合适的支架形状、尺寸和材料，以确保支架在植入后能够提供足够的支撑力和良好的血液通畅性。

⑵生物相容性：心脏支架作为植入体，需要具备良好的生物相容性，即与人体组织相容且不会引起排异反应。医疗器械设计师需要选择合适的材料，如生物可降解材料或合金材料，以确保支架在人体内具有良好的生物相容性。

⑶支架稳定性：心脏支架在植入后需要具备稳定性，以防止移位或松动的风险。医疗器械设计师需要设计支架的结构和连接方式，以确保支架能够牢固地固定在冠状动脉中，并能够承受血流和心脏的力量(图 9.1)。

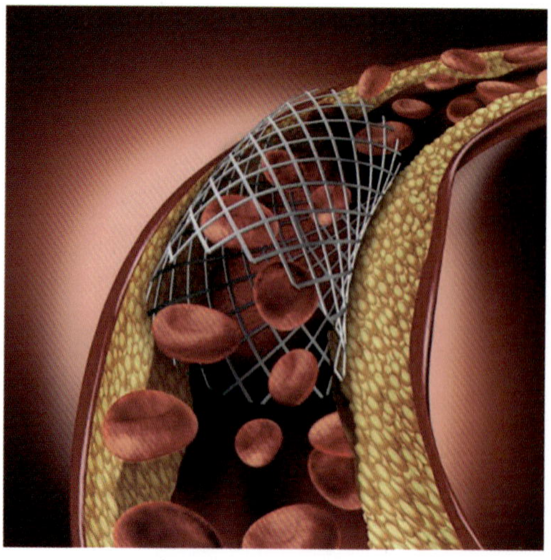
图 9.1　支架稳定性

⑷药物释放功能：部分心脏支架设计采用药物释放技术，可以在植入后缓慢释放药物，以抑制新生血管的形成和防止再狭窄。医疗器械设计师需要设计合适的药物释放系统，以确保药物在支

架表面均匀分布，并能够在一定时间内持续释放药物。

(5) 显像和操作性：医疗器械设计师需要考虑心脏支架的显像和操作性。支架应具备良好的可视性，以便医生准确定位和植入支架。此外，支架的操作性也需要考虑，确保医生能够方便地操纵和放置支架。

综上所述，医疗器械设计在心脏支架中的应用具有重要性。通过优秀的器械设计，可以实现冠状动脉疾病的治疗，提供良好的生物相容性和稳定性，以及实现药物释放功能和便于显像和操作的特点，这些设计方面的考虑可以提高心脏支架的治疗效果和安全性，对冠状动脉疾病患者的生活质量具有重要影响。

9.1.2　医疗器械设计的基本流程

医疗器械设计的基本流程可以分为以下几个阶段。

(1) 需求分析：在这一阶段，设计团队与医疗专业人员合作，了解和分析医疗器械的需求和目标，包括确定器械的用途、功能要求、性能指标、使用环境、用户需求等。

(2) 概念设计：基于需求分析阶段的结果，设计团队开始进行概念设计。他们会产生多种可能的设计概念，并评估其可行性、可靠性和适用性。在这个阶段，手绘草图、3D建模和虚拟原型等工具通常被使用。

(3) 详细设计：在概念设计阶段确定了一个或多个可行的设计方案后，设计团队开始进行详细设计。他们会制订详细的设计方案，包括具体的尺寸、材料选择、结构设计等。此阶段通常涉及CAD建模、工程计算、仿真分析等。

(4) 原型制作：在详细设计完成后，设计团队会制作出实际的原型，这可以通过3D打印、数控加工等方式实现。原型用于测试和验证设计的功能性、可用性和性能。

(5) 测试和验证：设计团队会对原型进行各种测试和验证，以确保设计符合预期的标准和需求，这可能包括机械测试、生物相容性测试、可靠性测试等。

(6) 优化和改进：基于测试和验证的结果，设计团队会对设计进行优化和改进，可能涉及修改设计参数、调整材料选择、改进制造工艺等，以进一步提升产品的性能和质量。

(7) 文件准备：在设计完成和验证通过后，设计团队会准备相关的技术文件，包括产品规格、制造工艺文件、使用说明书、标准符合性文件等。

(8) 批准和注册：设计团队会与相关的监管机构合作，准备和提交注册申请，涉及符合法规和标准的要求，以确保医疗器械的合法性和安全性。

(9) 生产和上市：一旦获得批准和注册，设计团队会将医疗器械进行批量生产，并进行市场推广和销售。

医疗器械设计的流程可能因产品的复杂性和特殊性而有所不同。此外，流程中的每个阶段都需要与相关的法规和标准保持一致，并严格遵守相关的伦理和法律要求。

9.2　生物力学在医疗器械设计中的应用

9.2.1　力学分析在医疗器械设计中的应用

力学分析在医疗器械设计中有广泛的应用，主要包括以下几个方面。

(1) 结构强度分析：力学分析可以评估医疗器械的结构强度和稳定性，确保其能够承受预期的负荷和应力。通过有限元分析等方法，可以预测器械在使用过程中的受力情况，帮助设计人员优化结构，避免器械的破坏或变形。

⑵运动学分析：力学分析可以研究医疗器械在运动过程中的力学行为，例如关节运动学分析可以评估人工关节的运动范围和稳定性。通过模拟和分析运动过程中的力学参数，可以优化器械的设计，提高其运动性能和稳定性。

⑶材料力学分析：医疗器械的材料选择对其性能和安全性至关重要。力学分析可以评估材料的力学性质，如强度、刚度、韧性等，帮助设计人员选择合适的材料。此外，力学分析还可以研究材料的疲劳性能和寿命，预测器械在长期使用中的耐久性。

⑷界面力学分析：许多医疗器械需要与人体组织或其他器械接触，界面力学分析可以评估器械与组织或其他器械之间的力学相互作用。例如，人工关节与骨骼接触的界面力学分析可以帮助优化关节的稳定性和适应性。

⑸输送力学分析：某些医疗器械涉及液体或气体的输送，力学分析可以评估液体或气体在器械内部的流动行为。通过分析流体的流速、压力分布和阻力等参数，可以优化器械的设计，改善输送效率和性能。

力学分析在医疗器械设计中的应用可以帮助设计人员优化结构和性能，确保器械在使用过程中的安全性和效果。通过模拟和预测器械的力学行为，可以减少试验测试的成本和时间，并提高设计的准确性和可靠性。

案例 1：力学分析在人工关节设计中的应用

在人工关节设计中，力学分析起着至关重要的作用(图9.2)。力学分析在人工关节设计中的一些应用如下。

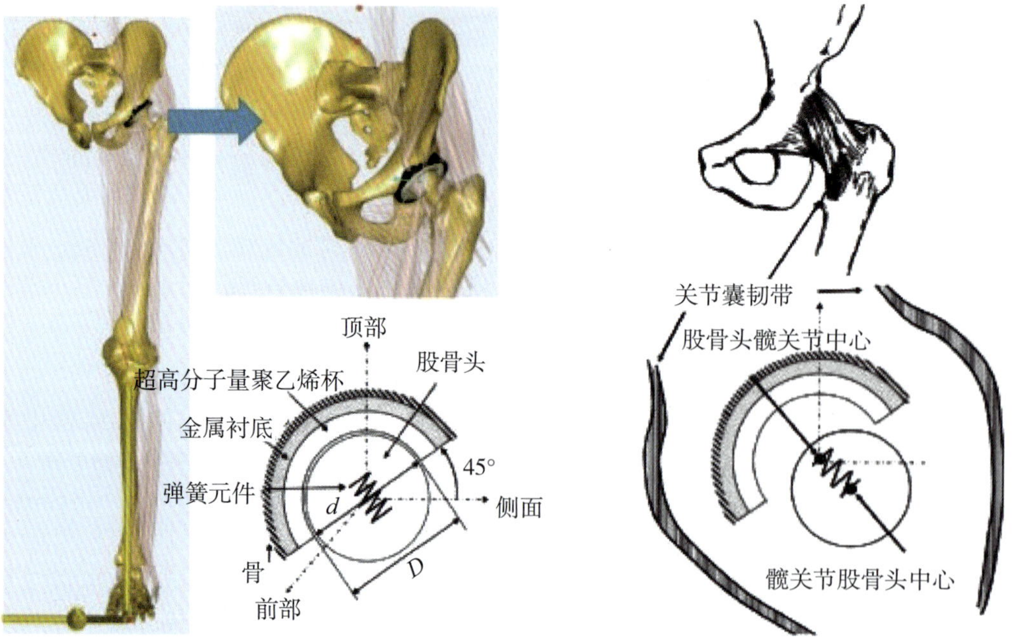

图9.2　人工关节设计

(1) 结构强度分析：力学分析可以评估人工关节的结构强度，确保其能够承受正常的生理负荷。通过有限元分析等方法，可以预测关节在运动过程中的应力分布和变形情况，从而优化关节的结构，确保其在长期使用中不会发生破坏或失效。

(2) 运动学分析：力学分析可以研究人工关节在运动过程中的力学行为。通过模拟关节的运动范围、角度和力学参数，可以评估关节的稳定性、自由度和活动性能，这有助于设计人员优化关节的几何形状、材料选择和配合方式，提高关节的运动性能和功能。

(3) 疲劳分析：力学分析可以预测人工关节在长期使用中可能面临的疲劳问题。通过分析关节在重复加载下的应力分布和变形情况，可以预测关节材料的疲劳寿命和耐久性，避免关节的疲劳失效和损坏。

(4) 界面力学分析：人工关节与骨骼之间的界面力学是关键因素之一。力学分析可以评估人工关节与骨骼接触的力学相互作用，包括压力分布、接触应力和摩擦力等，这有助于优化关节与骨骼的界面设计，提高关节的稳定性和适应性，减少潜在的组织损伤和磨损。

(5) 运动仿真和优化：力学分析结合计算仿真和优化算法，可以模拟人工关节在不同运动条件下的力学行为，并通过参数优化来改善关节性能。例如，可以通过优化人工关节的几何形状、材料特性和植入方式，实现最佳的运动学性能和生物力学相容性。

综上所述，力学分析在人工关节设计中的应用可以帮助优化关节的结构、运动性能和生物力学性能，确保其在长期使用中具有良好的耐久性、稳定性和适应性。这对于人工关节患者的功能恢复和生活质量具有重要意义。

案例 2：力学分析在心脏支架设计中的应用

力学分析在心脏支架设计中的应用非常重要，相关应用如下。

(1) 结构强度分析：心脏支架需要具备足够的结构强度来支持冠状动脉，并防止支架在植入过程中或术后发生破裂或变形。力学分析可以评估支架在正常和临界负荷下的应力分布和变形情况，帮助设计人员选择适当的材料和优化支架的几何形状，确保其在使用中具备足够的强度和刚度。

(2) 血管壁力学分析：心脏支架植入后，支架与血管壁之间的力学相互作用对于支架的稳定性和血管壁的健康至关重要。力学分析可以评估支架与血管壁之间的接触应力、压力分布和应变情况，帮助设计人员优化支架的尺寸、材料和结构，减少对血管壁的损伤和应力集中，从而降低血管内再狭窄和血栓形成的风险。

(3) 稳定性分析：心脏支架在植入后需要保持稳定的位置，并能够承受心脏的蠕动和血流的冲击。力学分析可以评估支架的稳定性，预测支架在心脏运动和血流冲击下的位移、变形和应力分布，帮助设计人员优化支架的结构和植入方式，确保其能够稳定地保持在适当的位置并保持良好的功能。

(4) 疲劳分析：心脏支架需要在长期使用中具备良好的耐久性和抗疲劳能力。力学分析可以评估支架在循环负载下的疲劳性能，预测支架材料的疲劳寿命和耐久性，帮助设计人员选择合适的材料和优化支架的结构，以减少疲劳失效的风险(图9.3)。

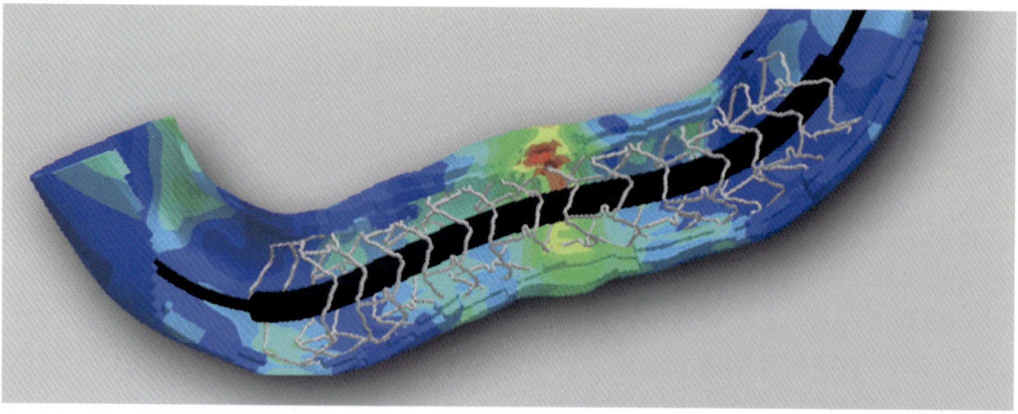

图9.3 心脏支架应力与疲劳分析

综上所述，力学分析在心脏支架设计中的应用可以帮助设计人员优化支架的结构、材料和植入方式，确保其具备足够的结构强度、稳定性和耐久性，提高支架植入的效果和患者的治疗效果。

9.2.2 生物材料力学在医疗器械设计中的应用

生物材料力学在医疗器械设计中有广泛的应用，相关应用如下。

(1) 材料选择：生物材料力学分析可以帮助设计人员评估不同材料的力学性能，如强度、刚度、韧性等，以选择适合特定应用的材料。例如，在人工关节或骨修复器械的设计中，需要选择具有足够强度和刚度的材料来支撑和稳定骨骼，同时具备足够的韧性以避免断裂或疲劳损伤。

(2) 设备稳定性分析：生物材料力学分析可以评估医疗器械在使用过程中的稳定性和可靠性。例如，在脊柱植入物的设计中，需要评估植入物与骨骼之间的力学相互作用，确保植入物的稳定性和安全性。

(3) 疲劳分析：生物材料力学分析可以帮助评估医疗器械在长期使用中的疲劳性能。对于经常受到应力加载的器械，如心脏支架或血管支架，疲劳分析可以帮助设计人员预测器械的寿命和耐久性，确保其在使用过程中不会发生失效。

(4) 模拟植入效果：生物材料力学分析可以模拟医疗器械在植入后的行为，并评估其对周围组织的影响。例如，在心脏瓣膜设计中，力学分析可以帮助评估瓣膜的打开和关闭过程，以及瓣膜对心脏血流的影响，从而优化瓣膜的设计和性能。

综上所述，生物材料力学在医疗器械设计中的应用可以帮助设计人员选择合适的材料、评估器械的稳定性和耐久性，模拟器械的植入效果，从而提高器械的性能、安全性和可靠性，这对于设计出更好的医疗器械，提高患者的治疗效果和生活质量至关重要。

案例1：膝关节假体设计

在膝关节假体设计中，生物材料力学的应用可以帮助优化假体的性能和稳定性。一个重要的考虑因素是选择适当的材料，以满足膝关节的力学需求并模拟天然关节的行为(图9.4)。

(1) 材料选择：生物材料力学分析可以帮助评估不同材料的强度、刚度和耐磨性等力学性能。例如，采用金属、塑料或陶瓷等材料制造假体的不同部位，需要根据关节的力学负荷选择合适的材料，以确保假体具有足够的强度和刚度，同时具备良好的耐磨性。

(2) 界面分析：生物材料力学分析可以评估假体与骨骼之间的界面，特别是假体与骨骼之间的力传递和稳定性。通过分析假体与骨骼的力学相互作用，设计人员可以优化假体的形状和表面结构，以确保假体与骨骼之间的紧密接触和稳定连接。

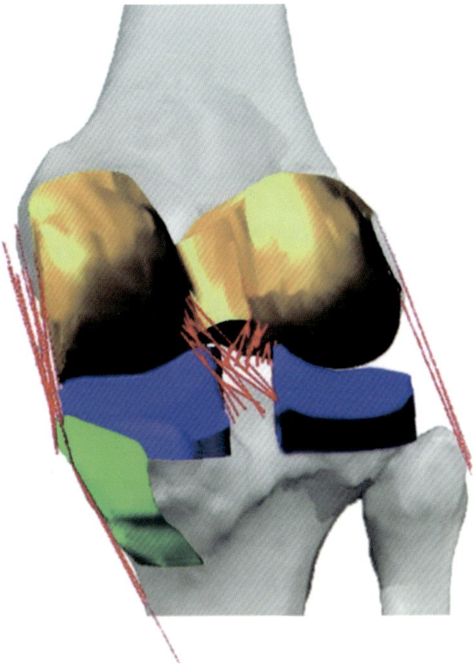

图9.4　膝关节假体设计

(3) 运动学分析：生物材料力学分析可以模拟人体在运动中的膝关节力学行为，如屈曲、伸展和承受荷载等。通过对关节力学的准确建模和仿真，设计人员可以评估假体的运动学性能，优化关节的运动范围和稳定性。

(4) 疲劳分析：生物材料力学分析可以帮助评估假体在长期使用中的疲劳性能。通过模拟假体在运动和负荷下的循环加载，设计人员可以预测假体的使用寿命和耐久性，从而选择合适的材料和结构设计。

综上所述，生物材料力学在人工关节设计中的应用可以帮助优化材料选择、界面设计、运动学性能和疲劳性能等关键因素，从而提高人工关节的功能和稳定性，增加患者的舒适度和生活质量。

案例 2：冠状动脉支架设计

在冠状动脉支架设计中，生物材料力学分析可以帮助评估支架的强度、柔韧性和耐久性等关键性能指标。

(1) 强度分析：生物材料力学分析可以评估支架的强度，确保其能够承受心脏动脉的血流压力和力学负荷(图9.5)。通过应用有限元分析等方法，可以模拟支架在不同负荷情况下的应力分布和变形情况，以确保支架在使用期间不发生破裂或变形。

(2) 柔韧性分析：生物材料力学分析可以评估支架的柔韧性，即支架在植入过程中的可塑性和扭转性能。通过模拟支架在血管中的展开和扭转过程，设计人员可以优化支架的结构和材料选择，以确保支架在植入过程中能够适应血管的形状和动态变化。

(3) 血管壁相互作用分析：生物材料力学分析可以评估支架与血管壁之间的相互作用，以确保支架与血管壁的紧密接触和稳定植入。通过模拟支架的应力分布和血

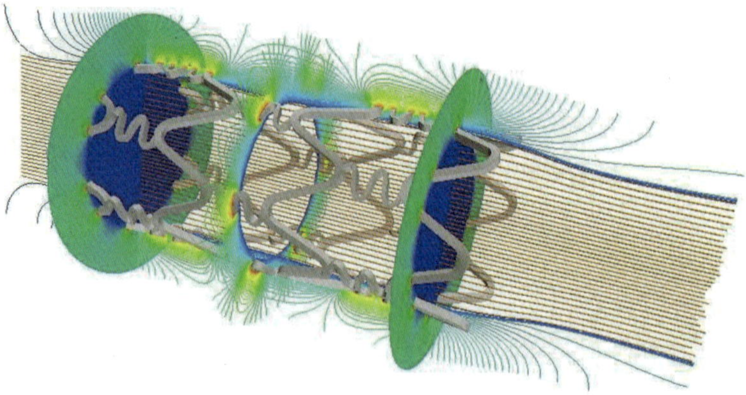

图9.5　冠状动脉支架强度分析图

管壁的反应，设计人员可以优化支架的设计和表面特性，以减少血管壁的损伤和血栓形成的风险。

⑷疲劳分析：生物材料力学分析可以评估支架在长期使用中的疲劳性能，即支架在心脏跳动周期中的循环负荷下的耐久性。通过模拟支架在心脏动脉中的循环负荷加载，设计人员可以预测支架的使用寿命和耐久性，从而选择合适的材料和结构设计。综上所述，生物材料力学在心脏支架设计中的应用可以帮助评估支架的强度、柔韧性、血管壁相互作用和疲劳性能等关键指标，从而确保支架的稳定植入和持久性能，提高心脏病患者的治疗效果和生活质量。

9.3　生物力学在医疗器械优化中的应用

9.3.1　力学优化在医疗器械设计中的应用

力学优化在医疗器械设计中的应用是指利用数学模型和计算方法，通过优化器进行设计参数的自动调整，以最大化或最小化特定的目标函数，从而改善医疗器械的性能、效能和可靠性。力学优化在医疗器械设计中的应用可以帮助工程师和设计师更好地理解和改进器械的力学特性，提高其功能、适应性和安全性。

力学优化在医疗器械设计中的一般应用如下。

⑴结构优化：力学优化可以用于改进医疗器械的结构设计，以提高其刚度、强度和耐久性。通过分析器械所受到的负荷和应力分布，优化器可以自动调整设计参数，如形状、尺寸和材料，以满足特定的性能需求。

⑵材料优化：力学优化可以用于选择最合适的材料用于医疗器械的制造。通过模拟和分析不同材料的力学特性，可以评估其在器械中的性能和可靠性，从而选择最优材料。

⑶模型优化：力学优化可以用于改进医疗器械的数学模型，以更准确地描述器械的力学行为。优化模型参数和假设条件可以提高模型的预测能力和可靠性，从而指导器械设计和性能评估。

⑷适应性优化：力学优化可以用于改进医疗器械的适应性和匹配性。通过分析

器械与人体组织之间的交互作用，优化器可以自动调整设计参数，以提高器械的适应性和可操作性。

(5) 最优化设计：力学优化可以用于在给定约束条件下寻找最优的设计方案。通过设定设计目标和约束条件，优化器可以搜索设计空间，找到最优的设计参数组合，以实现特定的性能目标。

综上所述，力学优化在医疗器械设计中的应用可以帮助改善器械的结构设计、材料选择、模型精度、适应性和最优性能，从而提高医疗器械的治疗效果、安全性和可靠性。

9.3.2　生物兼容性优化在医疗器械设计中的应用

生物兼容性优化在医疗器械设计中的应用是指通过优化设计参数和材料选择，以最大限度地提高医疗器械与人体组织之间的相容性和生物相互作用。它的目标是减少或消除器械对人体的不良反应，并提高器械的生物相容性、耐用性和功能性。

生物兼容性优化在医疗器械设计中的一般应用如下。

(1) 材料优化：生物兼容性优化可以用于选择最适合的材料，以满足特定的生物相容性要求。通过评估不同材料的生物相容性特性，如生物降解性、毒性和炎症反应等，优化器可以自动调整材料选择，以提高器械的生物相容性。

(2) 表面改性：生物兼容性优化可以用于改善医疗器械表面的生物相容性。通过优化表面涂层、纹理或功能化修饰，可以减少表面粗糙度、增加抗菌性能、改善细胞黏附和减少血栓形成等，从而提高器械与人体组织之间的相容性。

(3) 结构优化：生物兼容性优化可以用于改善器械的结构设计，以减少对周围组织的损伤和刺激。通过优化器自动调整器械的尺寸、形状和曲线等设计参数，可以减少器械与组织之间的摩擦和应力集中，从而提高生物相容性。

(4) 流体优化：生物兼容性优化可以用于优化流体动力学特性，减少血液或其他体液在器械中的剪切力和压力，以减少血栓形成、血管损伤和组织缺氧等风险。

(5) 组织相容性优化：生物兼容性优化可以用于改善器械与周围组织之间的相容性。通过优化器自动调整器械的弹性模量、刚度和柔韧性等特性，可以更好地匹配周围组织的力学特性，减少刺激和损伤。

综上所述，生物兼容性优化在医疗器械设计中的应用可以帮助改善材料选择、表面改性、结构设计、流体特性和组织相容性，从而提高器械的生物相容性、可靠性和治疗效果。通过优化器的帮助，医疗器械可以更好地适应人体组织，降低不良反应和并发症的风险，为患者提供更安全、有效的治疗和护理。

9.4　未来展望：新技术在医疗器械设计中的应用

9.4.1　3D打印技术在医疗器械设计中的应用

3D打印技术在医疗器械设计中的应用广泛，它提供了定制化、快速原型制作和复杂结构制造等优势。3D打印技术在医疗器械设计中的应用如下。

(1) 定制化医疗器械：3D打印技术可以根据患者的个体解剖数据进行定制化医疗

器械的设计和制造，如人工关节、矫形器具和牙科种植体等，从而提供更好的适配性和舒适度，改善治疗效果。

(2) 手术模型和引导器：通过将患者的影像数据转化为3D模型，可以制造出高度逼真的手术模型和引导器，供医生进行手术前的规划和模拟操作。这样可以提高手术的精确性和安全性，减少手术时间和并发症风险。

(3) 生物打印组织工程：3D打印技术可以制造复杂的生物支架和组织工程构建物，用于修复和再生损伤的组织和器官。通过打印具有特定细胞类型和生物材料的结构，可以促进组织的生长和修复。

(4) 医疗器械零部件制造：3D打印技术可以用于制造医疗器械的零部件，如植入物和手术工具等。实现更复杂的设计和结构，提高器械的功能性和性能。

(5) 快速原型制作：3D打印技术可以快速制作医疗器械的原型，用于设计验证和功能测试。加快产品开发周期，降低开发成本。

综上所述，3D打印技术在医疗器械设计中的应用具有巨大的潜力，可以实现定制化医疗器械、制造复杂结构、生物打印组织工程、制造医疗器械零部件和快速原型制作等，它在提高医疗器械的适配性、功能性和安全性方面发挥着重要的作用。

案例 1：3D 打印技术在人工关节设计中的应用

3D打印技术在人工关节设计中具有重要的应用价值(图9.6)，具体如下。

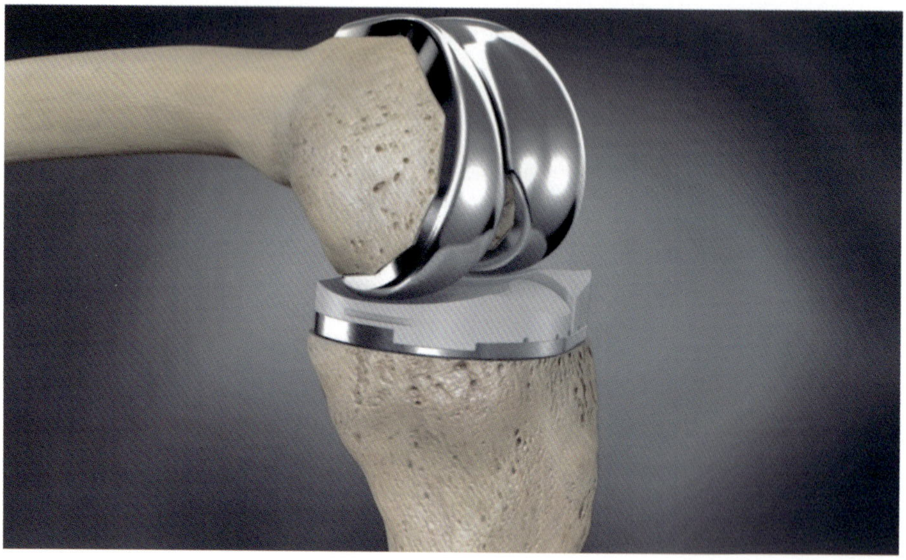

图9.6 人工关节 3D 打印

在人工关节设计中，每个患者的解剖结构和需求都可能存在差异。传统的人工关节设计通常是基于标准尺寸和形状，因此可能无法完全适应患者的个体特征。而利用3D打印技术可以实现个性化的人工关节设计和制造，提供更好的适配性和功能性。

以人工膝关节为例，通过使用3D打印技术，可以根据患者的骨骼结构和运动范围，将其解剖数据转化为3D模型。基于该模型，医生可以进行虚拟手术规划和模拟操作，确保手术方案的准确性和安全性。

利用3D打印技术，可以制造出定制化的人工关节。医疗器械公司可以根据患者的个体数据和手术规划，将生物兼容性的材料(如钛合金或聚乳酸等)进行3D打印，形成具有特定几何形状和孔径的人工关节，确保关节与患者的骨骼结构完美契合，并提供稳定的运动功能。

个性化的人工关节设计和制造可以改善手术结果，并减少患者的术后并发症风险。此外，3D打印技术还可以实现定制化的人工关节附件(如切割导板和植入物)，以提供更准确的手术辅助和植入体稳定性。

综上所述，3D打印技术在人工关节设计中的应用可以实现个性化的设计和制造，提高适配性和功能性，减少手术风险，并为患者提供更好的手术结果和术后恢复。

案例 2：3D 打印技术在心脏支架设计中的应用

心脏支架是用于治疗冠状动脉疾病的重要医疗器械，用于恢复血流通畅性并支持狭窄或堵塞的血管。传统的心脏支架通常是标准尺寸和形状，但不一定能够完全适应患者的个体特征和血管形态。而利用3D打印技术可以实现个性化的心脏支架设计和制造，提供更好的适配性和治疗效果(图9.7)。

图 9-7　3D 打印心脏支架

通过使用3D打印技术，医生可以根据患者的冠状动脉解剖数据和血管病变情况，生成患者特定的血管模型。基于这些模型，医生可以进行虚拟手术规划和模拟操作，选择最适合的心脏支架形状和大小，并确定支架的放置位置。

随后，利用3D打印技术，可以将生物兼容性材料(如生物可降解聚合物)进行3D打印，制造出定制化的心脏支架。根据患者的血管形态和手术规划，可以调整支架的网格结构、孔径和强度分布，以确保良好的血管覆盖和稳定性。

个性化的心脏支架设计和制造可以提供更好的血流恢复效果，并减少术后并发症的风险。此外，通过3D打印技术，还可以实现心脏支架的定制化药物释放，以进一步改善血管再狭窄的预防和治疗效果。

综上所述，3D打印技术在心脏支架设计中的应用可以实现个性化的设计和制造，提高适配性和治疗效果，减少术后并发症的风险，并为患者提供更好的治疗结果和心血管健康。

9.4.2 生物信息学在医疗器械设计中的应用

随着高通量基因测序技术的发展，产生了大量的生物信息学数据，包括基因组序列、表达谱、蛋白质互作网络等，这些数据对于理解疾病的发生机制、寻找新的治疗靶点以及个体化医疗具有重要意义。

在医疗器械设计中，生物信息学可以用于以下方面。

⑴基因变异分析：通过分析基因组数据，可以识别与疾病相关的基因变异，从而为医疗器械的设计提供依据。例如，在心脏瓣膜疾病的研究中，通过基因组测序和生物信息学分析，可以发现与瓣膜结构和功能相关的基因变异，从而指导人工瓣膜的设计和优化。

⑵个体化医疗：通过整合患者的基因组数据、临床记录和其他生物信息学数据，可以实现个体化医疗。医疗器械的设计可以根据患者的个体特征和基因变异进行定制，提高治疗效果和适应性。例如，根据肿瘤患者的基因组数据和药物敏感性预测模型，可以定制化设计药物释放器或化疗导管，以实现精准治疗。

⑶生物数据分析：通过生物信息学分析，可以对大量的生物数据进行挖掘和解读，以获得有关疾病发展、生物过程和生物材料相互作用等方面的信息，这些信息对于医疗器械的设计和优化提供了重要的指导。例如，通过分析组织工程中细胞行为的转录组数据，可以揭示细胞力学和信号传导的机制，从而指导支架材料的设计和改进。

综上所述，生物信息学在医疗器械设计中的应用可以提供基因变异分析、个体化医疗和生物数据分析等方面的支持。通过整合生物信息学数据，可以实现医疗器械的定制化设计和优化，从而提高治疗效果和个体化医疗的准确性。

案例1：生物信息学在人工关节设计中的应用

在人工关节设计中，生物信息学发挥着重要的作用。关于生物信息学在人工关节设计中的应用案例如下。

通过生物信息学的方法，可以分析大量的基因组数据、表达谱数据和蛋白质互作网络等，以深入了解关节疾病的发病机制、关节功能和修复过程，这些信息可以用于指导人工关节的设计和优化。

⑴基因组数据分析：通过对关节疾病患者和正常人的基因组数据进行比较，可以鉴定与关节疾病相关的基因变异或突变，这些变异可能与关节结构、关节软骨的生理功能以及关节炎等疾病的发生有关。基于这些发现，可以开发针对特定基因的遗传检测，并将其纳入人工关节设计中，以提高患者的治疗效果和适应性。

⑵蛋白质互作网络分析：通过构建关节相关蛋白质互作网络，可以揭示关节组织和细胞内蛋白质相互作用的复杂性，这些信息有助于理解关节疾病的发展机制，如骨关节炎、类风湿关节炎等，并为人工关节设计提供基础。例如，通过分析关节软骨细胞中关键调控因子的相互作用，可以识别关节软骨再生和修复过程中的关键信号

通路，从而优化人工关节材料和结构设计。

(3) 生物数据整合和模拟：通过整合不同层次的生物数据，如基因组、表达谱、蛋白质结构等，可以构建生物模型来模拟关节功能和病理过程，这些模型可以用于测试不同材料和结构对关节运动、力学特性和耐久性的影响，从而指导人工关节的设计和优化。例如，通过模拟关节负荷和运动过程，可以评估不同材料的磨损、应力分布和稳定性，以选择最合适的材料和结构设计。

综上所述，生物信息学在人工关节设计中的应用可以提供基因组分析、蛋白质互作网络分析以及生物数据整合和模拟等方面的支持，这些应用可以帮助人们深入了解关节疾病的机制，并指导人工关节的设计和优化，以提高治疗效果和患者的生活质量。

案例 2：生物信息学在心脏支架设计中的应用

生物信息学在心脏支架设计中的应用是基于大规模基因组学和生物学数据的分析和模拟，以优化心脏支架的设计和性能。关于生物信息学在心脏支架设计中的应用如下。

(1) 基因组数据分析：通过分析心脏病患者和正常人的基因组数据，可以鉴定与心脏疾病发生和发展相关的基因变异，这些变异可能涉及心脏血管的结构和功能，如血管壁的弹性、血小板聚集等。基于这些发现，可以根据患者的基因型特征定制心脏支架，以提高其适应性和治疗效果。

(2) 蛋白质互作网络分析：通过构建心脏血管相关蛋白质互作网络，可以揭示心脏血管病理生理过程中的关键蛋白质相互作用，这些信息有助于理解心脏疾病的分子机制，并为心脏支架设计提供指导。例如，通过分析心脏血管内皮细胞中的信号通路和调节因子，可以确定心脏支架表面涂层的成分和功能，以减少血栓形成和支架再狭窄的风险。

(3) 生物数据整合和模拟：通过整合不同层次的生物数据，如基因组、蛋白质结构、细胞信号通路等，可以建立心脏血管模型来模拟心脏疾病的发展过程，这些模型可以用于评估心脏支架的生物相容性、力学特性和药物释放效果。例如，通过模拟血液流动和药物释放过程，可以评估不同支架设计和药物涂层对血管内流体力学和药物输送的影响，以优化心脏支架的性能和治疗效果。

综上所述，生物信息学在心脏支架设计中的应用可以通过基因组数据分析、蛋白质互作网络分析以及生物数据整合和模拟等手段，提供对心脏疾病的深入理解和支架设计的指导，这些应用可以帮助优化心脏支架的适应性、治疗效果和生物相容性，从而改善患者的生活质量和心血管健康。

第10章　生物力学在运动伤害预防与康复中的应用

10.1　运动伤害的基本理论

10.1.1　运动伤害的定义与类型

运动伤害是指在运动过程中发生的身体组织损伤或功能障碍，通常由运动活动引起或与运动活动相关。运动伤害可以发生在各种类型的体育运动、锻炼或日常活动中。常见的运动伤害类型如下。

(1) 肌肉拉伤或扭伤：肌肉拉伤是肌肉纤维的拉伤或撕裂，通常发生在突然的剧烈运动或不正确的姿势下。肌肉扭伤是肌肉的旋转或扭曲运动，常见于快速转向或突然改变方向的运动中。

(2) 韧带损伤：韧带是连接骨头的弹性组织，它们的主要功能是提供关节的稳定性。韧带损伤通常发生在关节过度伸展、旋转或受到外力冲击时，导致韧带部分或完全撕裂。

(3) 肌腱炎：肌腱是连接肌肉和骨头的强健的纤维组织。肌腱炎是肌腱周围的组织发炎和受损，通常由过度使用、不正确的运动技术或重复性运动引起。

(4) 关节损伤：关节损伤可以包括关节脱位、软骨损伤和滑膜炎等。关节脱位是关节骨头脱离正常位置，通常伴随着剧烈的疼痛和关节功能障碍。软骨损伤是关节表面软骨的磨损或撕裂，可以导致关节疼痛和功能受限。滑膜炎是关节滑膜的炎症，常见于过度使用或关节受损的情况下。

(5) 骨折或骨裂伤：骨折是骨头完全断裂，而骨裂伤是骨头部分裂开。骨折或骨裂伤通常由剧烈的外力作用于骨头或骨头受到异常压力引起。

(6) 滑膜囊肿：滑膜囊肿是关节周围滑膜囊内的液体积聚，通常与过度使用、摩擦或创伤有关。滑膜囊肿通常导致关节肿胀和疼痛。

(7) 过度使用伤害：过度使用伤害是由长时间、重复性运动或活动而引起的损伤，它可能导致肌肉疲劳、肌腱炎、韧带拉伤等。

以上只是一些常见的运动伤害类型，实际上还有其他许多不同类型的运动伤害。准确的伤害类型和程度需要由医疗专业人员进行诊断和评估，及早地诊断和适当地治疗对于预防并减轻运动伤害的影响至关重要。

10.1.2　运动伤害的原因及其生物力学分析

运动伤害的发生可以由多种因素引起，包括以下几个主要原因。

(1) 过度使用：长时间、高强度的运动活动可能超出身体的适应能力，导致肌肉疲劳和组织损伤。过度使用是运动伤害最常见的原因之一。

(2) 不正确的姿势和技术：不正确的姿势和技术在运动过程中会增加受伤的风险。错误的姿势和技术可能导致身体部位承受异常的力量或压力，增加受伤的概率。

(3) 不恰当的装备和器材：使用不合适的装备和器材可能增加运动伤害的风险。不合适的鞋子、不合适的护具或器材的磨损等因素可能导致运动伤害。

(4) 不适当的热身和冷却：不充分的热身和冷却可以导致肌肉和组织的僵硬，增加受伤的可能性。

(5) 肌肉不平衡和力量失衡：肌肉不平衡和力量失衡会导致身体各部位的力量分布不均衡，增加某些区域受伤的风险。

生物力学分析可以帮助理解运动伤害的发生机制和影响因素。通过生物力学分析，可以定量地评估运动活动中的力量、压力、应变等参数，并分析这些参数与受伤的关系。常用的生物力学分析方法如下。

(1) 运动捕捉：运动捕捉系统可以记录和分析运动过程中身体的运动轨迹、关节角度和速度等信息。通过运动捕捉，可以定量地测量和分析运动过程中的动态运动学参数。

(2) 力平台：力平台可以测量地面反作用力，帮助评估运动过程中身体对地面的力量分布。通过力平台的数据分析，可以了解运动中各部位承受的力量，以及力量的分布是否合理。

(3) 动态压力测量：动态压力测量系统可以测量脚底、鞋垫或护具等接触表面的压力分布。通过动态压力测量，可以评估运动过程中足部或其他身体部位的压力分布情况，帮助分析受伤的风险。

(4) 数值模拟：数值模拟方法，如有限元分析或多体动力学模型，可以模拟和预测运动过程中的力学行为。通过数值模拟，可以评估运动中各部位的受力情况，并分析力学参数与受伤的关系。

生物力学分析方法可以为运动伤害的预防和治疗提供重要的信息和指导。通过分析运动中的力学参数，可以识别潜在的风险因素，优化训练和运动技术，并采取适当的预防措施以降低运动伤害的风险。

案例 1：通过生物力学分析解释足球运动中常见的膝关节伤害

足球是一项高强度的运动，常常伴随着膝关节伤害的发生。通过生物力学分析解释足球运动中常见的膝关节伤害的案例如下。

一种常见的膝关节伤害是ACL撕裂。ACL位于膝关节内部，负责控制膝关节的稳定性。在足球运动中，ACL损伤常常是由于快速转身、急停或突然改变方向时发生的非正常扭转运动引起的(图10.1)。

生物力学分析可以帮助人们理解ACL撕裂的机制和相关因素。通过运动捕捉系统和力平台等工具，可以收集足球运动员在比赛或训练中的运动数据和力学参数。通过分析这些数据，可以得到以下一些结论。

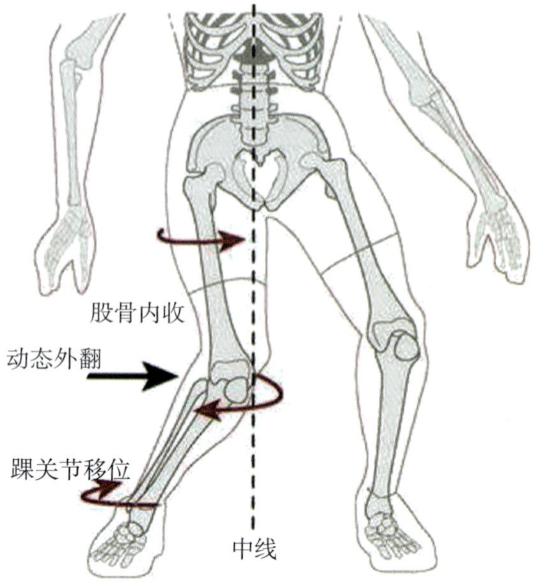

图 10-1　膝关节伤害解析图

足球运动中在急停和转身时，膝关节承受着较大的压力，这些快速的变向运动会产生非常大的力矩，对膝关节的稳定性和ACL的强度提出了挑战。

足球运动中的跳跃和着陆动作也会对膝关节施加较大的力量。着陆时的冲击力和重复的跳跃动作可能导致ACL受力过大，增加了撕裂的风险。运动员的技术和姿势也会对膝关节伤害产生影响。不正确的着地姿势、脚步过宽或过窄等因素可能导致膝关节受力不均衡，增加ACL撕裂的概率。

通过生物力学分析，可以定量地测量和评估这些力学参数，并与ACL撕裂的发生进行关联分析，这些分析结果可以帮助制订训练计划和技术指导，以减少膝关节伤害的风险。此外，通过运动员的个体化生物力学分析，可以设计个性化的康复计划，帮助恢复ACL撕裂后的功能和稳定性。

生物力学分析在解释足球运动中常见的膝关节伤害，如ACL撕裂，以及制订预防和康复策略方面发挥着重要作用。通过深入了解运动中的力学参数，可以更好地理解膝关节伤害的发生机制，并采取相应的措施来减少运动伤害的风险。

案例 2：通过生物力学分析解释篮球运动中常见的踝关节扭伤

篮球是一项快节奏和高强度的运动，踝关节扭伤是篮球运动中常见的运动伤害（图 10.2）。

在篮球运动中，踝关节扭伤通常发生在快速变向、跳跃或着地时。一些可能导致

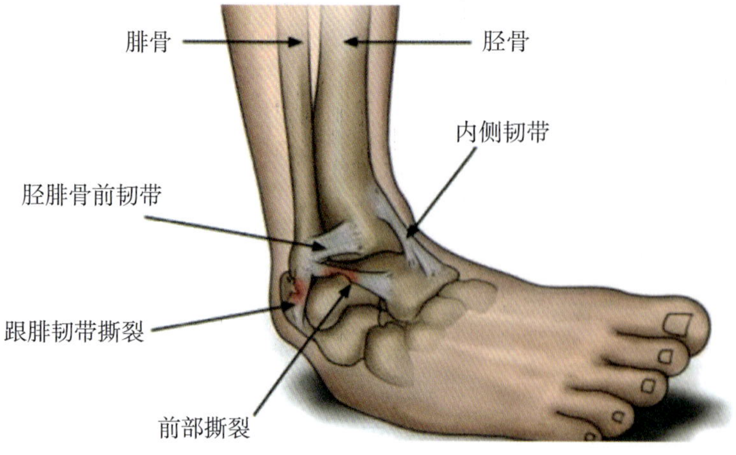

图 10.2　踝关节扭伤解析图

踝关节扭伤的生物力学因素如下。

(1) 跳跃和着地：篮球运动中频繁的跳跃和着地动作会对踝关节施加较大的力量和冲击。着地时，由于不稳定的着地姿势或着陆时的不平衡力量分布，踝关节容易承受过大的力量，导致扭伤的发生。

(2) 快速变向：篮球运动中的变向动作，特别是在高速运动中进行突然的变向时，会对踝关节施加旋转和扭曲力，这种扭曲力可能超过踝关节的稳定性范围，导致踝关节扭伤。

生物力学分析可以帮助人们理解踝关节扭伤的机制和相关因素。通过运动捕捉系统和力平台等工具，可以收集篮球运动员在比赛或训练中的运动数据和力学参数。通过分析这些数据，可以得到以下一些结论。

跳跃着陆时，踝关节受到的冲击力和力矩会增加，特别是在着陆时的旋转力和侧向力，这些力量可能导致踝关节扭伤，特别是当着陆姿势不稳定或不适当时。

快速变向时，踝关节承受的力矩和扭曲力会增加，这些力量可能超过踝关节的稳定性，导致扭伤的发生。

通过生物力学分析，可以定量地测量和评估这些力学参数，并与踝关节扭伤的发生进行关联分析，这些分析结果可以帮助制订训练计划和技术指导，以减少踝关节扭伤的风险。此外，通过个体化生物力学分析，可以为运动员设计个性化的康复计划，帮助恢复踝关节扭伤后的功能和稳定性。

生物力学分析在解释篮球运动中常见的踝关节扭伤以及制订预防和康复策略方面发挥着重要作用。通过深入了解运动中的力学参数，可以更好地理解踝关节扭伤的发生机制，并采取相应的措施来减少运动伤害的风险。

10.2 生物力学在运动伤害预防中的应用

10.2.1 运动技术和装备设计对预防运动伤害的影响

运动技术和装备设计在预防运动伤害方面发挥着重要的作用，运动技术和装备设计对预防运动伤害的影响如下。

(1) 运动技术影响：正确的运动技术和动作执行能够减少受伤的风险。例如，在篮球运动中，正确的跳跃和着陆技术可以减少踝关节扭伤的发生。通过学习正确的动作技巧，运动员可以更好地控制身体的稳定性，减少受伤的可能性。

(2) 装备设计影响：合适的运动装备设计可以提供保护和支持，减少运动伤害的风险。例如，在足球比赛中，穿戴适合的护腿板和鞋子可以减少腿部和脚部受伤的可能性。运动装备的设计应考虑到关键身体部位的保护，并提供适当的支持和减震功能。

(3) 足部技术和鞋类设计：在跑步和足球等运动中，足部技术和鞋类设计对预防运动伤害至关重要。例如，合适的鞋类设计可以提供足部的稳定性和支持，并减少足部受伤的风险。此外，一些运动鞋还配备了减震和缓冲材料，以减少对关节和骨骼的冲击。

(4) 护具和保护装备：在一些高风险的运动中，如滑雪、橄榄球和摔跤，护具和保护装备起着关键作用。头盔、护具、护膝和护肘等装备可以提供额外的保护，减少头部、关节和肌肉的损伤风险。

运动技术和装备设计的影响是综合性的，需要综合考虑个体差异、运动需求和安全要求。通过科学的运动技术教学和合适的装备选择，可以减少运动伤害的风险，提高运动表现，并促进运动员的健康和安全。此外，不断改进和创新运动技术及装备设计，可以进一步提高预防运动伤害的效果，为运动员提供更安全和舒适的运动体验。

案例 1：运动鞋设计的生物力学分析对预防跑步伤害的重要性

运动鞋设计的生物力学分析在预防跑步伤害方面具有重要性。

在跑步运动中，脚部承受着较大的冲击力和应力，如果不正确地吸收和分散这些力量，就会增加受伤的风险(图 10.3)。因此，设计合适的跑步鞋对于减少跑步伤害至关重要。

通过生物力学分析，可以评估不同跑步鞋的功能和性能，以优化设计，提供更好的保护和支持。生物力学分析在跑步鞋设计中的应用如下。

(1) 冲击吸收：生物力学分析可以评估鞋类材料和结构对冲击力的吸收能力。通过测量鞋底材料的减震性能和鞋垫的缓冲能力，可以减少对关节和骨骼的冲击，降低跑步伤害的风险。

(2) 稳定性：生物力学分析可以评估鞋类的稳定性，特别是对于足弓和脚踝的支撑。通过设计合适的鞋底结构和脚弓支撑装置，可以提供足部的稳定性，减少扭伤和失衡的风险。

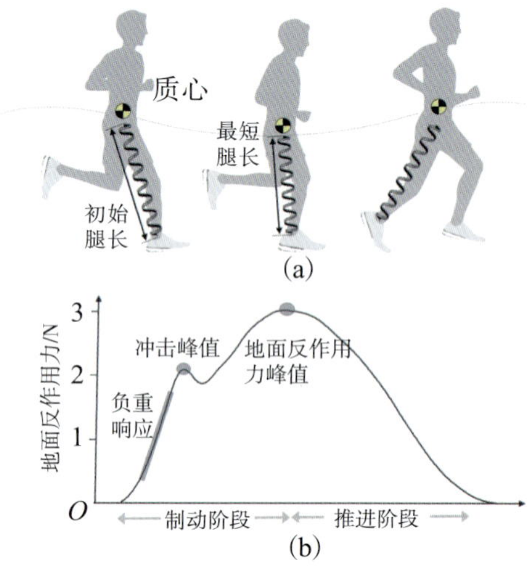

图 10.3　预防跑步伤害力学分析示意图

(3) 步态分析：生物力学分析可以通过步态分析技术评估跑步者的运动模式和足部力量分布，这些数据可以用来调整鞋子的设计，以更好地适应个体的步态和足部特征，减少异常力量和压力对足部的不良影响。

(4) 舒适性和适配性：生物力学分析可以帮助评估鞋子的舒适性和适配性。通过考虑足部的形状、弯曲和压力分布，可以设计出符合人体工程学原理的鞋子，提供更好的舒适性和适配性，减少磨损和摩擦导致的伤害。

综上所述，运动鞋设计的生物力学分析对于预防跑步伤害至关重要。通过评估冲击吸收、稳定性、步态分析以及舒适性和适配性等因素，可以优化鞋子的设计，提供更好的保护和支持，减少跑步伤害的风险，这种分析方法有助于生产出更符合运动员需求的跑步鞋，提高跑步的安全性和效果。

案例 2：生物力学优化投球技术对预防棒球运动员肩关节伤害的作用

通过生物力学优化投球技术对预防棒球运动员肩关节伤害具有重要作用。

在棒球投球运动中，肩关节承受着巨大的力量和应力，长期的投球动作可能导致肩部损伤，如肩袖撕裂和肩关节炎(图 10.4)。因此，通过生物力学优化投球技术可以减少肩关节伤害的风险。

生物力学优化投球技术主要关注以下几个方面。

(1) 投球姿势：生物力学分析可以评估不同投球姿势对肩关节负荷的影响。通过优化姿势，如身体姿势、手臂位置和腿部动作，可以减少肩关节受力的峰值和不良的力量分布，降低肩关节损伤的风险。

(2) 投球力量控制：生物力学分析可以帮助评估投球力量的控制和分配。通过调整投球技术，如使用合适的肩部和核心肌肉群，以及控制投球速度和力量释放的时机，减轻肩关节承受的压力，降低损伤的风险。

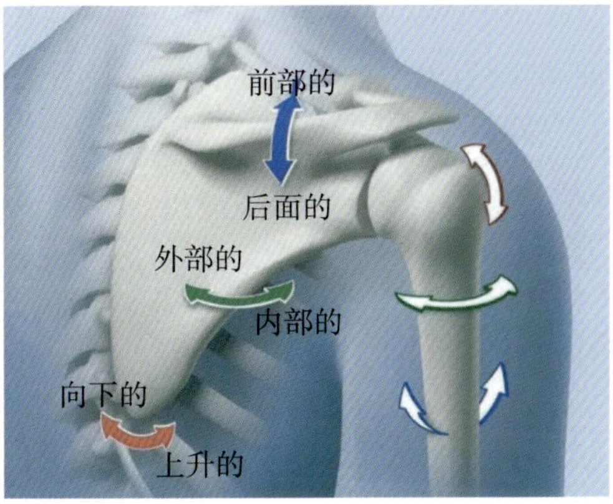

图10.4 棒球运动员肩关节伤害力学分析

(3) 肌肉平衡和稳定性：生物力学分析可以评估肩关节周围肌肉的平衡和稳定性。通过针对肩胛骨稳定性和肩袖肌肉的力量和协调性进行训练，可以提高肩关节的稳定性，减少关节不稳定和肌肉损伤的风险。

(4) 投球频率和休息：生物力学分析可以评估投球频率和休息对肩关节的影响。通过制订合理的投球计划，包括适当的休息和恢复时间，减少过度使用肩关节的风险，防止慢性肩关节损伤的发生。

综上所述，生物力学优化投球技术对于预防棒球运动员肩关节伤害至关重要。通过优化投球姿势、力量控制、肌肉平衡和稳定性，以及投球频率和休息等因素，可以降低肩关节受力和损伤的风险，这种生物力学优化的方法有助于提高投球技术的安全性和效果，预防肩关节伤害的发生。

10.2.2 训练方法和强度调整对预防运动伤害的影响

训练方法和强度调整对预防运动伤害具有重要影响。以下案例，说明了训练方法和强度调整在预防运动伤害中的应用和重要性。

假设考虑篮球运动员的膝关节损伤预防，以下是训练方法和强度调整的两个关键方面。

(1) 多样化的训练方法：通过采用多样化的训练方法，减少过度使用特定肌肉和关节的风险，从而降低损伤的发生率。例如，交替使用不同类型的训练，如有氧训练、力量训练和灵活性训练，可以减轻特定部位的压力，提高全身肌肉的平衡和稳定性。

(2) 强度调整：适当的强度调整对于预防运动伤害至关重要。过度训练和疲劳是导致许多运动伤害的常见原因。通过合理调整训练强度和休息周期，可以提供足够的恢复时间，避免肌肉疲劳和过度使用造成的伤害。此外，逐渐增加训练强度和负荷，以避免突然增加对关节和肌肉的压力，也是重要的预防措施。

综上所述，训练方法和强度调整对于预防运动伤害至关重要。通过多样化的训练方法，可以避免过度使用特定肌肉和关节，降低损伤的风险。适当的强度调整可以减少过度训练和疲劳带来的伤害。因此，运动员和教练员应密切关注训练方法和强度调整，以确保运动训练的安全性和有效性，预防运动伤害的发生。

案例 1：生物力学分析针对性肌力训练对预防运动伤害的作用

假设考虑预防跑步中常见的膝盖伤害(图 10.5)，通过生物力学分析进行针对性肌力训练如下。

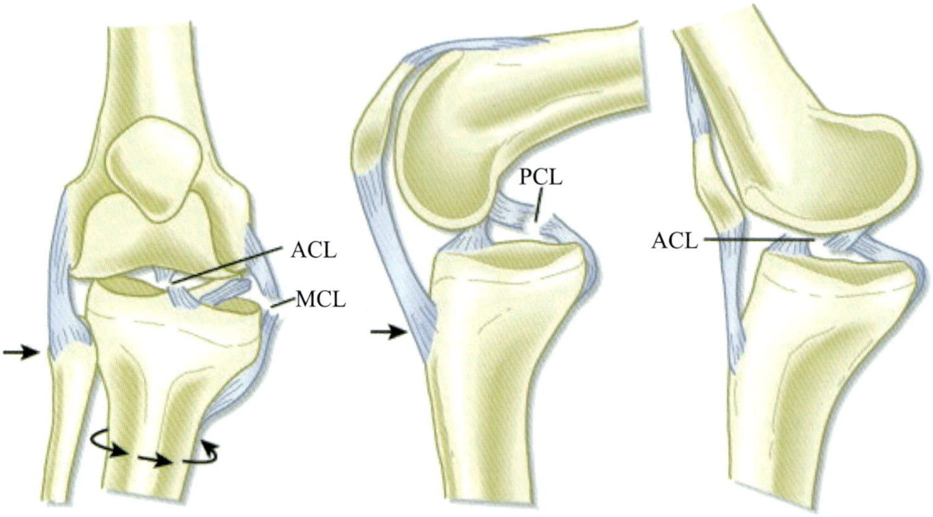

(a)迷走神经/旋转应力　(b)仪表盘式损伤　(c)过伸

图 10-5　膝关节运动时的受力示意图

ACL，前十字韧带；LCL，外侧副韧带；MCL，内侧副韧带；PCL，后十字韧带

(1)膝关节稳定性训练：生物力学分析可以帮助确定跑步时膝盖关节承受的力量和压力分布。基于分析结果，可以设计针对性的肌力训练，以增强膝关节周围的肌肉稳定性，这包括加强大腿前侧(股四头肌)和后侧(半腱肌和半膜肌)的肌肉群，以提供更好的膝关节支持和稳定性。

(2)足部和下肢平衡训练：生物力学分析可以揭示足部和下肢的不平衡问题，例如足弓过度塌陷或脚部偏离正常轨迹。基于这些分析结果，可以设计有针对性的平衡训练，包括踏步、单脚站立和侧向移动等练习，以增强足部和下肢的平衡和稳定性，减少膝盖受力和损伤的风险。

(3)跑步姿势优化训练：生物力学分析可以评估跑步时的姿势和技术问题，例如膝关节过度内旋或外旋，腿部步幅不平衡等。基于这些分析结果，可以进行有针对性的姿势优化训练，包括正确的脚着地、身体姿势调整和步幅控制等，以减少对膝盖的冲击和压力，降低损伤的风险。

通过生物力学分析进行有针对性的肌力训练可以帮助预防运动伤害，这种训练方法基于个体的运动模式和力学特征，有针对性地加强相关肌群，提高关节稳定性和平衡性，并优化跑步姿势和技术，从而减少对膝盖的损伤风险。运动员和教练员可以与专业的生物力学分析师合作，制订个性化的训练计划，以预防和减少运动伤害的发生。

案例2：生物力学原理进行运动强度调整对预防过度使用伤害的重要性

假设考虑预防过度使用伤害，运用生物力学原理进行运动强度调整的重要性如下。

(1) 了解生物力学原理：生物力学研究人体在运动中的力学特性，包括力的分布、关节运动范围、肌肉受力等，这些知识可以帮助人们理解运动中产生的压力和应力，以及对关节和组织的影响。

(2) 监测运动强度：通过使用传感器、运动追踪设备或其他技术工具，可以监测运动的强度和负荷，这些数据可以帮助人们定量评估运动对身体的影响，并检测是否存在过度使用伤害的风险。

(3) 运动强度调整：基于生物力学原理和监测数据，可以进行运动强度的调整，以降低过度使用造成的风险，这包括调整训练强度、频率、持续时间和运动类型等因素，以确保适当的负荷和休息周期，从而使身体得到充分的恢复和适应。

(4) 个性化训练计划：通过结合个体的生物力学特征、运动目标和监测数据，可以制订个性化的训练计划，这样的计划可以根据个体的身体状况和适应能力，有针对性地调整运动强度，以预防过度使用伤害的发生。

通过运用生物力学原理进行运动强度调整，能够更好地理解运动对身体的影响，并采取相应的措施来预防过度使用伤害，这种个性化的训练方法可以帮助运动员避免过度负荷和损伤，同时促进身体的适应和发展。运动员和教练员可以与专业的生物力学专家合作，制订符合个体特点的训练计划，以确保运动安全和效果。

10.3 生物力学在运动伤害康复中的应用

10.3.1 康复训练方法的生物力学分析

康复训练方法的生物力学分析是指通过对受伤或康复中的个体进行生物力学评估，从而设计和调整康复训练计划的过程。

康复训练方法的生物力学分析在肩关节损伤康复中的应用如下。

(1) 生物力学评估：首先，进行肩关节的生物力学评估，包括关节活动范围、肌力和稳定性等方面的测量，这些评估可以帮助确定受伤程度、关节功能受损程度以及康复的目标和重点。

(2) 运动分析：通过使用运动捕捉系统、力平台或其他技术设备对受伤肩关节进行运动分析，可以提供有关关节运动模式、肌肉活动模式和力的分布等信息，从而帮助确定康复训练中需要改善的方面。

(3) 动力学分析：通过运用动力学原理，分析肩关节在运动过程中受到的力和应力，有助于了解肩关节受力的模式和范围，并为康复训练计划的设计提供指导。

(4) 动作仿真和优化：基于生物力学分析的结果，可以进行动作仿真和优化，以确定最佳的康复运动模式和运动参数，这包括调整肌肉力量的平衡、改善关节稳定性和提高功能性动作的效率。

(5) 训练计划设计：根据生物力学分析的结果，制订个性化的康复训练计划。该计划应考虑到肩关节的特定需求和能力，通过有针对性的锻炼和康复技术，帮助恢复功能、增强肌肉力量和稳定性，并改善关节运动范围和控制。

通过康复训练方法的生物力学分析，能够更好地了解受伤肩关节的功能缺陷和运动异常，从而设计和调整康复训练计划，有针对性地恢复肩关节的功能和运动能力，这种个性化的康复训练方法可以帮助受伤者避免进一步损伤和并发症，促进康复进程，提高生活质量。专业的康复师和生物力学专家可以合作，利用生物力学分析的结果制订个体化的康复计划，并通过监测和调整来确保康复进展的有效性和安全性。

案例 1：生物力学在恢复期膝关节运动范围的重要性

在膝关节恢复期的康复过程中，生物力学分析对恢复运动范围的重要性不能被忽视(图 10.6)。以下案例阐述了生物力学在恢复期膝关节运动范围中的重要性。

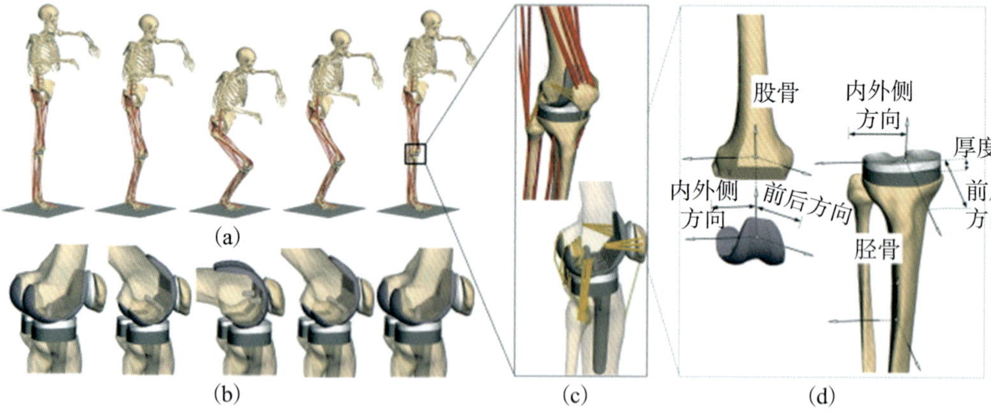

图 10.6　膝关节运动力示意图

假设患者正在进行膝关节康复，目标是恢复正常的运动范围，例如屈曲和伸直。

(1) 生物力学评估：通过生物力学评估，可以确定患者当前的膝关节屈曲和伸直的运动范围，这包括使用测量工具(如手动测量或运动捕捉系统)来定量评估关节的活动度。评估结果可作为康复计划的起点，并帮助确定目标运动范围。

(2) 运动分析：通过运动分析技术，可以详细分析患者在进行膝关节屈曲和伸直运动时的动作模式、关节角度和肌肉活动，这些数据可以提供有关患者运动模式的定量信息，帮助康复师和医疗团队了解患者在特定运动中可能存在的问题或异常。

(3) 动力学分析：通过动力学分析，可以研究膝关节屈曲和伸直过程中的力和应力分布。这有助于了解关节的负荷分布和力量平衡情况，从而为康复计划的制订提供指导。例如，动力学分析可以揭示肌肉不平衡或关节稳定性问题，这些问题可能会影响运动范围的恢复。

(4) 动作仿真和优化：基于生物力学分析的结果，可以进行动作仿真和优化，以确定最佳的康复运动模式和运动参数，这可能包括调整肌肉力量和平衡、改善关节稳定性，以及改变运动技巧和姿势，以最大限度地恢复膝关节的正常运动范围。

(5) 训练计划设计：通过生物力学分析的结果，可以设计个性化的康复训练计划，旨在有针对性地改善膝关节的运动范围，该计划可能包括特定的屈曲和伸直锻炼，以及其他相关的运动和活动，旨在增加关节的灵活性和稳定性，并帮助患者逐渐恢复正常的运动范围。

通过生物力学分析，康复师和医疗团队可以更好地了解患者的膝关节运动情况，并基于这些分析结果制订个性化的康复计划。通过有针对性的锻炼和康复技术，可以帮助患者逐渐恢复膝关节的正常运动范围，并提高关节的功能和稳定性。此外，生物力学分析还可以监测康复进展，为调整康复计划提供客观的依据，确保康复过程的有效性和安全性。

案例 2：生物力学在肌肉力量恢复训练中的应用

在肌肉力量恢复训练中，生物力学分析发挥着重要的作用(图10.7)。以下案例阐述了生物力学在肌肉力量恢复训练中的应用。

图10.7 肌肉力示意图

假设一个运动员正在康复过程中，目标是恢复肌肉力量，特别是受伤部位的力量。

(1) 力量评估：通过生物力学评估，可以确定受伤肌群的当前力量水平，通过手动测力或力量测试设备进行量化评估。力量评估结果为制订康复计划提供了基准，并帮助确定个体的力量恢复目标。

(2) 运动分析：通过运动分析技术，可以分析受伤肌群的运动模式、肌肉活动模式和力量输出模式，这些数据可以帮助康复师了解运动员在特定运动中可能存在的问题，如不均衡的肌肉激活、动作不协调等，从而指导康复计划的制订。

(3) 动力学分析：通过动力学分析，可以了解受伤肌群在运动过程中的力量产生和吸收情况，这有助于确定肌肉力量不足或不平衡导致的力学缺陷，并帮助设计有针对性的康复训练计划。

(4) 动作仿真和优化：基于生物力学分析的结果，可以进行动作仿真和优化，以改善肌肉力量恢复过程中的动作模式和力量输出。通过调整姿势、动作技巧和肌肉激活模式，可以最大限度地促进肌肉力量的恢复和改善。

(5) 训练计划设计：通过生物力学分析的结果，可以设计个性化的康复训练计划，旨在有针对性地恢复受伤肌群的力量，这可能包括特定的力量训练、肌肉平衡训练、功能性训练等，旨在增加肌肉的力量和稳定性，并帮助运动员逐渐恢复到正常的力量水平。

通过生物力学分析，康复师可以更好地了解受伤肌群的力量情况，并根据这些分析结果制订个性化的康复计划。通过有针对性的力量训练和康复技术，可以帮助运动员逐渐恢复受伤肌群的力量，并提高运动表现和预防二次伤害的发生。此外，生物力学分析还可以监测康复进展，为调整康复计划提供客观依据，确保康复过程的有效性和安全性。

10.3.2 康复器械设计的生物力学分析

康复器械设计的生物力学分析在康复训练中扮演重要角色。以下案例说明了生物力学分析在康复器械设计中的应用。

假设设计一个康复器械用于膝关节康复训练，帮助患者恢复膝关节功能和肌肉力量。

(1) 动作分析：通过生物力学分析，可以对膝关节康复动作进行分析，包括屈曲、伸展和旋转等运动，这些分析可以帮助了解康复过程中膝关节的运动范围、力量需求和稳定性要求。

(2) 力学分析：通过生物力学分析，可以研究患者在康复训练中所受到的力量作用和力学应变，这有助于确定康复器械设计中所需的力量和负载范围，以及应力和应变的安全范围。

(3) 动力学分析：通过动力学分析，可以了解患者在使用康复器械时所产生的力量和运动模式，这有助于优化康复器械的设计，以确保其能够提供适当的支持和阻力，帮助患者恢复肌肉力量和运动功能。

(4) 人机工效学分析：通过人机工效学分析，可以评估康复器械的使用便捷性、人体工程学设计和使用者体验，这有助于确保康复器械与患者的身体尺寸和运动特点相匹配，提供舒适的使用体验，并最大限度地减少潜在的不适或损伤风险。

基于生物力学分析的结果，康复器械设计者可以确定康复器械的结构、功能和使用范围，以满足康复训练的需求。优化的康复器械设计可以提供适当的支持和阻力，帮助患者进行安全和有效的康复训练，促进康复进展。此外，生物力学分析还可以监测康复过程中患者的力量和运动表现，并提供客观数据支持，用于调整康复计划和康复器械的使用方式，以更好地满足患者的康复需求。

案例 1：运用生物力学原理设计的踝关节扭伤康复器具的案例分析

在设计踝关节扭伤康复器具时，可以运用生物力学原理进行设计和优化，以提供适当的支持和恢复力量，促进患者的康复过程。以下案例分析说明了生物力学原理在踝关节扭伤康复器具设计中的应用。

(1) 动作分析：通过生物力学分析，可以研究踝关节在正常行走和运动中的运动范围、力量需求和稳定性要求，这有助于了解踝关节扭伤时所受到的力量和运动限制，以确定康复器具所需的功能和支持。

(2) 力学分析：通过生物力学分析，可以研究扭伤后踝关节所受到的力量作用和力学应变(图 10.8)，这有助于确定康复器具所需的力量范围，以提供适当的支持和稳定性，同时保证扭伤部位的安全。

(3) 动力学分析：通过动力学分析，可以了解患者在使用康复器具时所产生的力量和运动模式，这有助于优化康复器具的设计，确保其能够提供适当的支持和恢复力量，同时促进正常的踝关节运动模式。

(4) 人机工效学分析：通过人机工效学分析，可以评估康复器具的舒适性、便捷性和使用者体验，这有助于确保康复器具与患者的踝关节尺寸和运动特点相匹配，提供

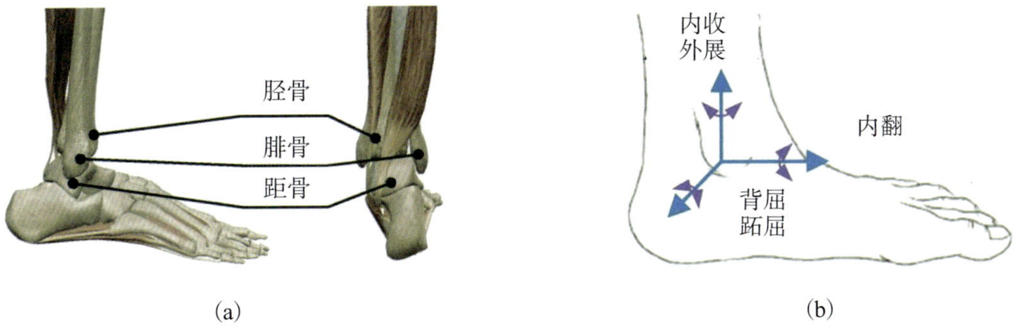

图10.8　踝关节扭伤力分析

舒适的使用体验，并最大程度地减少潜在的不适或损伤风险。

基于生物力学原理的分析结果，设计师可以确定康复器具的结构、材料和功能，以满足踝关节扭伤康复的需求。例如，设计可调节的压力带，以提供适当的支持和压缩力，促进踝关节的稳定性和康复。另外，考虑到舒适性和便捷性，设计器具时可采用轻量化和透气性材料，以便患者可以长时间佩戴。

通过运用生物力学原理进行设计和优化，踝关节扭伤康复器具可以提供恰当的支持和恢复力量，帮助患者进行安全和有效的康复训练，促进踝关节的功能恢复和稳定性增强。同时，生物力学分析还可以监测康复过程中患者的力量和运动表现，并提供客观数据支持，用于调整康复计划和康复器具的使用方式，以更好地满足患者的康复需求。

案例2：生物力学在康复器械如助行器、拐杖设计中的应用

生物力学在康复器械设计中发挥着重要的作用，包括助行器、拐杖等辅助设备(图10.9)。以下案例分析说明了生物力学在助行器和拐杖设计中的应用。

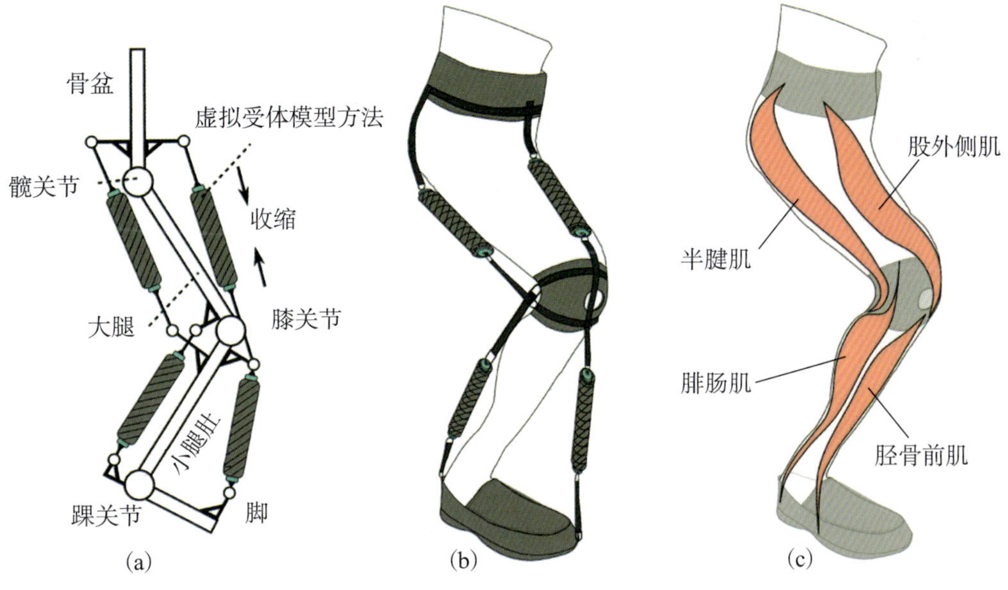

图10.9　助行器和拐杖力学设计图

(1) 动作分析：通过生物力学分析，可以研究患者在行走和站立时的运动模式和姿势，这有助于确定助行器和拐杖的设计参数，如高度、角度和支撑点的位置，以确保设备能够提供适当的支持和稳定性。

(2) 力学分析：通过生物力学分析，可以研究患者在使用助行器和拐杖时所受到的力量和应力分布，这有助于确定设备的结构和材料选择，以提供足够的强度和稳定性，并减少患者身体的压力和应力。

(3) 动力学分析：通过动力学分析，可以了解患者在使用助行器和拐杖时产生的力量和运动模式，这有助于优化助行器和拐杖的设计，确保设备与患者的步态和运动模式相匹配，减轻身体负荷，并提供舒适和自然的行走体验。

(4) 人机工效学分析：通过人机工效学分析，可以评估助行器和拐杖的舒适性、便捷性和使用者体验，这有助于优化设备的设计，确保它与患者的身体尺寸和运动特点相适应，并提供方便的操作和使用。

基于生物力学原理的分析结果，设计师可以确定助行器和拐杖的结构、材料和功能。例如，设计可以调节高度和支撑点位置的助行器，以适应不同身高和步态的患者，同时提供稳定的支持。对于拐杖，设计时可以考虑手柄形状和相应材料，以提供舒适的握持方式和减少手部疲劳。

通过运用生物力学原理进行设计和优化，助行器和拐杖可以提供适当的支持和稳定性，帮助患者进行安全和有效的行走。同时，生物力学分析还可以监测患者的步态和运动表现，并提供客观数据支持，用于调整康复计划和助行器、拐杖的使用方式，以更好地满足患者的康复需求。

10.4 未来展望：新技术在运动伤害预防与康复中的应用

10.4.1 可穿戴技术在运动伤害预防与康复中的应用

(1) 运动监测：可穿戴传感器和设备可以监测运动员的运动模式、姿势和力量。通过收集运动数据，可以分析运动员的动作质量，识别潜在的不良运动习惯或不合理的运动力学，从而帮助预防运动伤害。

(2) 姿势校正：可穿戴技术可以通过实时反馈和提醒，纠正运动员的姿势和动作。例如，运动员在训练过程中佩戴传感器，当姿势偏离理想状态时，设备可以发出警示或振动，以促使运动员纠正动作并保持正确的姿势，减少受伤风险。

(3) 力量训练和康复：可穿戴设备可以监测运动员的力量和肌肉活动，这些设备可以提供实时的肌肉活动反馈，帮助运动员在训练和康复过程中控制和调整肌肉活动水平，以避免过度用力或肌肉不平衡引起的伤害。

(4) 运动负荷管理：可穿戴技术可以监测运动员的运动负荷和身体状况，包括心率、步数、距离等。通过收集和分析这些数据，可以评估运动员的身体状况和恢复情况，并根据个体化的需求调整训练负荷，以防止过度训练和运动损伤的发生。

(5) 实时反馈和指导：可穿戴技术可以提供实时反馈和指导，帮助运动员调整动作和姿势。通过可视化界面或声音提示，运动员可以立即了解他们的运动表现，并进行及时调整，以减少运动伤害的风险。

可穿戴技术的应用可以帮助运动员更好地了解自己的运动状态和行为习惯，预防运动伤害，并提高康复效果，这些技术的发展也促进了个性化训练和康复方案的设计，以满足每个运动员的特定需求和目标。然而，可穿戴技术应用的有效性仍需要进一步研究和验证，以确保其在预防和康复中的实际效果。

案例 1：运用可穿戴设备进行运动数据分析与伤害预防

使用可穿戴设备进行跑步数据分析和伤害预防的案例如下。

假设一位跑者经常遭受跑步相关的膝关节伤害，医疗团队决定使用可穿戴设备来收集和分析跑步数据，以预防伤害。

该跑者佩戴了一款智能运动手环，手环内置有加速度计和陀螺仪等传感器，可以记录跑步时的运动姿势、步频、步幅、落地方式等数据。

通过对跑者的跑步数据进行分析，医疗团队发现跑者在跑步过程中经常出现足底过度内翻、步幅不稳定和落地过度冲击的问题，这些不良的运动模式可能导致膝关节的过度应力和损伤。

基于这些分析结果，医疗团队采取以下措施预防跑步伤害。

(1) 技术指导：通过可穿戴设备提供实时反馈，跑者可以了解自己的运动模式，包括足底姿态和落地方式。医疗团队与跑者一起进行技术指导，帮助其调整步幅和落地方式，以减少膝关节的应力。

(2) 强度调整：根据跑步数据和伤害预防目标，医疗团队制订个性化的跑步计划并根据跑步者的情况调整跑步强度、距离和频率，以避免过度训练和减少膝关节的负荷。

(3) 动态热身和康复训练：医疗团队设计了一套动态热身和康复训练计划，以增强跑者的肌肉控制和平衡能力，这些训练包括特定的力量训练和稳定性练习，旨在减少膝关节的不稳定性和应力。

通过使用可穿戴设备进行跑步数据分析和伤害预防措施，跑者能够更好地了解自己的运动模式和风险，同时获得个性化的训练指导，这有助于减少膝关节伤害的发生，提高跑步的效果和安全性。

案例 2：可穿戴设备在康复训练中的应用

使用可穿戴设备进行康复训练监测和指导案例如下。

假设一位运动员在手术后需要进行康复训练恢复运动功能，医疗团队决定采用可穿戴设备来监测康复训练的进展并提供实时反馈。

该运动员佩戴了一款智能运动手环，手环可以监测运动员的运动范围、姿势、力量和平衡等数据。

通过对康复训练过程中的数据分析，医疗团队可以了解运动员的运动范围是否恢复正常，力量是否增加，平衡是否稳定等。

基于这些分析结果，医疗团队可以进行以下操作。

(1) 监测康复进展：通过可穿戴设备收集的数据，医疗团队可以监测运动员康复训练的进展情况，观察运动员的运动范围是否逐渐增加，力量是否恢复正常，并根据这些数据调整康复计划。

(2) 实时反馈和指导：可穿戴设备可以提供实时反馈，如震动或声音提示，帮助运动员正确执行康复训练动作。医疗团队可以根据数据分析结果，为运动员提供个性化的指导，帮助他们改善姿势、调整力量施加的角度和平衡控制等。

(3) 数据记录和报告：可穿戴设备可以记录康复训练过程中的数据，并生成详细的报告。医疗团队可以根据这些报告，定期评估运动员的康复进展，以及调整康复计划。

通过使用可穿戴设备进行康复训练监测和指导(图 10.10)，医疗团队能够更加精确地了解运动员的康复进展情况，并为其提供个性化的指导和支持，这有助于提高康复训练的效果，加速运动员的康复过程。

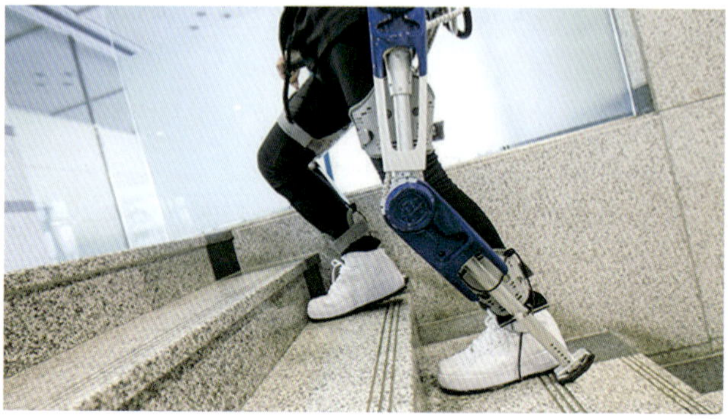

图 10-10　可穿戴设备应用于康复训练监测和指导

10.4.2　虚拟现实技术在运动伤害康复中的应用

虚拟现实(virtual reality, VR)技术在运动伤害康复中的应用已经得到广泛关注和应用(图 10.11)。

虚拟现实技术的运动伤害康复如图 10.11 所示。虚拟现实技利用计算机生成的仿真环境，通过头戴式显示器、手柄、传感器等设备，使用户能够沉浸在虚拟的三维环境中。在运动伤害康复中，虚拟现实技术可以发挥以下作用。

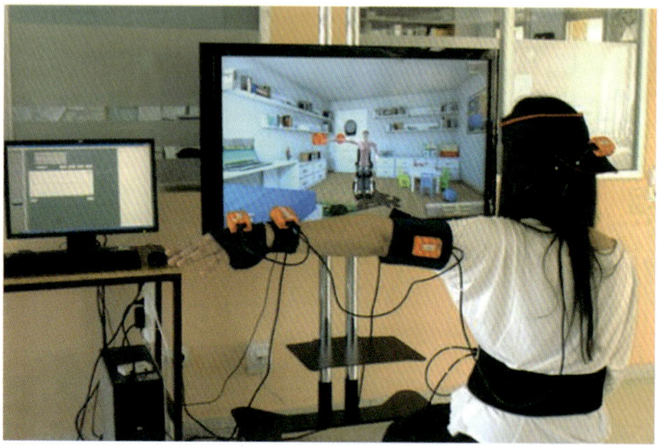

图 10.11　虚拟现实技术的运动伤害康复

(1) 疼痛管理：通过虚拟现实环境的刺激和分散注意力的效果，可以减轻患者在康复过程中的疼痛感受。例如，在康复训练中，患者可以穿戴虚拟现实头戴设备，体验冥想、放松或愉悦的场景，以减轻疼痛感。

(2) 功能恢复训练：虚拟现实技术可以提供模拟真实场景的训练环境，帮助患者恢复受伤部位的功能。通过在虚拟环境中模拟日常生活活动或特定运动动作，患者可以进行交互式的康复训练，改善肌力、平衡和协调性等功能。

(3) 运动再教育：对于运动伤害导致的肌肉记忆丧失或运动模式受损的患者，虚拟现实技术可以用于运动再教育。通过模拟正确的运动模式和动作技巧，患者可以在虚拟环境中重新学习和调整运动技能，提高运动表现和功能恢复。

(4) 心理康复：运动伤害不仅对身体产生影响，而且对患者的心理状态造成负面影响。虚拟现实技术可以提供各种心理康复方案，如放松训练、心理疏导和应激管理等，帮助患者应对康复过程中的焦虑、抑郁和压力等心理问题。

虚拟现实技术在运动伤害康复中的应用可以提供更加个性化、丰富和动态的康复体验，提高患者的参与度和积极性。通过与传统的康复训练方法相结合，虚拟现实技术有助于改善康复效果，提升患者的功能恢复和生活质量。

第 11 章　人体力学

11.1　人体力学的基本概念

11.1.1　人体力学的定义与重要性

人体力学是研究人体运动和力学行为的科学领域，它涉及人体结构、肌肉、骨骼和关节等组成部分在运动和力学作用下的行为和响应。人体力学的重要性体现在以下几个方面。

(1) 运动优化：人体力学可以帮助人们了解人体在不同运动中的力学特征，包括力的产生、传递和消耗。通过研究人体力学，可以优化运动技术和动作，提高运动效率和表现。

(2) 运动损伤预防：人体力学可以帮助人们识别运动中可能导致伤害的因素，如过度应力、不良姿势和运动错误。通过了解力的分布和承受情况，可以制订合理的预防措施，减少运动损伤的发生。

(3) 康复治疗：人体力学在康复治疗中起着重要作用。通过分析力的分布和肌肉骨骼系统的行为，可以设计合适的康复方案和训练方法，促进损伤部位的功能恢复。

(4) 运动装备设计：人体力学的研究可以为运动装备的设计提供指导。通过了解人体在运动中的力学需求，可以设计出更符合人体结构和运动要求的装备，提高运动的舒适性和效果。

(5) 人机交互设计：人体力学对于人机交互设计也具有重要意义。了解人体力学特征可以帮助设计更符合人体工程学原理的交互界面和工具，提高使用者的舒适性和效率。综上所述，人体力学对于优化运动技术、预防运动损伤、康复治疗、运动装备设

计和人机交互设计等方面都具有重要的意义。通过深入研究人体力学，可以更好地理解和应用人体在运动和力学作用下的行为，从而提高运动表现、保护身体健康和提升人机交互体验。

案例 1：人体力学在跑步研究中的应用

人体力学在跑步研究中发挥着重要作用。通过分析运动员在跑步过程中的力学特征，可以揭示跑步的效率和安全性，并为跑步技术的优化提供指导(图 11.1)。

(1) 步态分析：人体力学可以帮助研究者分析跑步者的步态，包括步幅、步频、着地方式等。通过测量地面反作用力、关节角度和肌肉活动等参数，可以评估跑步者的

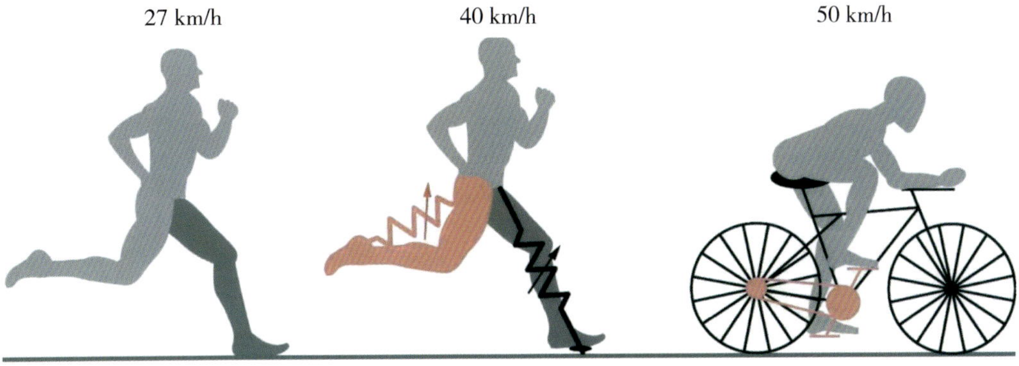

图11.1 运动人体的速度分析

运动模式，发现不良的运动模式并提供改进建议。

(2) 足部力学：人体力学可以研究足部在跑步中的力学特性，如足弓变化、足部关节运动和足底压力分布。通过测量足底压力分布和足部运动轨迹，可以评估足部的稳定性和足弓的支撑情况，从而指导跑步鞋的设计和个性化定制。

(3) 关节负荷：人体力学可以估计跑步时关节的负荷情况，如膝关节和髋关节。通过测量关节力矩和关节角度，可以评估关节的稳定性和负荷分布，帮助设计合适的训练方案，减少关节损伤的风险。

(4) 动作优化：人体力学可以分析跑步中的动作细节，如臂部摆动、身体姿态和头部稳定性。通过优化这些细节，可以提高跑步的效率和能量利用，减少不必要的能量消耗。

综上所述，人体力学在跑步研究中的应用可以帮助分析跑步者的步态、足部力学、关节负荷和动作优化等方面，为跑步技术的改进和训练方案的制订提供科学依据。通过深入研究人体力学，可以提高跑步表现、预防运动损伤，并推动跑步装备的创新和发展。

案例 2：人体力学在健康评估中的应用

人体力学在健康评估中发挥着重要作用，可以帮助评估个体的运动能力、姿势和平衡，以及预测潜在的运动相关风险。

(1) 运动能力评估：人体力学可以用来评估个体的运动能力，包括力量、灵活性、耐力和协调性等方面。通过测量关节角度、肌肉活动和力量输出等参数，可以评估个体的运动表现，帮助制订个性化的训练计划。

(2) 姿势评估：人体力学可以帮助评估个体的姿势，如站立姿势、行走姿势和坐姿。通过测量关节角度、身体对称性和平衡能力等参数，可以检测姿势偏差和不良的姿势习惯，并提供改善建议和姿势调整的指导。

(3) 平衡评估：人体力学可以用于评估个体的平衡能力，如站立平衡和动态平衡。通过测量重心变化、身体摆动和脚底反应等参数，可以评估个体的平衡控制能力，检测平衡障碍，并设计相应的康复训练方案。

(4) 运动风险预测：人体力学可以帮助预测个体在特定运动活动中的风险水平。

通过分析关节力矩、肌肉活动和身体稳定性等参数，可以识别潜在的运动相关风险，如运动损伤和姿势异常，并采取相应的预防措施。

综上所述，人体力学在健康评估中的应用可以帮助评估个体的运动能力、姿势和平衡，预测运动相关风险，并为制订个性化的训练和康复计划提供依据。通过深入研究人体力学，可以提高个体的运动表现和姿势控制，预防运动损伤，并促进健康的运动生活方式。

11.1.2 力在人体运动中的作用

力在人体运动中扮演着至关重要的角色，它对于产生和控制运动起着关键的作用。以下是力在人体运动中的几个重要作用。

(1) 产生运动：力是使身体从静止状态转变为运动状态的推动力。通过肌肉的收缩产生的力，可以推动骨骼系统实现各种动作，如走路、跑步、举重等。

(2) 维持姿势和平衡：力可以维持身体的姿势和平衡。肌肉和骨骼之间的力能够对抗重力，保持身体的直立姿势，并通过调整肌肉的收缩力量来保持平衡。

(3) 控制运动：力对于控制运动的速度、幅度和方向至关重要。不同的肌肉群通过协调的力产生和调节，能够使身体实现精确的动作控制，如精准的手指运动和灵活的身体转动。

(4) 吸收冲击和减轻压力：在一些运动中，如跑步和跳跃，身体会受到冲击力和压力。适当的力的应用可以帮助吸收和分散这些力量，减轻对关节和组织的压力，从而降低运动损伤的风险。

(5) 调节能量转换：力对于能量转换和利用也起着重要作用。通过肌肉的收缩和伸展，能够将化学能转化为机械能，使身体能够进行运动。

力在人体运动中是不可或缺的，它不仅产生和推动运动，还在维持姿势、平衡和控制运动方面发挥作用。通过合理应用和调节力的大小和方向，能够实现有效的运动控制，降低运动损伤的风险，并提高运动表现的质量和效果。

案例 1：力在走路和跑步中的作用

在走路和跑步中，力起着关键的作用(图 11.2)，帮助身体实现有效的运动和步态。

(1) 推动力：在走路和跑步过程中，肌肉的收缩产生的推动力是推动身体向前运动的关键。当脚掌着地时，腿部肌肉通过收缩产生向后的推力，推动身体向前移动。

(2) 重力应对：走路和跑步时，身体受到重力的作用，需要通过力来对抗和应对重力。身体的骨骼和肌肉系统通过力的作用，保持身体的直立姿势，并支撑身体质量。

(3) 平衡和稳定：走路和跑步需要良好的平衡和稳定性。通过适当的力的应用，身体可以保持平衡并抵抗外界干扰，使步态更稳定和协调。

(4) 减轻冲击：在跑步中，每一步着地都会产生冲击力。适当的力的调节可以帮助吸收和减轻冲击力，降低对关节和组织的压力，减少运动损伤的风险。

(5) 能量转换：走路和跑步过程中，通过肌肉的收缩和伸展，能够将身体的化学能转化为机械能，实现能量的转换和利用，为持续的运动提供动力。

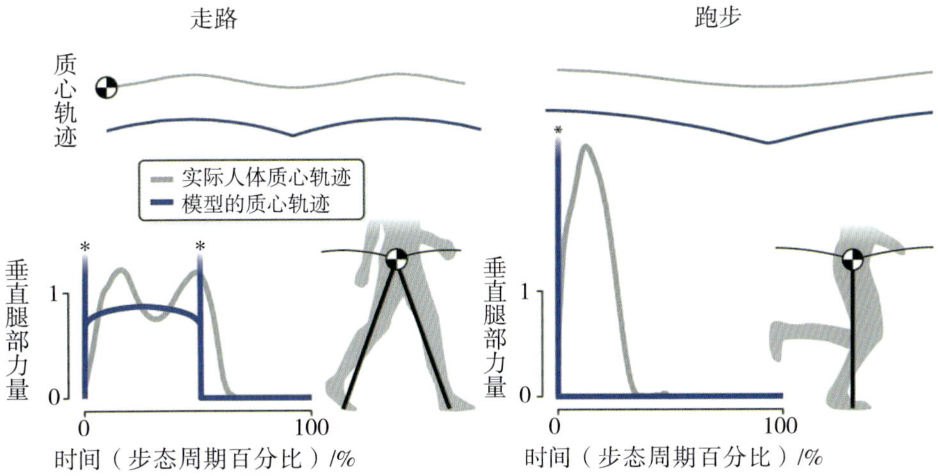

图 11.2　力在走路和跑步作用示意图

力在走路和跑步中扮演着关键的角色，它推动身体向前运动，应对重力，维持平衡和稳定，减轻冲击，以及实现能量的转换和利用。适当的力的应用和调节可以提高步态的效率和稳定性，同时降低运动损伤的风险。

案例 2：力在上下楼梯中的作用

在上下楼梯时，力起着关键的作用，帮助身体克服重力并保持平衡(图 11.3)。

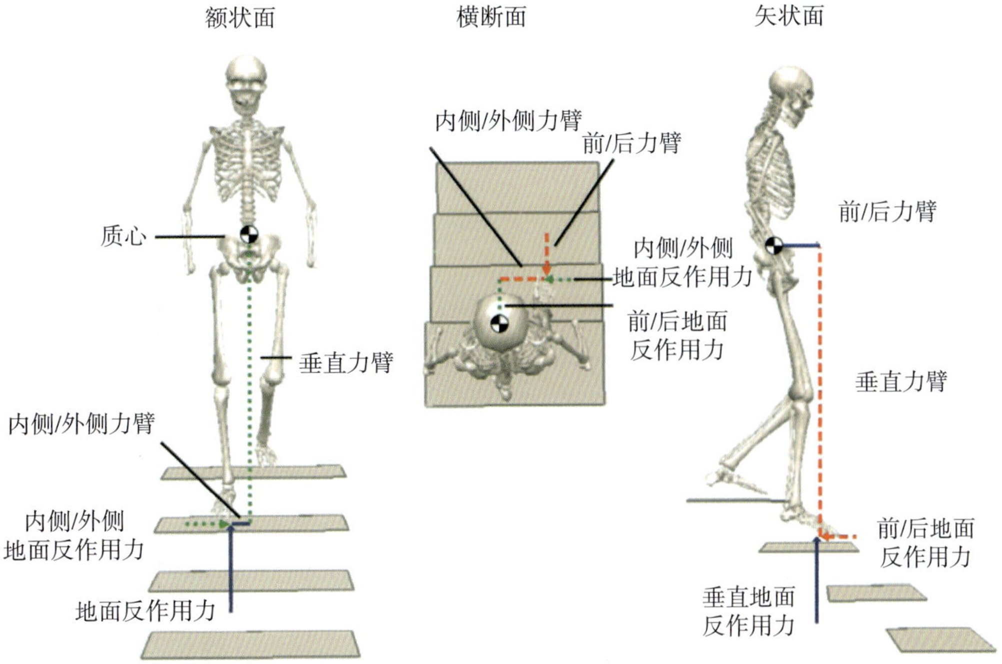

图 11.3　力在上下楼梯中的作用示意图

(1) 上楼梯时的力应对：上楼梯需要身体克服重力向上移动。当脚踩在楼梯上时，腿部肌肉通过收缩产生的推动力，帮助身体向上抬升。此外，上楼梯时，还需要通过力来保持平衡和稳定，防止摔倒。

(2)下楼梯时的力应对：下楼梯时，同样需要对抗重力，但是力的应用方式略有不同。下楼梯时，腿部肌肉需要通过控制膝关节的屈曲和踝关节的伸展来减缓身体下降速度，从而保持平稳的步态。此外，下楼梯时，身体需要通过力来保持平衡和稳定，以避免失去控制。

(3)减轻冲击：楼梯的台阶会产生冲击力，尤其是下楼梯时，脚部着地时冲击力更大。通过适当的力的调节，身体可以吸收和减轻这些冲击力，减少对关节和组织的压力，降低运动损伤的风险。

(4)平衡和稳定：上下楼梯时，平衡和稳定性是至关重要的。通过适当的力的应用，身体可以保持平衡并抵抗外界干扰，确保每一步的稳定和安全。

力在上下楼梯中扮演着关键的角色，它可以帮助身体克服重力，推动身体向上或向下移动。适当的力的应用和调节可以帮助身体保持平衡和稳定，减轻冲击力，并降低运动损伤的风险。

11.2 人体的力学性质

11.2.1 人体的力学模型

人体的力学模型是对人体运动和力学行为进行建模和描述的理论框架，以下是几种常用的人体力学模型。

(1)刚体模型：在刚体模型中，人体被简化为刚性物体，忽略了其内部结构和柔软性。刚体模型适用于描述整体运动，例如人体的重心移动和关节角度变化。

(2)节段模型：节段模型将人体划分为多个刚体节段，例如头部、躯干、上肢和下肢等。每个节段具有特定的质量、长度和惯性矩，通过关节连接起来。节段模型适用于描述复杂的人体运动，如步态分析和运动技术评估。

(3)柔软体模型：柔软体模型考虑了人体的柔软性和非线性特性，例如肌肉、韧带和软组织等，它使用有限元分析或质点法等方法来模拟人体的变形和应力分布。柔软体模型对于研究人体组织的力学行为和应力传递具有重要意义。

(4)神经肌肉模型：神经肌肉模型结合了神经控制和肌肉力学，以描述人体运动的产生和调节，它考虑了神经信号的传递、肌肉收缩和力的生成。神经肌肉模型对于研究肌肉力量、协调性和运动控制机制非常重要。

这些力学模型可以结合试验数据、生物力学分析和计算模拟来揭示人体力学行为和力学特性。它们为研究人体运动、运动损伤和康复提供了有力的工具和方法。

案例 1：田径运动员在进行跳高动作时的关节力学行为

(1)方法：研究者使用节段模型和有限元分析方法来构建跳高运动员的力学模型，包括躯干、上肢、下肢和关节连接。运动员在实际跳高训练中被拍摄并记录运动过程。

(2)结果：通过对运动员动作的分析和模型计算，研究者得出以下结论：

① 在跳高动作中，关节角度的变化对跳高高度的影响非常重要。

② 在起跳阶段，腿部肌肉的收缩和臀部的推动产生了弹跳力。

③ 在空中飞行阶段，躯干的稳定性和身体姿势的控制对着陆时的稳定性至关重要。

(3) 结论：通过运用人体力学模型分析跳高动作，研究者深入了解了运动员的动作机制，有助于优化训练方法和技术指导，提高运动员的跳高成绩和减少运动伤害的风险。

这个案例说明了人体力学模型在运动员动作分析中的重要性。通过建立合适的模型并结合实际运动数据，可以更好地理解和改进运动员的技术和训练方法，提高运动表现和降低运动伤害的风险。

案例 2：人体力学模型在预测和防止跌倒中的应用

人体力学模型在预测和防止跌倒中的应用非常关键。通过建立适当的力学模型，可以研究和分析跌倒的原因、影响因素以及预测跌倒的可能性，从而采取相应的预防措施(图 11.4)。以下是一个案例。

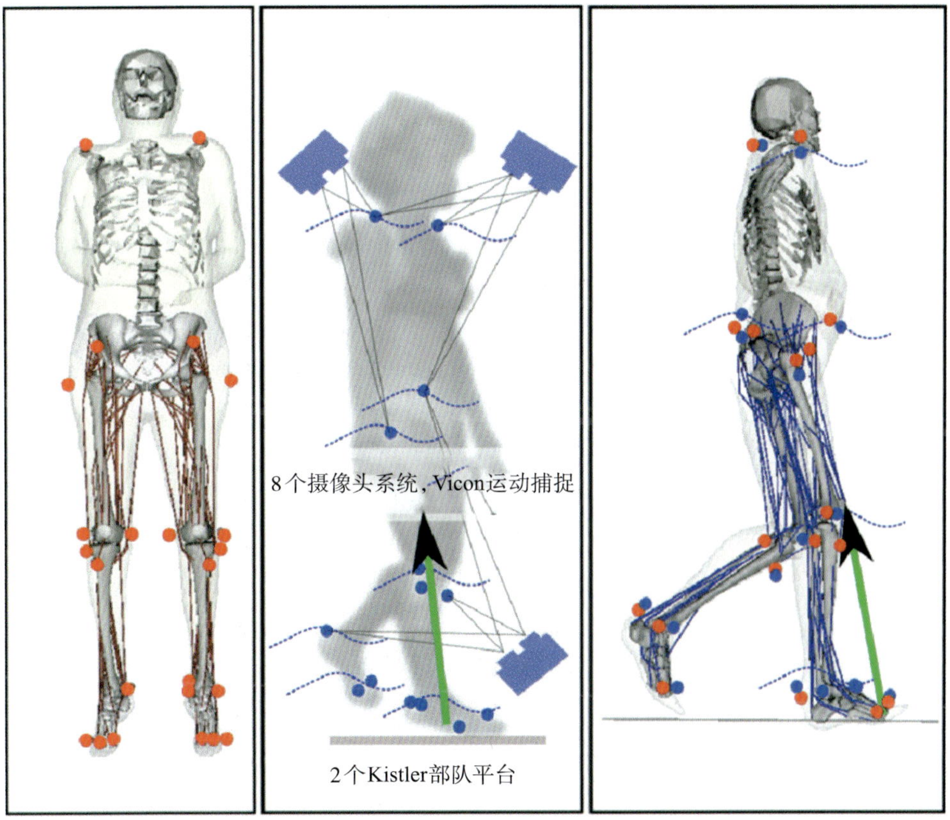

(a) 捐赠者模型　(b) 动作捕捉(身体匹配志愿者)　(c) 行走模拟

图 11.4　预测和防止跌倒力学模型示意图

(1) 研究目标：预测老年人在行走过程中发生跌倒的可能性，并提出相应的预防措施。

(2) 方法：研究者使用人体力学模型来分析老年人行走过程中的关节角度、肌力、平衡控制等参数。模型基于老年人的生理特征和运动数据构建。

(3)结果：通过模型计算和分析，研究者发现以下关键点。

①关节角度的变化、肌力的衰减以及平衡能力的下降是导致老年人跌倒的主要因素。

② 重心的稳定性和步态的规律性对预防跌倒具有重要影响。

③ 在预测跌倒风险方面，关节角度的变化速度、重心偏移程度等参数是重要的指标。

④ 结论：通过运用人体力学模型分析老年人行走过程中的力学行为，研究者能够预测跌倒的可能性并制订相应的预防措施，包括平衡训练、肌力锻炼、使用辅助器具等，以提高老年人的平衡能力和减少跌倒风险。

这个案例表明，人体力学模型在预测和防止跌倒中的应用具有重要意义。通过分析关节角度、肌力、平衡控制等参数，可以提前识别跌倒风险，并有针对性地制订预防策略，从而提高老年人的安全性和生活质量。

11.2.2　人体的应力–应变行为

人体的应力–应变行为是指在受力作用下，人体组织和结构发生的应力和应变变化，这种行为可以用来描述人体组织的力学特性和响应。以下是一些常见的应力–应变行为的案例。

(1)肌肉的应力–应变行为：当肌肉受到外部力作用时，会产生应力并发生应变。肌肉组织具有一定的弹性特性，即在较小的应力下会发生可逆的应变，而在较大的应力下可能会发生不可逆的应变，导致肌肉拉伤或肌肉纤维破裂等伤害。

(2)骨骼的应力–应变行为：骨骼是人体中最坚硬的组织之一，其应力–应变行为表现出明显的弹性和塑性特性。在小范围的应力下，骨骼具有弹性变形，可以恢复原状；而在较大的应力下，骨骼会发生塑性变形，可能导致骨折或骨裂等伤害。

(3)组织和器官的应力–应变行为：除了肌肉和骨骼外，人体的其他组织和器官也具有应力–应变行为。例如，血管壁在血液流动中承受压力，会产生相应的应力和应变；皮肤在受到外力作用时，会发生弹性变形或塑性变形等。

通过对人体组织和结构的应力–应变行为的研究和分析，可以了解人体在不同力学环境下的响应和变化，从而指导运动训练、康复治疗、器械设计等方面的决策和优化。

案例 1：应力 – 应变行为在描述关节过度使用的影响中的应用

关节过度使用是指长时间或过度重复地使用关节，导致关节组织受到持续性应力的影响。应力–应变行为可以帮助描述关节过度使用对关节组织的影响，特别是软骨和关节囊等结构(图 11.5)。以下是关节过度使用中应力–应变行为的应用案例。

(1)软骨的应力–应变行为：关节过度使用会使关节表面的软骨受到过度应力的作用。长期或重复的应力加载可能导致软骨的力学特性发生变化，如弹性模量的降低、应力集中和损伤的形成。通过应力–应变行为的分析，可以评估关节软骨在不同应力条件下的响应，为预防关节过度使用引起的软骨损伤提供依据。

(2)关节囊的应力–应变行为：关节囊是包围关节的结构，它承受关节运动时的应力。关节过度使用可能导致关节囊承受过大的应力，从而引起关节囊的应力集中和

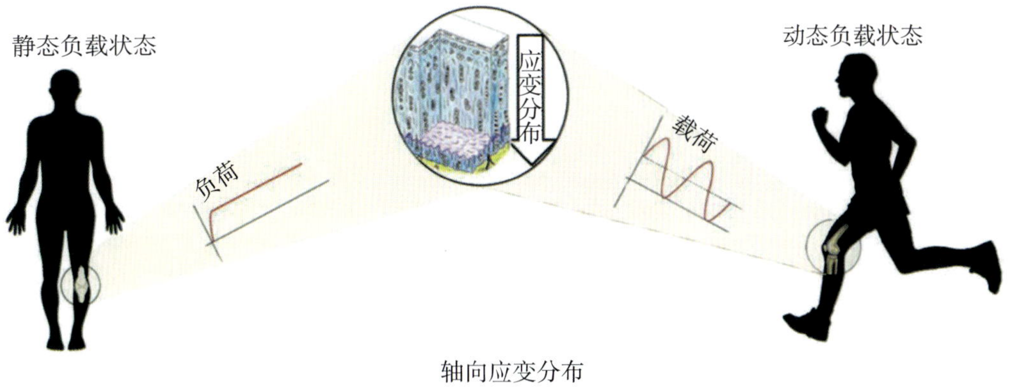

图11.5 关节过度使用的应力–应变

损伤。应力–应变分析可以揭示关节囊在不同运动范围和负荷条件下的应力分布情况，帮助评估关节囊的耐久性和风险。

通过对关节过度使用中的应力–应变行为进行研究，可以更好地理解关节组织的机械特性和响应，为预防和管理关节过度使用引起的损伤提供指导和策略，这有助于制订合理的运动训练计划、关节保护措施和康复策略，以减少关节损伤的风险和促进关节健康。

案例 2：应力–应变行为在解析运动损伤中的应用

应力–应变行为在解析运动损伤中的应用非常重要，它可以帮助人们了解运动时组织和结构受到的应力和应变，从而揭示运动损伤的机制和影响因素。以下是应力–应变行为在解析运动损伤中的应用案例。

(1) 肌肉损伤的应力–应变行为：运动时，肌肉承受不同程度的应力和应变。过度拉伸或过度收缩肌肉可能导致肌肉拉伤或肌肉纤维断裂。通过应力–应变行为的分析，可以了解肌肉在不同运动条件下的应力和应变分布，从而识别肌肉损伤的风险区域和损伤机制。

(2) 韧带和肌腱损伤的应力–应变行为：韧带和肌腱在运动中承受拉伸和剪切力，过度应力或不恰当的应力分布可能导致韧带和肌腱损伤，如扭伤、撕裂或断裂。应力–应变行为的分析可以揭示韧带和肌腱在不同应力条件下的应变和破坏机制，为预防和治疗相关损伤提供依据(图11.6)。

(3) 骨骼损伤的应力–应变行为：运动时，骨骼承受各种形式的力加载，如压力、拉伸和弯曲力。应力–应变分析可以帮助了解骨骼在不同应力条件下的应变分布和应力集中情况，从而揭示骨骼损伤的机制和风险因素。

通过对运动损伤中的应力–应变行为进行研究，可以更好地理解运动引起的组织和结构受力情况，进而改善训练方法、制订预防措施和优化康复策略，这对于减少运动损伤的发生和提高运动安全性至关重要，并对运动员的训练和康复过程产生积极影响。

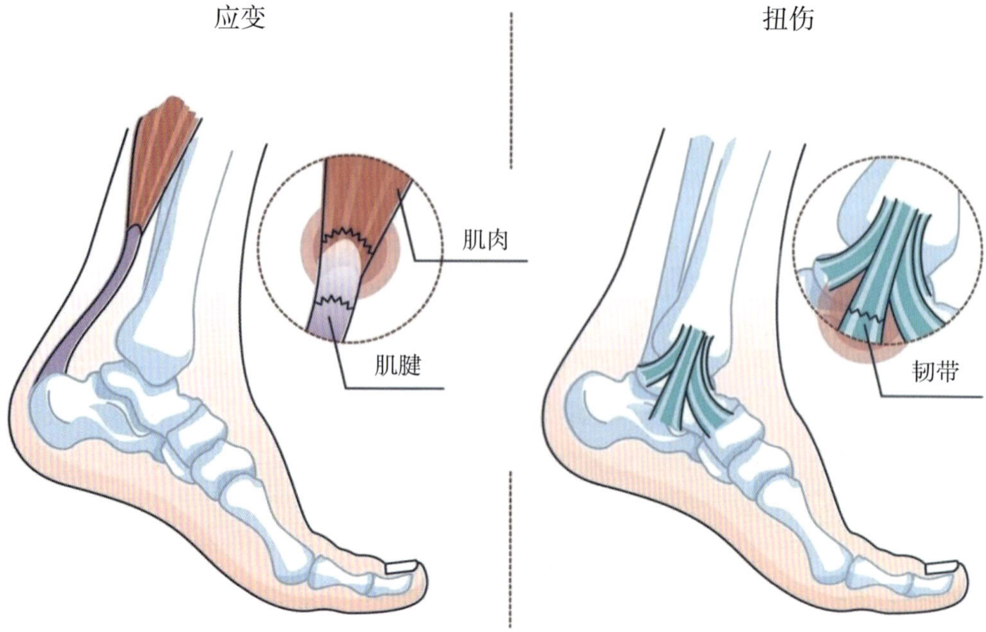

图11-6　踝关节韧带扭伤和脚肌腱拉伤

11.3　测量和操作人体力学的方法

11.3.1　人体力学的试验方法

人体力学的试验方法涉及对人体运动和受力情况的测量和分析，以下是一些常见的人体力学试验方法。

(1) 动作捕捉：使用运动捕捉系统来记录人体运动的三维姿势和运动轨迹，可以通过使用传感器标记身体关键部位(如关节、肌肉)或使用无标记的计算机视觉方法来实现。动作捕捉可用于分析人体运动的力学特征，如关节角度、身体姿势和运动轨迹。

(2) 力平台：使用力平台来测量人体受力情况。力平台可以记录人体在站立、行走或进行其他活动时受到的地面反作用力。通过分析力平台数据，可以了解人体受力分布、身体平衡和稳定性等方面的信息。

(3) 力传感器：使用力传感器来测量人体在特定部位受到的力。力传感器可以直接安装在人体表面或嵌入到特定设备中，如手柄、杆或器械上。通过测量受力情况，可以评估人体在不同活动和任务中的力学特征。

(4) 表面电极肌电图(sEMG)：使用表面电极来记录肌肉电活动。sEMG可以提供有关肌肉收缩和激活模式的信息。通过分析sEMG信号，可以了解肌肉的力学行为、活动模式和协调性。

(5) 生物力学建模：使用计算机建模和仿真技术来模拟人体力学行为，可以通过构建人体骨骼和肌肉的数学模型，以及应用运动学和动力学原理来实现。生物力学建模可用于预测和分析人体运动和受力情况。

人体力学试验方法可用于研究和评估人体运动、受力和姿势等方面的力学特征。通过试验数据的收集和分析，可以深入理解人体力学行为，并为运动科学、康复和运动装备设计等领域提供依据和指导。

11.3.2　人体力学的计算模拟方法

人体力学的计算模拟方法基于数学模型和计算机仿真技术，用于模拟和预测人体运动和受力情况，以下是一些常见的人体力学计算模拟方法。

(1) 多体动力学模型：多体动力学模型基于刚体的运动学和动力学原理，通过模拟人体的骨骼、关节和肌肉等部位的运动和相互作用来分析力学特征，这些模型可以用于研究人体运动和受力过程中的力学行为，如关节力和肌肉力的分析。

(2) 有限元分析：有限元分析是一种数值计算方法，将人体划分为离散的有限元素，并通过数学模型和边界条件来模拟人体组织的力学行为。有限元分析可用于研究人体组织的应力、应变和变形等方面的力学特征，如骨骼、软组织和关节等。

(3) 计算流体动力学：计算流体动力学是一种用于模拟流体运动的计算方法，可以应用于研究人体内部流体的流动行为，如血液流动和呼吸气流。通过计算流体动力学模拟，可以了解血液流速、压力分布和气流通量等对人体健康和运动的影响。

(4) 生物力学建模：生物力学建模结合数学模型和仿真技术，通过建立人体骨骼、肌肉和关节的几何形状、力学特性和运动模式来模拟人体力学行为。生物力学建模可用于预测和分析人体的运动能力、力量输出和运动控制等方面的特征。

人体力学计算模拟方法可以辅助试验数据的收集和分析，提供对人体运动和受力情况的更详细和全面的理解。通过计算模拟，可以预测和优化人体力学行为，为运动科学、康复和人体工程学等领域的研究和应用提供重要的工具和方法。

案例1：有限元分析在人体冲击响应模拟中的应用

有限元分析在人体冲击响应模拟中具有重要的应用(图11.7)，以下是一个案例。

1.研究背景

一家汽车公司希望改进汽车座椅设计，以减少乘客在车辆碰撞时可能遭受的冲击力和受伤风险。

2.应用过程

(1) 建立模型：利用医学影像技术(如CT扫描或MRI)获得乘客的解剖数据，包括骨骼、肌肉和软组织的几何形状。基于这些数据，建立乘客身体的有限元模型，包括骨骼、关节、肌肉和软组织等不同组件。

(2) 材料特性：根据文献数据或试验测量结果，为模型中的不同组件定义适当的材料特性，如弹性模量、屈服应力和断裂强度等。材料特性可以根据乘客的年龄、性别和身体条件等因素进行个性化设定。

(3) 边界条件：根据实际场景，为模型设置适当的边界条件，如施加碰撞载荷、约束关节运动、指定座椅的支撑条件等。这些边界条件应符合实际事故的特征。

(4) 模拟分析：利用有限元软件进行模拟分析，模拟车辆碰撞中乘客身体的响应

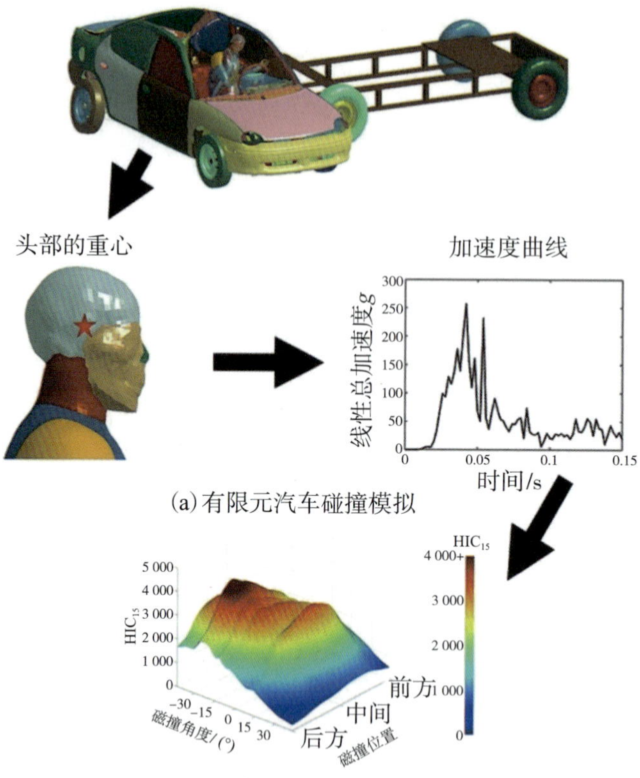

(a) 有限元汽车碰撞模拟

(b) 数学替代模型

图 11.7　汽车碰撞模拟有限元分析图

情况。通过计算模拟，可以获得乘客在碰撞过程中的应力、应变分布以及关节和组织的受力情况。

(5) 结果评估：根据模拟结果，评估乘客可能面临的受伤风险。例如，可以分析关节受力情况，确定是否存在关节扭伤或骨折的潜在风险。

(6) 优化设计：基于模拟结果，改进座椅的设计，例如增加减震材料、调整座椅结构或改变安全带的位置等，以减少乘客受伤的风险。

该案例中，有限元分析帮助汽车公司更好地了解乘客在车辆碰撞中的冲击响应情况，从而指导座椅设计的优化和改进，提高乘客的安全性和舒适性。此外，有限元分析还可以用于研究其他场景下的冲击响应，如运动员受伤风险评估、军事装备设计等。

案例 2：多体动力学模型在预测肌肉力中的应用

多体动力学模型在预测肌肉力中具有重要的应用(图 11.8)，以下是一个案例。

1. 研究背景

一项研究旨在了解人体肌肉在特定动作中的力学行为，例如跳跃运动中的肌肉力量分布和协同作用。跳跃运动中的肌肉力量分布和协同行为图如所示。

2. 应用过程

(1) 建立模型：利用解剖学数据和运动捕捉技术，建立人体的多体动力学模型。

模型可以包括骨骼、肌肉、关节和其他组织等组件，其中肌肉组件可以进一步分为不同的肌肉群。

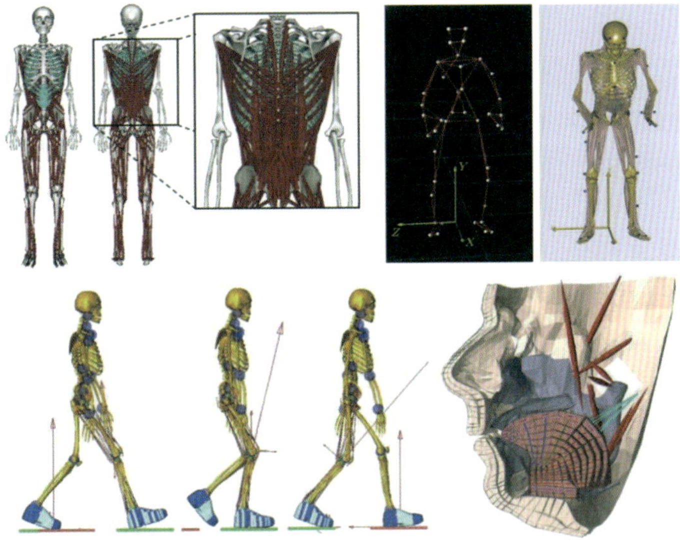

图 11.8　跳跃运动中的肌肉力量分布和协同行为图

(2) 运动捕捉数据：通过运动捕捉系统获取人体在跳跃动作中的实际运动数据，包括关节角度、关节运动速度和加速度等。

(3) 肌肉力学模型：根据肌肉生理学原理，为模型中的每个肌肉定义力学特性，包括肌肉长度–力量关系、激活和去激活时程等，这些特性可以根据文献数据或试验测量结果进行设定。

(4) 运动模拟分析：利用多体动力学软件，结合运动捕捉数据和肌肉力学模型，模拟人体在跳跃动作中的力学行为。通过计算模拟，可以获得各个肌肉的力量大小、力矩和协同作用情况。

(5) 结果分析：根据模拟结果，分析肌肉力量分布和协同作用的模式，可以评估不同肌肉群的相对贡献和协调性，了解肌肉力量对跳跃运动的影响。

该案例中，多体动力学模型结合运动捕捉数据和肌肉力学模型，可以帮助研究人员更好地了解肌肉在特定动作中的力学行为。通过模拟分析，可以揭示肌肉群之间的协同作用，指导运动员的训练和技术改进，提高运动表现和预防运动伤害。此外，多体动力学模型还可以用于研究其他动作和运动，如行走、跑步、举重等，以深入理解肌肉力学行为。

11.4　人体力学的应用

11.4.1　人体力学在运动表现和健康促进中的应用

案例 1：人体力学在运动员技术改进中的应用

1.研究背景

一项研究旨在通过人体力学分析帮助运动员改进技术，提高运动表现。

2.应用过程

(1) 运动分析：通过运动捕捉系统或视频分析等技术，获取运动员在特定运动中的运动数据，包括关节角度、关节运动速度和加速度等。

(2) 力学分析：利用人体力学原理，对运动员的技术进行力学分析。通过计算关节力矩、功率输出和力的分布等参数，评估运动员技术的效率和优化空间。

(3) 技术改进：根据力学分析的结果，提出有针对性的技术改进建议。可以通过调整关节角度、改变运动轨迹或加强特定肌肉群的训练等方式，优化运动员的技术表现。

(4) 训练和评估：根据技术改进建议，制订相应的训练计划，并通过定期评估和反馈，监测运动员的技术改善情况。

通过人体力学分析帮助运动员改进技术，可以提高运动表现和竞技成绩。运动员可以更有效地利用肌肉力量，减少不必要的能量浪费，提高动作的效率和流畅性，这种技术改进可以在各种运动项目中应用，如田径、游泳、体操等。

案例 2：人体力学在健康促进中的应用

1.研究背景

一项研究旨在通过人体力学分析推动健康促进和预防运动伤害。

2.应用过程

(1) 姿势分析：利用人体力学原理，分析日常生活中的姿势和运动，如坐姿、站立、行走等。通过评估关节角度、身体姿势和力的分布，发现潜在的不良姿势和运动习惯。

(2) 姿势改善：根据姿势分析的结果，提出改善姿势的建议。例如，调整椅子高度、改变工作站布局、加强核心肌群训练等，帮助改善身体姿势和减轻不必要的力加载。

(3) 运动指导：根据人体力学分析结果，提供运动指导和训练建议，以预防运动伤害。例如，强调正确的姿势和运动技巧，在运动中避免过度负荷和错误运动方式。

(4) 健康教育：通过健康教育和宣传活动，向公众传达正确的姿势和运动习惯的重要性。提供相关的健康促进信息和指导，鼓励人们采取正确的姿势和运动方式，预防姿势相关的健康问题。

通过人体力学分析推动健康促进，可以提高人们的姿势和运动意识，改善日常生活中的姿势和运动习惯，预防姿势相关的健康问题，如腰痛、颈椎病等，这对于促进健康意识和维持身体健康具有重要意义。此外，人体力学分析还可以帮助设计符合人体生理特征的运动设备和工具，提供更舒适和安全的运动体验，进一步促进人们参与运动和保持健康的积极行为。

11.4.2 人体力学在人工智能和机器人技术中的应用

案例 1：人体力学在人工智能姿势识别中的应用

1.研究背景

一项研究旨在利用人体力学分析结合人工智能技术，实现对人体姿势的准确识别和跟踪(图 11.9)。

2.应用过程

图11.9　人工智能姿势识别跟踪示意图

(1)数据采集：通过运动捕捉系统或其他传感器技术，采集大量不同姿势的人体数据，包括关节角度、身体位置和运动速度等。

(2)数据分析：利用人体力学原理，对采集到的数据进行分析和处理。通过计算关节角度变化、身体姿势和运动轨迹等参数，建立人体姿势模型。

(3)机器学习：利用机器学习算法，训练模型以识别和跟踪不同姿势。通过将已知的姿势标记与相应的人体力学数据进行关联，让机器学习算法能够自动识别和分类新的姿势。

(4)应用开发：将训练好的人体姿势识别模型应用于实际场景，如虚拟现实、运动分析和人机交互等。通过实时监测和识别人体姿势，实现更智能化和自适应的交互体验。

案例2：人体力学在机器人设计中的应用

1.研究背景

一项研究旨在利用人体力学分析指导机器人设计，使机器人能够更好地模仿人体运动和行为(图11.10)。

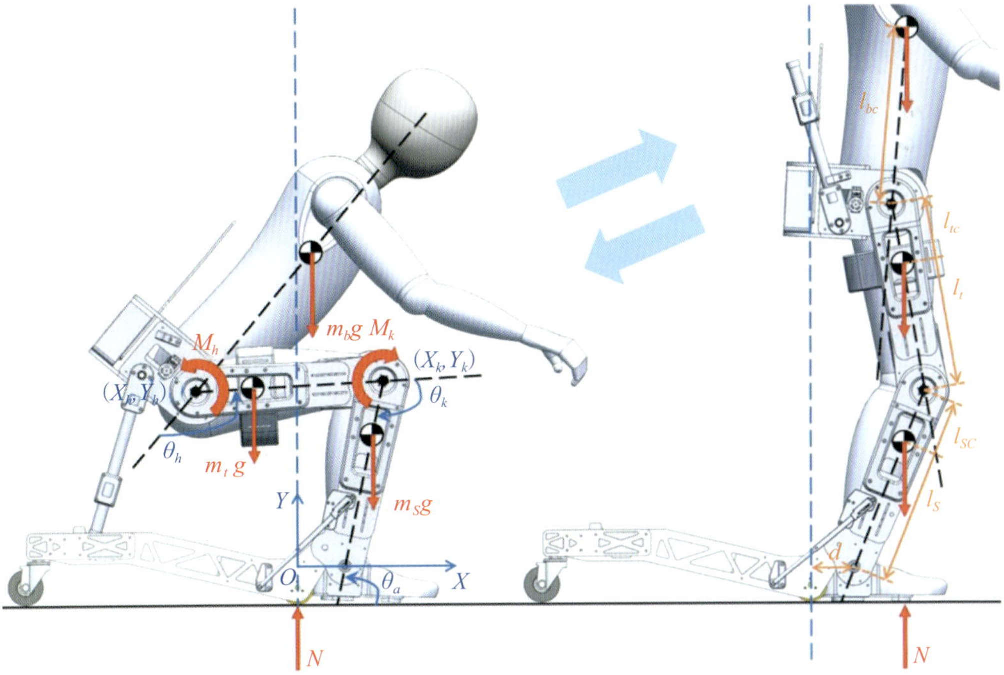

图11.10　机器人设计的人体力学分析

2.应用过程

(1)运动分析：通过运动捕捉系统或视频分析等技术，获取人类进行特定运动或执行特定任务时的运动数据，包括关节角度、关节运动速度和加速度等。

(2)力学分析：利用人体力学原理，对人类的运动进行力学分析。通过计算关节力矩、力的分布和肌肉协调等参数，了解人体运动的力学特征。

(3)机器人设计：基于人体力学分析的结果，将得到的运动数据和力学特征应用于机器人的设计。通过模仿人类运动的力学特征，设计机器人的关节结构、运动控制和力传递系统。

(4)仿真和优化：通过建立机器人的力学模型和进行仿真分析，优化机器人的运动性能和力学行为。通过调整机器人的参数和控制算法，使机器人能够更准确地模仿人体运动，并具备良好的力学适应性。

通过应用人体力学分析于机器人设计，可以使机器人具备更自然、高效和安全的运动能力，这种应用可以在各个领域中实现，如医疗护理、工业生产和家庭服务等，为人们带来更多便利和效益。

第 12 章　人工智能和机器人技术在生物力学中的应用

12.1　人工智能在生物力学中的应用

12.1.1　人工智能的基本概念和在生物力学中的角色

人工智能(artificial intelligence, AI)是计算机科学的一个分支，旨在开发具有智能行为和能力的机器系统，它涵盖了多个领域，包括机器学习、自然语言处理、计算机视觉和专家系统等。

在生物力学中，人工智能扮演着重要的角色，提供了许多有益的应用和功能。以下是人工智能在生物力学中的应用。

(1) 数据分析和模式识别：人工智能可以处理大量的生物力学数据，通过机器学习算法和模式识别技术，从数据中提取有用的信息和模式。例如，可以利用人工智能算法对运动数据进行分析，识别特定的运动模式、异常运动或潜在的运动伤害风险。

(2) 动作评估和预测：人工智能可以分析运动图像或传感器数据，识别和评估人体的动作，这对于评估运动技能、改进运动技术以及预测运动表现和运动能力的发展具有重要意义。

(3) 辅助诊断和治疗决策：人工智能可以利用大数据和医学知识，辅助医生和临床专家进行诊断和治疗决策，它可以分析患者的生物力学数据、影像数据和临床记录，提供辅助诊断、预测疾病进展或指导康复治疗。

(4) 运动仿真和优化：人工智能可以用于运动仿真和优化，通过模拟人体的运动和力学行为，帮助设计和优化运动技术、运动装备和康复方案。

(5) 个性化康复和训练：人工智能可以根据个体的特征和需求，提供个性化的康复和训练方案。通过分析个体的生物力学数据和学习算法，可以定制针对个体的康复计划，并实时调整训练参数和指导。

人工智能在生物力学中的角色是通过分析大数据、模式识别、动作评估和预测等技术，为运动科学、康复和医疗领域提供支持和解决方案，它有助于改善人体运动的理解、优化运动技术和康复方案，并为个体提供个性化的医疗和康复服务。

案例 1：人工智能在生物力学数据分析中的应用

在生物力学数据分析中，AI可以应用于以下方面。

(1) 运动模式识别：通过机器学习算法，人工智能可以分析大量的生物力学数据，例如运动捕捉数据、力平台数据和生物传感器数据，从中识别特定的运动模式和动作。这对于评估运动技能、监测运动表现和预测潜在的运动伤害风险具有重要意义。

(2) 异常检测：人工智能可以通过对比个体的运动数据和基准数据，识别出异常运动或不正常的力学模式，对于发现和纠正运动技术中的错误或不良习惯，以及监测潜在的运动损伤风险具有帮助(图 12.1)。

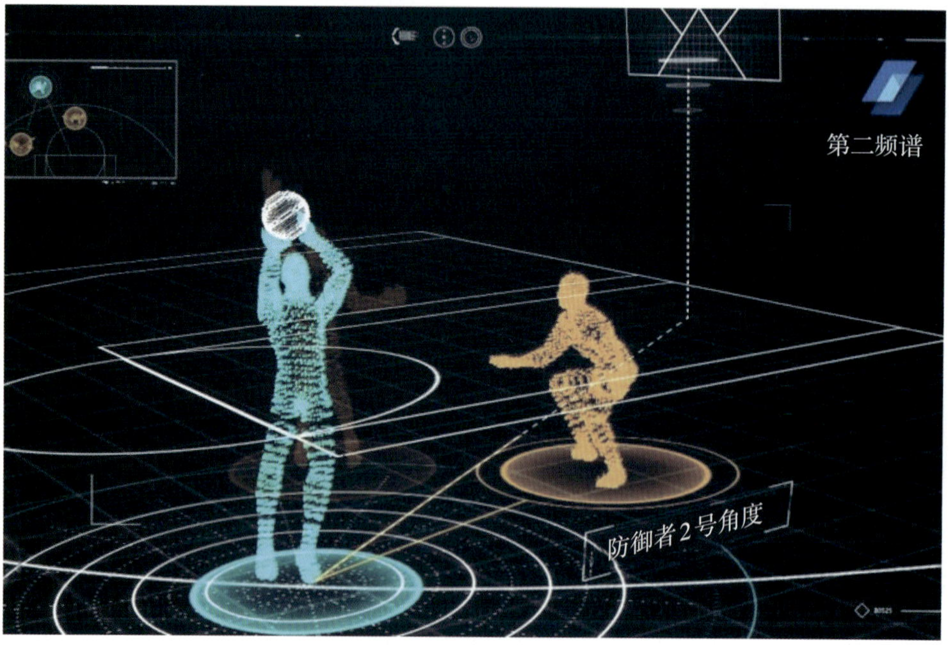

图 12.1　运动捕捉技术与人工智能在生物力学分析中的结合

(3) 运动数据解释和预测：通过对大量的生物力学数据进行分析，人工智能可以提取关键的特征和模式，并与其他相关的生理、运动和环境因素进行关联，这有助于解释运动表现的原因，并预测个体的运动能力、运动损伤风险以及运动表现的发展趋势。

(4) 运动康复和训练计划优化：人工智能可以根据个体的生物力学数据和运动目标，提供个性化的康复和训练计划。通过分析个体的运动数据和学习算法，人工智能可以定制针对个体的康复和训练计划，并实时调整训练参数和指导，以最大程度地提高康复和训练效果。

(5) 数据可视化和交互：人工智能可以利用数据可视化技术，将复杂的生物力学数据转化为易于理解和交互的形式，帮助研究人员、医生和运动员更好地理解和分析数据，这有助于推动知识的传递和决策的制订。

综上所述，人工智能在生物力学数据分析中的应用涵盖了运动模式识别、异常检测、数据解释和预测、康复和训练计划优化以及数据可视化等方面，它为运动科学、康复和训练领域提供了更深入的洞察和个性化的解决方案，帮助人们更好地理解和优化人体运动。

案例2:人工智能在生物力学模型预测中的应用

人工智能在生物力学模型预测中的应用可以涵盖以下方面。

(1)生物力学模型优化:人工智能可以结合生物力学模型和机器学习算法,对生物力学模型的参数进行优化。通过对大量的试验数据和模拟结果进行学习和分析,人工智能可以自动调整模型参数,提高模型的准确性和预测能力。

(2)生物力学行为预测:通过机器学习算法和大数据分析,人工智能可以从大量的生物力学数据中学习和识别出与特定行为或动作相关的模式和特征。基于这些模式和特征,人工智能可以预测人体在特定运动任务中的力学行为,如运动过程中的关节角度、肌肉力量和力的分布等(图12.2)。

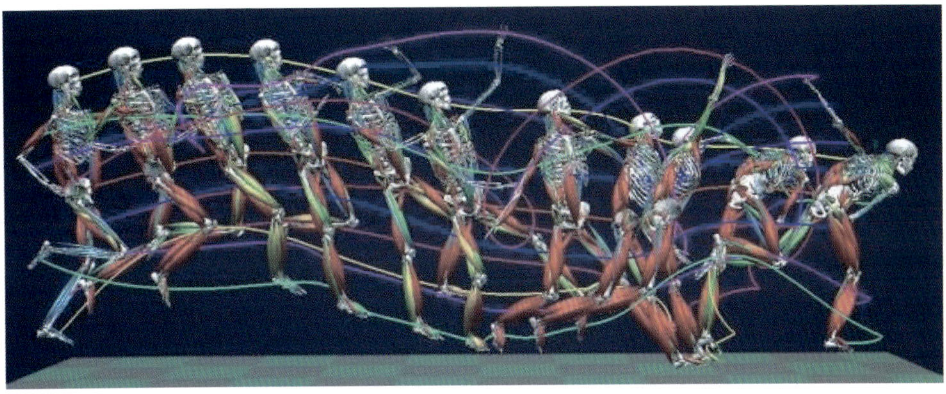

图12.2　人体力学模型的人工智能预测图

(3)运动损伤预测:通过分析运动数据和生物力学参数,结合机器学习算法,人工智能可以预测个体在特定运动活动中的潜在运动损伤风险。通过识别与运动损伤相关的模式和因素,人工智能可以提供个性化的预防和康复建议,帮助运动员和医疗专业人员更好地管理运动损伤风险。

(4)运动技能评估和个性化训练:通过分析大量的运动数据和生物力学参数,结合人工智能的学习和推理能力,可以评估个体的运动技能水平,并提供个性化的训练建议和优化方案。人工智能可以根据个体的特点和目标,定制训练计划,帮助个体提高运动技能和表现。

(5)数据挖掘和知识发现:人工智能可以对大规模的生物力学数据进行挖掘和分析,发现潜在的模式、关联和知识,这有助于深入理解人体力学特征与运动表现、运动损伤和康复效果之间的关系,并为进一步的研究和实践提供指导。

综上所述,人工智能在生物力学模型预测中的应用涵盖了模型优化、生物力学行为预测、运动损伤预测、运动技能评估和个性化训练以及数据挖掘和知识发现等方面,它为生物力学研究和应用提供了更精确、个性化和智能化的预测和解决方案。

12.1.2　人工智能技术在生物力学中的应用

人工智能技术在生物力学中有广泛的应用,可以帮助分析和解释复杂的生物力学数据、优化生物力学模型、预测运动行为和损伤风险,以及提供个性化的康复训练建议。以下是一些人工智能技术在生物力学中的应用。

(1)数据分析和模式识别：人工智能可以通过机器学习算法对大量的生物力学数据进行分析，识别出与特定运动行为、肌肉活动或力学参数相关的模式和特征，运动行为预测有助于了解和解释生物力学数据背后的规律和关联。

(2)运动行为预测：基于机器学习算法，人工智能可以根据个体的生物力学数据和运动特征，预测其在特定运动任务中的运动行为，如关节角度、肌肉力量分布等。这有助于评估个体的运动技能水平、改进训练方法，并提供个性化的运动建议。

(3)运动损伤预测和预防：结合机器学习算法和大量的运动数据，人工智能可以识别出与运动损伤相关的模式和因素，预测个体在特定运动活动中的损伤风险，并提供相应的预防措施和训练建议。

(4)生物力学模型优化：人工智能可以结合生物力学模型和优化算法，自动调整模型参数以提高模型的准确性和预测能力。通过与大量的试验数据和模拟结果进行学习和分析，人工智能可以优化模型，使其更好地模拟和预测人体的生物力学行为。

(5)康复训练和个性化康复方案：人工智能可以根据个体的生物力学特征和康复需求，设计个性化的康复训练方案。通过分析个体的运动数据和康复进展，人工智能可以自适应地调整训练计划，提供实时的反馈和指导，以帮助个体更好地恢复和康复。综上所述，人工智能技术在生物力学中的应用涵盖了数据分析和模式识别、运动

行为预测、运动损伤预测和预防、生物力学模型优化以及康复训练和个性化康复方案等方面，它为生物力学研究和应用提供了更智能化、个性化和精确的分析、预测和解决方案。

案例 1：深度学习在人体运动识别中的应用

深度学习在人体运动识别中的应用是广泛且具有重要意义的。深度学习是一种机器学习的分支，它使用深层神经网络来模拟和学习复杂的数据模式和特征。在人体运动识别中，深度学习可以通过分析人体的运动数据(如图像、视频、传感器数据等)来识别和理解不同的运动动作和姿势(图 12.3)。

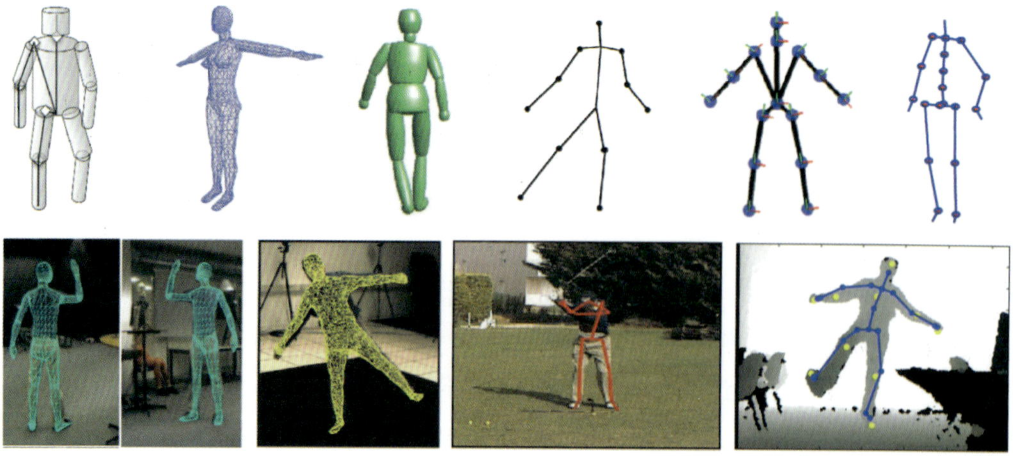

图 12.3　深度学习的人体运动识别图

深度学习在人体运动识别中的应用包括以下方面。

(1) 动作识别：深度学习可以通过对人体动作的图像或视频进行分析和训练，识别和分类不同的运动动作，如走路、跑步、跳跃等，这有助于实现自动化的动作识别和监测，对于体育训练、康复治疗等领域具有重要意义。

(2) 姿势估计：深度学习可以通过对人体姿势的图像或视频进行分析，估计人体在空间中的关节角度和位置，这可以用于运动技能评估、姿势校正等方面，在运动训练和康复治疗中具有广泛应用。

(3) 动作生成和预测：基于深度学习的模型可以学习人体运动的模式和规律，进而生成新的动作序列或预测未来的运动轨迹，这在虚拟现实、动画制作、人机交互等领域具有重要的应用价值。

(4) 运动异常检测：深度学习可以通过对正常运动模式的学习，识别和检测异常的运动行为，例如异常的姿势、不协调的动作等，这有助于运动损伤预防、健康监测等方面的应用。

深度学习在人体运动识别中的应用可以大大提高识别和分析的准确性和效率，它为实现智能化的运动监测、运动分析和康复训练提供了强大的工具和方法。

案例 2：神经网络在运动伤害预防中的应用

神经网络在运动伤害预防中的应用具有重要意义。神经网络是一种基于人工神经元网络构建的机器学习模型，通过学习数据模式和特征来进行预测和分类。在运动伤害预防中，神经网络可以通过分析运动数据和相关因素，提供个性化的预防策略和建议，帮助运动员避免潜在的伤害风险。

以下是神经网络在运动伤害预防中的应用案例。

(1) 伤害风险评估：神经网络可以通过学习大量的运动数据和伤害记录，建立模型来评估个体的伤害风险(图 12.4)。通过分析运动员的运动技巧、生物力学参数、体力状况等因素，预测潜在的伤害风险，并提供相应的干预措施。

图 12.4　神经网络应用的运动伤害预防

(2) 运动技术优化：神经网络可以分析运动数据和运动技术特征，识别和量化不良的运动模式和姿势。基于这些分析结果，提供有针对性的技术调整和改进建议，帮助运动员改善技术，减少受伤风险。

(3) 个性化康复计划：神经网络可以根据运动员的特定伤害情况和康复需求，制订计个性化的康复计划。通过分析康复进展、身体状况等因素，动态调整康复计划，提供实时的指导和反馈，加速康复过程。

(4) 实时监测和预警：神经网络可以结合传感器技术，实时监测运动员的生物信号、运动数据等信息。基于神经网络模型，实时分析和识别异常情况，发出预警信号，帮助运动员避免潜在的伤害风险。

神经网络在运动伤害预防中的应用可以提高预测和识别的准确性，并为运动员提供个性化的预防策略和指导，它有助于减少运动伤害的发生，提高运动员的安全性和表现水平。

12.2 机器人技术在生物力学中的应用

12.2.1 机器人技术的基本概念和在生物力学中的角色

机器人技术是指设计、制造和控制机器人的技术领域，其目标是使机器人能够执行各种任务和与环境进行交互。在生物力学领域中，机器人技术扮演着重要的角色，用于模拟人体运动、辅助康复和生物力学研究。

以下是机器人技术在生物力学中的主要应用。

(1) 生物力学研究工具：机器人可以被用作生物力学研究的工具，帮助研究人员获取有关人体运动和力学特性的数据。例如，机器人可以模拟人体关节的运动，测量力和力矩，并通过传感器获取相关数据，从而深入了解人体的力学行为。

(2) 康复辅助设备：机器人技术可以用于开发康复辅助设备，用于帮助康复患者进行运动康复训练。机器人可以提供精确的力量和姿势控制，帮助患者进行特定的运动模式和力量训练，以促进康复。

(3) 运动仿真和模拟：机器人可以用于模拟人体运动，帮助研究人员研究和理解人体运动的机理和控制。通过使用机器人进行运动仿真和模拟，研究人员可以研究运动技术的优化、力学特性的分析以及运动控制策略的研究。

(4) 人机交互：机器人可以与人类进行交互，为人类提供辅助和支持。例如，在手术中，机器人可以被用作辅助手术工具，增强外科医生的操作精度和控制能力。机器人还可以用于提供物理和认知支持，帮助老年人和残疾人提高生活质量。

机器人技术在生物力学中的应用不断发展和创新，为生物力学研究、康复和医疗领域带来了许多机遇和挑战。通过结合机器人技术和生物力学知识，可以进一步推动人类的健康和运动科学的发展。

案例 1：机器人技术在生物力学试验中的应用

机器人技术在生物力学试验中的应用之一是使用机器人进行人体运动模拟和力学测量(图 12.5)。例如，研究人员可以使用机器人臂进行特定运动模式的模拟，通过测量机器人臂的力和位移，获得关于人体运动的力学特性的数据。

机器人技术在生物力学实验中的应用可以用于研究人体关节的力学行为、肌肉

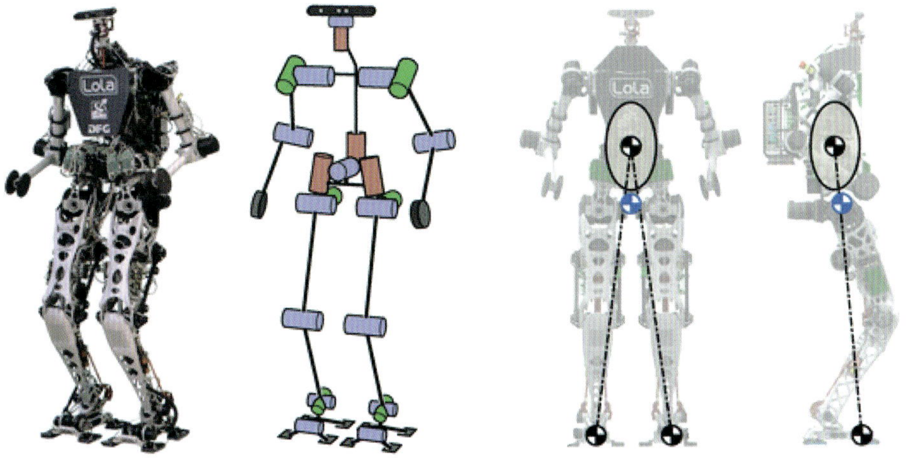

图12.5　机器人技术的人体力学行为图

力量和控制，以及运动技术的优化。通过精确控制机器人臂的运动和力量输出，并结合传感器测量人体的响应，研究人员可以获取准确的运动力学数据，用于深入了解人体的运动机制。

此外，机器人技术还可用于生物力学试验中的负载模拟和力量测量。研究人员可以使用机器人装置模拟特定负载条件，如行走、爬楼梯或承受外部压力。机器人装置可以测量并记录施加在生物样本或模型上的力和压力分布，从而帮助研究人员分析和理解不同负载条件下的生物力学响应。

综上所述，机器人技术在生物力学试验中的应用可以帮助研究人员模拟人体运动、测量力学特性，并为深入研究人体的力学行为提供准确而可控的试验环境，这些应用有助于推动生物力学领域的研究进展，并为人体运动、康复和健康领域的应用提供有价值的数据和洞察。

案例2：机器人技术在康复治疗中的应用

机器人技术在康复治疗中的应用非常广泛，可以帮助患者进行运动功能的恢复和康复训练。机器人辅助康复装置能够提供精确的力量和运动控制，帮助患者进行重复性、个性化的康复训练，并监测和记录患者的运动数据。

个典型的案例是下肢康复机器人，在康复治疗中帮助患者恢复行走功能，这些机器人装置可以模拟步态运动，提供稳定的支撑和适当的力量输入，以帮助患者重建肌肉力量、改善步态和平衡。机器人康复装置可以根据患者的康复进展进行调整，提供适应性的康复训练，同时记录患者的运动数据，以便医护人员评估治疗效果和制定个性化的康复计划(图12.6)。

图12.6　机器人技术应用的康复治疗图

此外，机器人技术还可以应用于上肢康复、手指康复和平衡训练等领域。机器人装置可以提供定制的训练方案，帮助患者恢复手部运动功能、增强手指肌肉力量，并改善平衡能力。机器人装置的精确控制和实时反馈功能，使康复训练更加有效和安全。

机器人辅助康复装置还具有数据记录和分析功能，可以帮助医护人员跟踪患者的康复进展，评估治疗效果，并为康复计划的调整提供依据。此外，机器人技术还可以与虚拟现实技术相结合，提供沉浸式的康复训练体验，增加患者的参与度和动力。

综上所述，机器人技术在康复治疗中的应用能够提供精确、个性化和有效的康复训练，帮助患者恢复功能和提高生活质量，不仅可以辅助康复治疗，而且能为医护人员提供有价值的数据和信息，以便更好地评估患者的康复进展和制定个性化的康复计划。

12.2.2 仿生机器人和生物力学

仿生机器人是指受生物体结构、功能或行为的启发而设计的机器人系统。生物力学在仿生机器人的设计和开发中起着重要的作用，它主要研究生物体的力学原理和结构，并将其应用于机器人的设计和控制中。

通过生物力学的研究，可以了解生物体的运动原理、力量分配和稳定性等特征，并将这些原理应用于仿生机器人的设计中。生物力学可以提供关于人类运动的力学信息，例如关节的运动范围、肌肉的力量输出和骨骼结构的稳定性，这些信息对于设计仿生机器人的关节、驱动系统和控制算法非常重要。

在仿生机器人的设计中，生物力学可以帮助确定机器人的结构和材料的选择，以实现类似于生物体的运动和力学性能。例如，仿生机器人的关节设计可以受到人类关节的启发，以实现类似的运动范围和力量传递效率。生物力学还可以提供关于肌肉力量和运动控制的信息，从而改善机器人的力量输出和运动稳定性。

此外，生物力学的原理也可以应用于仿生机器人的运动控制算法中。通过研究生物体的运动控制机制，可以开发出类似的控制算法，使仿生机器人能够实现平滑、灵活和高效的运动。

综上所述，生物力学在仿生机器人的设计和开发中起着重要的作用。通过借鉴生物体的力学原理和结构，可以设计出更加高效、稳定和适应性强的仿生机器人系统，这些仿生机器人在多个领域，如医疗、救援和工业都具有广泛的应用前景。

案例 1：仿生机器人在理解人体运动中的应用

一个典型的案例是使用仿生机器人来模拟和理解人体运动的特征和机制。通过对人体运动的模拟和仿真，可以更深入地了解人体肌肉、骨骼和神经系统之间的相互作用，以及人体运动的动力学和控制过程。

例如，研究人体行走过程中的步态模式和稳定性时，可以设计和构建具有人类腿部结构和运动特征的仿生机器人，这些仿生机器人通过模拟人体运动，可以帮助科学家们更好地理解人类行走的动力学和控制机制。通过对仿生机器人的试验和分析，可以揭示人类行走过程中的关键因素和关节运动的协调机制(图 12.7)。

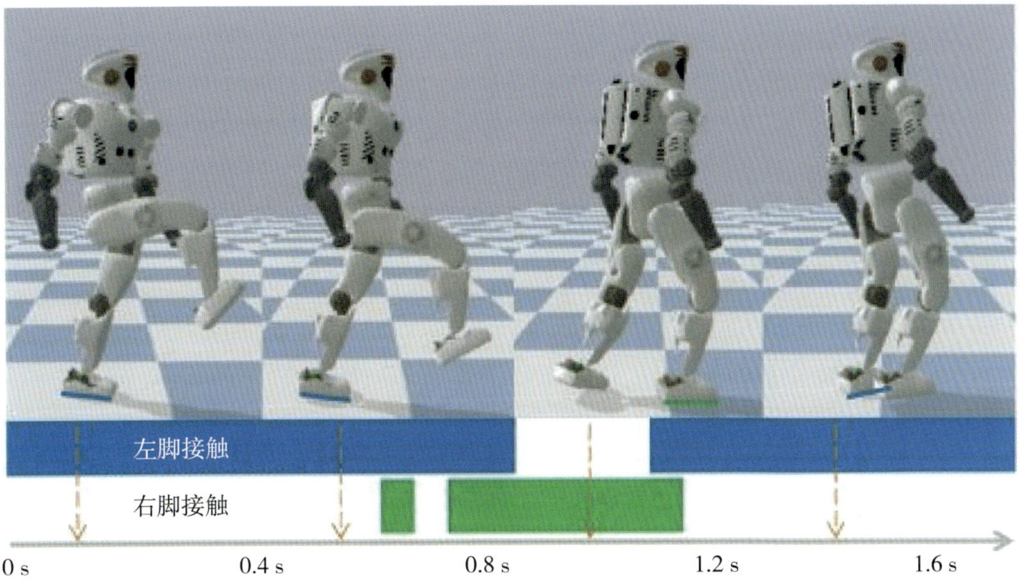

图 12.7　仿生机器人理解、模拟人体运动

另一个例子是仿生机器手臂的研究。通过模仿人类手臂的解剖结构和运动能力，设计出具有类似关节和肌肉的机械结构和控制系统的机器手臂，这些仿生机器手臂可以用于研究手部运动的精细控制和手指之间的协调性，以及在复杂任务中的灵活性和稳定性。

通过仿生机器人的研究，可以深入了解人体运动的生物力学特征、动力学和控制机制，这有助于改善人体运动障碍的康复治疗和机器辅助运动，以及提供新的洞察力，以改善运动员的训练和运动表现。此外，仿生机器人的研究还可以为机器人技术和人机交互领域提供新的灵感和解决方案。

案例 2：仿生机器人在康复装备设计中的应用

仿生机器人在康复装备设计中有广泛的应用，旨在帮助康复患者恢复功能并提高生活质量。以下是一个案例。

假设有一个康复装备的设计项目，旨在辅助下肢瘫痪患者的行走。通过仿生机器人的设计，可以开发出一种智能助行装置，它模仿人体的步态模式和运动特征。该装置由机械骨骼结构、电动关节和传感器组成。通过传感器检测患者的运动和姿态信息，并通过智能算法进行实时分析和反馈控制(图 12.8)。根据患者的需求和能力，装置可以提供支持、辅助或主动引导来帮助患者完成步行动作。

通过仿生机器人的设计，可以实现以下功能。

(1) 步态模仿：装置能够根据正常步态的生物力学模式来模仿人体行走，为患者提供自然的步行感觉和运动模式。

(2) 助力和辅助：装置通过电动关节提供额外的力量和支持，减轻患者行走时的负担，并帮助他们完成正常步行动作。

(3) 实时反馈：装置中的传感器能够实时监测患者的姿态和运动，通过智能算法

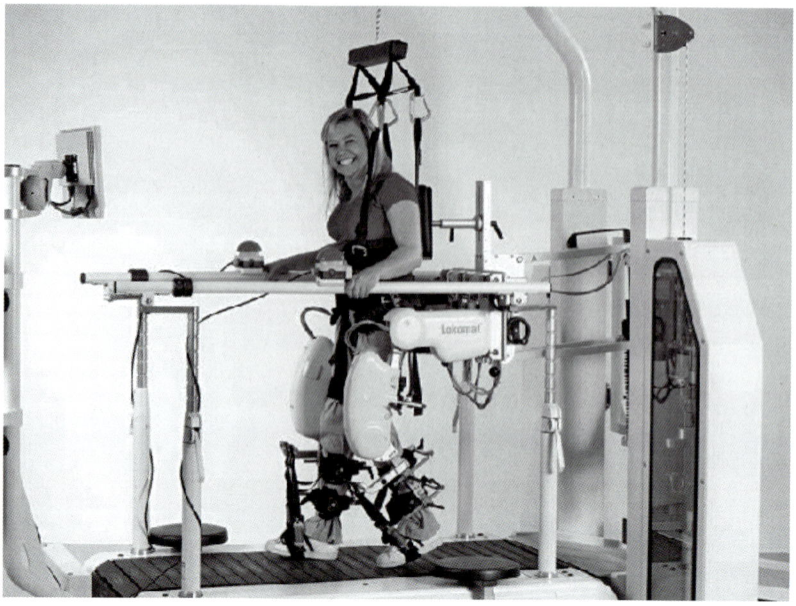

图12.8　仿生机器人的康复装备设计图

提供即时的反馈，可以帮助患者调整姿态、保持平衡和改善步行质量。

⑷个性化适应：装置的设计可根据患者的个体特征和康复进程进行调整和适应，以提供个性化的康复治疗。

通过仿生机器人在康复装备设计中的应用，可以为康复患者提供更加精确、个性化和高效的康复训练，帮助他们恢复功能并提高生活质量。同时，这种技术还可以为康复装备设计领域带来创新和进步，为未来的康复治疗提供更多可能性。

12.3　人工智能和机器人技术在生物力学未来的应用

12.3.1　面向未来的人工智能和生物力学的结合

面向未来，人工智能和生物力学的结合将产生许多潜在的创新和应用。以下是一些可能的发展方向。

⑴智能康复装备：结合人工智能和生物力学的技术，可以开发出更智能、个性化和适应性强的康复装备，这些装备将能够根据患者的个体特征和康复进程进行实时调整和优化，提供更精确和有效的康复治疗。

⑵智能运动辅助系统：通过结合人工智能和生物力学的分析和预测能力，可以开发出智能运动辅助系统，帮助运动员改善技术、提高运动表现和减少运动伤害的风险，这些系统可以实时监测运动员的姿势和动作，并提供个性化的反馈和指导。

⑶生物力学数据驱动的训练和康复：利用人工智能技术处理和分析大规模的生物力学数据，可以揭示运动技能和康复过程中的模式和关联，这些数据驱动的方法可以帮助制订更精确和个性化的训练和康复计划，提高效果和效率。

⑷生物力学和神经网络的结合：将生物力学和神经网络的概念和方法结合起来，可以构建更加准确和真实的人体模型和模拟系统并用于理解和预测人体运动、力学

行为以及神经控制的相互作用。

(5)生物力学驱动的生物仿真：结合人工智能和生物力学的技术，可以创建高度精确的生物仿真模型，模拟人体各种运动和力学行为，还可以用于研究人体机能、优化器械设计、制定康复策略等领域。

结合人工智能和生物力学的技术将为运动科学、康复医学、人机交互等领域带来更多创新和进步。通过更深入的研究和开发，可以期待未来更智能、个性化和高效的应用和解决方案，以促进人类健康和运动能力的提升。

案例1：人工智能在个性化运动方案制定中的应用

一个具体的案例是使用人工智能技术来制定个性化的运动方案。通过分析个体的生物力学数据、运动表现和健康状况，人工智能可以根据个体的特征和目标制订定制化的运动计划。

例如，假设有一个人想要开始跑步训练，但缺乏经验和知识，不清楚如何安全地进行训练。使用人工智能技术，可以收集个体的身体特征数据(如身高、体重、骨骼结构等)、运动历史数据(如步行速度、心率等)以及健康状况(如心血管健康、关节健康等)。

基于这些数据，人工智能算法可以分析个体的运动能力、风险因素和适应性，并制订个性化的跑步训练方案，该方案包括每周的训练频率、跑步强度、跑步时间和距离等参数，以及必要的休息和康复策略。人工智能还可以提供实时反馈和建议，帮助个体调整训练计划，并监测运动进展和风险因素的变化。

通过这样的个性化运动方案，个体可以更安全、高效地进行跑步训练，最大限度地提高运动效果，减少受伤风险。此外，人工智能还可以根据个体的反馈和数据更新方案，以适应个体的变化和进步。

个性化的运动方案设计可以适用于各种运动项目和训练目标，包括跑步、健身训练、团队运动等。通过结合人工智能和生物力学的分析能力，可以为个体提供更准确、个性化和有效的运动建议和指导，促进健康、安全和可持续的运动实践。

案例2：人工智能在预防职业伤害中的应用

人工智能在预防职业伤害方面的应用也是十分重要的。一个具体的案例是使用人工智能技术来分析职业工人的生物力学数据、工作环境和健康状况，以预防职业伤害的发生。

例如，在一个工厂中，工人们长时间从事重复性、高强度的工作，容易导致肌肉疲劳、姿势不良和工作相关的损伤。通过人工智能技术，可以收集工人的生物力学数据(如肌肉活动度、关节角度等)、工作环境数据(如工作强度、工作时间等)和健康状况(如肌肉疲劳程度、工作相关的损伤历史等)。

基于这些数据，人工智能算法可以分析工人的工作姿势、肌肉负荷、疲劳程度和风险因素，并提供个性化的预防措施。例如，人工智能可以根据工人的数据和工作要求，提供正确的工作姿势和运动技巧，以减少肌肉疲劳和关节压力。人工智能还可以建议工人进行适当的休息和放松活动，帮助恢复肌肉和关节的健康状态。

此外，人工智能还可以通过实时监测和反馈，提醒工人注意工作姿势和负荷，并提供即时的警示和建议，这种个性化的预防措施和实时监测可以帮助工人避免职业伤害的发生，减少工伤风险。

通过结合人工智能和生物力学的分析能力，可以提供个性化、实时的职业伤害预防措施，保护工人的健康和安全，这样的应用不仅可以改善工作环境，提高工作效率，还可以降低职业伤害的发生率，促进工人的职业健康和福祉。

12.3.2　面向未来的机器人技术和生物力学的结合

案例 1：机器人助力康复

随着人口老龄化趋势的加剧，康复需求日益增长。未来的机器人技术与生物力学的结合可以为康复领域带来创新的解决方案。例如，设计一种能够与人类运动协调的机器人助力设备，用于帮助康复患者恢复功能和运动能力(图 12.9)。

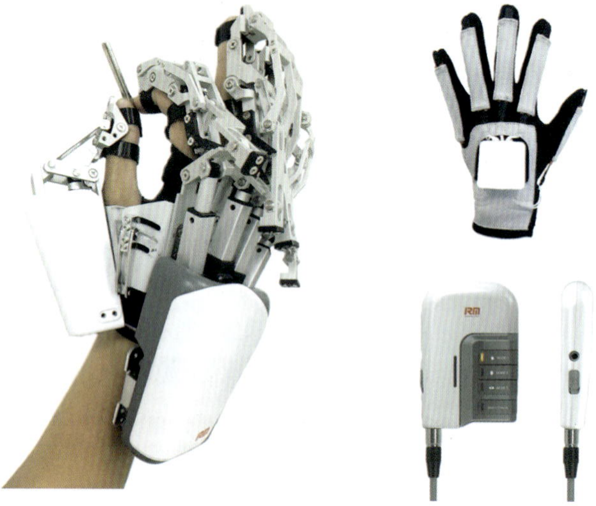

图 12.9　机器人助力康复设备图

机器人助力设备可以通过传感器和智能控制系统实时监测患者的运动状态和肌肉活动，根据生物力学原理提供适当的力量和支持，它可以用于康复训练中的运动辅助、重力减轻、姿势校正等方面。例如，在康复治疗过程中，机器人助力设备可以提供恰当的阻力或辅助力来帮助患者进行肌肉训练，以促进肌肉恢复和功能改善。

此外，机器人助力设备还可以根据个体的生物力学特征和康复进展进行个性化调整。通过机器学习和人工智能算法，它可以自动学习和适应患者的需求，提供个性化的康复方案和反馈。

结合了机器人技术和生物力学的康复设备不仅可以提高康复效果，还可以减轻康复专业人员的工作负担，它可以为患者提供更安全、精确和有效的康复过程，并为康复专业人员提供可靠的数据和指导。

总之，机器人技术和生物力学的结合在康复领域具有巨大的潜力。未来的发展将进一步推动创新的机器人助力设备的设计和应用，为康复患者提供更好的康复体验和成效。

案例 2：机器人辅助微创手术

微创手术是一种在创伤较小的情况下进行的手术技术，具有减少手术创伤、减少恢复时间和提高患者生活质量的优势。然而，微创手术对医生的技术要求较高，手术精确度对手术结果影响很大。

机器人技术在微创手术中发挥了重要作用。通过将机器人系统与手术工具结合，医生可以通过控制机器人手臂的运动来实现更精确的操作(图12.10)。机器人手臂具有高精度和稳定性，可以消除手术中的颤动，提供更稳定的手术环境。此外，机器人手臂可以灵活地转动和弯曲，使得医生可以在狭小的空间内进行操作，达到更好的手术可视性和操作角度。

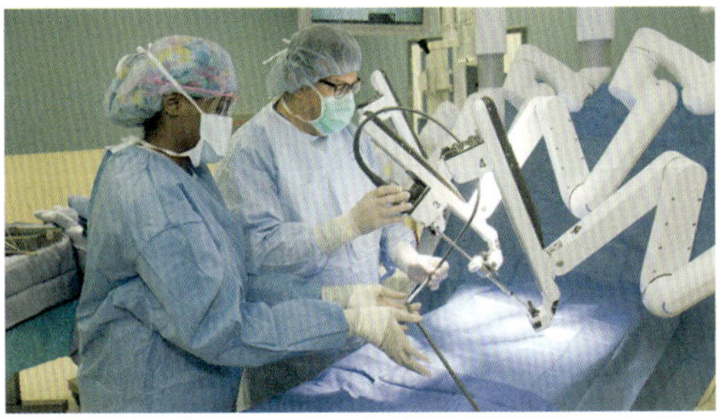

图12.10　机器人辅助微创手术图

机器人辅助微创手术还可以通过视觉增强和增强现实技术提供更详细的手术图像和指导。医生可以通过机器人系统的视觉界面观察手术区域，并使用增强现实技术将重要解剖结构、血管和神经系统等显示在视野中，帮助医生作出更准确的决策和操作。

机器人辅助微创手术技术已经成功应用于多个领域，如心脏手术、胃肠外科、泌尿外科等，它可以提高手术的精确性和安全性，减少手术并发症和恢复时间，提高手术效果和患者满意度。

总之，机器人技术在精确手术中的应用为医生提供了更好的手术工具和支持，能够实现更精确、安全和有效的手术操作。随着机器人技术的不断发展，它将在精确手术中扮演越来越重要的角色，并为患者带来更好的治疗效果和体验。

第 13 章　生物力学在航空航天中的应用

13.1　航空航天中的生物力学需求

13.1.1　在航空中的生物力学需求

在航空领域中，生物力学需求起着重要的作用，以确保航空器和乘客的安全性、舒适性和性能。航空中的生物力学需求如下。

(1) 座椅设计：航空公司需要设计舒适的座椅，以满足乘客长时间航行的需求。座椅的人体工程学设计要考虑到人体的姿势、身体支持和压力分布，以减轻乘客在飞行中的疲劳感和不适。

(2) 安全带和紧急出口：生物力学需求涉及安全带和紧急出口的位置和设计。安全带应该能够将乘客固定在座位上，减少碰撞时的伤害风险。紧急出口的位置和开启机制需要考虑乘客在遇到紧急情况时的易用性和逃生效率。

(3) 飞行员工作站：飞行员工作站的设计需要考虑人体工程学因素，以提供舒适和安全的工作环境。飞行员座椅、控制杆和仪器面板的位置和布局应该符合人体的自然姿势和操作习惯。

(4) 气候控制：在飞行中，保持舒适的环境温度和湿度对乘客和机组人员的健康和舒适至关重要。生物力学需求涉及飞机内部的气候控制系统的设计和功能，以满足人体的生理需求。

(5) 防振控制：航空器的振动会对乘客和机组人员产生不适和疲劳。生物力学需求要求对振动进行控制和减轻，以提供更稳定和舒适的飞行体验。

生物力学需求的满足有助于提高航空器的安全性、乘客的舒适度和机组人员的工作效率。航空公司和制造商在设计和改进飞机和相关设备时，需要考虑和遵守这些生物力学需求，以确保航空运输的顺利和可靠。

案例 1：生物力学在飞行员座椅设计中的应用

在飞行员座椅设计中，生物力学起着重要的作用(图 13.1)，旨在提供舒适、安全和高效的工作环境。以下是生物力学在飞行员座椅设计中的一些应用案例。

(1) 人体工程学设计：飞行员座椅的设计应考虑到飞行员的身体尺寸、姿势和运动范围。座椅的高度、角度和形状应适应不同身高和体型的飞行员，以确保他们的身体能够得到适当的支撑和舒适度。

(2) 压力分布：座椅的坐垫和背部支撑区域应考虑到飞行员身体各个部位的压力

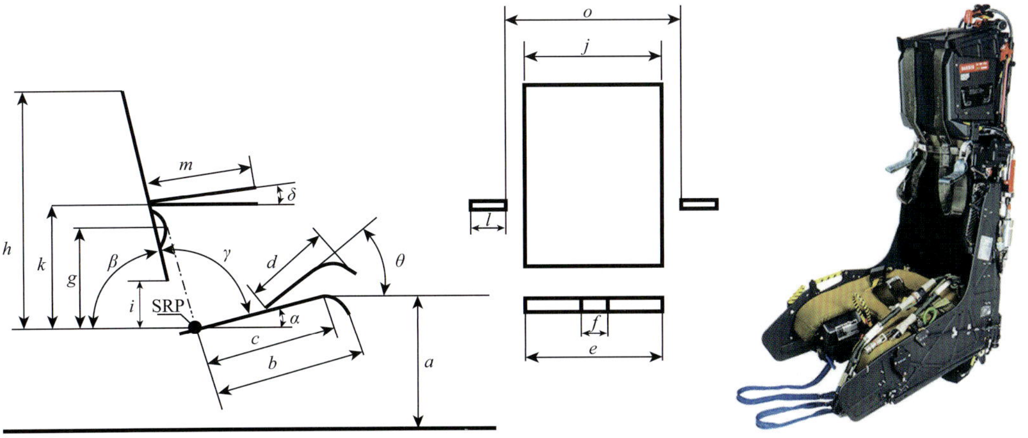

图13.1　飞行员座椅设计应用图

分布。通过合理的座垫填充物和支撑结构设计，可以减少对飞行员身体特定部位的压力点，防止长时间飞行时的疲劳和不适。

(3) 调节功能：飞行员座椅通常具有多种可调节功能，以适应不同飞行员的需求。这包括座椅高度调节、座椅角度调节、腰部支撑调节等。这些可调节功能可以根据飞行员的个体差异和个人偏好来优化座椅的舒适度和支撑性。

(4) 防振和冲击吸收：飞行中可能会遇到颠簸和冲击，座椅的设计需要考虑到对这些振动和冲击的防护。座椅坐垫和背部支撑结构可以具有冲击吸收材料，以减轻飞行员身体受到的冲击力，保护他们的健康和安全。

(5) 紧急情况下的安全性：座椅设计应考虑到紧急情况下的安全性，例如飞机失事或紧急迫降时。座椅应具备快速解锁机制和容易脱离座椅的设计，以便飞行员能够迅速离开座位并进行紧急逃生。

通过应用生物力学原理和人体工程学，飞行员座椅设计可以提供更好的舒适度、支撑性和安全性，帮助飞行员在长时间的飞行任务中保持舒适和专注，同时降低因长时间坐姿引起的不适和疲劳。

案例 2：生物力学在减轻飞行员疲劳中的应用

生物力学在减轻飞行员疲劳方面发挥着重要作用，生物力学在减轻飞行员疲劳中的一些应用如下。

(1) 姿势优化：飞行员在长时间的飞行任务中需要保持特定的姿势，这可能导致肌肉疲劳和不适。通过生物力学分析，可以优化飞行员的坐姿、站姿和工作姿势，以减少肌肉负荷和疲劳感。

(2) 座椅设计：飞行员座椅的设计应考虑到舒适性和支撑性，以减轻飞行员的身体压力和疲劳。座椅的座垫和背部支撑区域应具有合适的填充物和支撑结构，以减少长时间坐姿引起的疲劳感。

(3) 疲劳监测：生物力学传感器可以用于监测飞行员的生理指标，如心率、肌肉活动和眼动等。通过实时监测和分析这些指标，可以及时发现飞行员的疲劳状况，并采取相应的措施，如提供休息时间或调整工作强度。

(4) 动作辅助装置：利用生物力学原理设计的动作辅助装置可以帮助飞行员完成某些重复性动作，减少肌肉负荷和疲劳。例如，自动化控制系统可以协助飞行员进行飞行操作，减轻手部和腕部的负荷。

(5) 训练和调整：通过生物力学分析，可以优化飞行员的训练计划和工作安排，以减轻疲劳并提高工作效率。根据飞行员的个体差异和工作需求，制订合理的训练和休息计划，以确保他们的身体和精神状态保持良好。

综合利用生物力学的原理和方法，可以帮助减轻飞行员在长时间飞行中的疲劳感，提高工作效率和安全性，这些应用有助于飞行员的身体健康和航空安全。

13.1.2 在航天中的生物力学需求

在航天领域，生物力学具有重要的需求和应用，以下是航天中的一些生物力学需求。

(1) 重力适应：航天员在太空中面临失重环境，这会对身体产生重大影响。生物力学研究可以帮助了解失重环境对骨骼、肌肉和神经系统的影响，以及相关的生理调整过程。这有助于制订适当的训练计划和预防措施，以减少航天员在太空任务期间的健康风险。

(2) 空间适应：航天任务通常需要航天员在狭小的空间中工作和生活。生物力学研究可以帮助优化舱内布局和设备设计，以确保航天员的舒适性、安全性和工作效率。例如，设计符合人体工程学原理的控制台、座椅和操作装置，以减少航天员在长时间任务中的不适和疲劳。

(3) 高加速度和振动：航天器的发射和返回过程中，航天员可能面临高加速度和振动环境。生物力学研究可以帮助了解这些环境对身体的影响，以及如何减少与之相关的生理和健康问题，这有助于设计更好的座椅、安全系统和抗震装置，以提高航天员的安全性和舒适性。

(4) 睡眠和休息：在太空任务中，航天员的睡眠和休息对其身体和认知功能的恢复至关重要。生物力学研究可以帮助优化睡眠环境、床铺设计和航天员的作息安排，以提高睡眠质量和休息效果。

(5) 行为适应：航天员在太空中需要适应不同的行为环境，如微重力、失重和封闭空间。生物力学研究可以帮助了解航天员在这些环境下的运动能力、协调性和工作效率，以提供相关的训练和支持。

综合利用生物力学的原理和方法，可以满足航天领域中的生物力学需求，确保航天员的健康和安全，这些应用对于长期太空任务和未来的航天探索至关重要。

案例 1：生物力学在太空服设计中的应用

在太空任务中，太空服是航天员的重要保护装备，其设计需要考虑生物力学因素以确保航天员的安全和舒适性(图 13.2)。以下是生物力学在太空服设计中的应用案例。

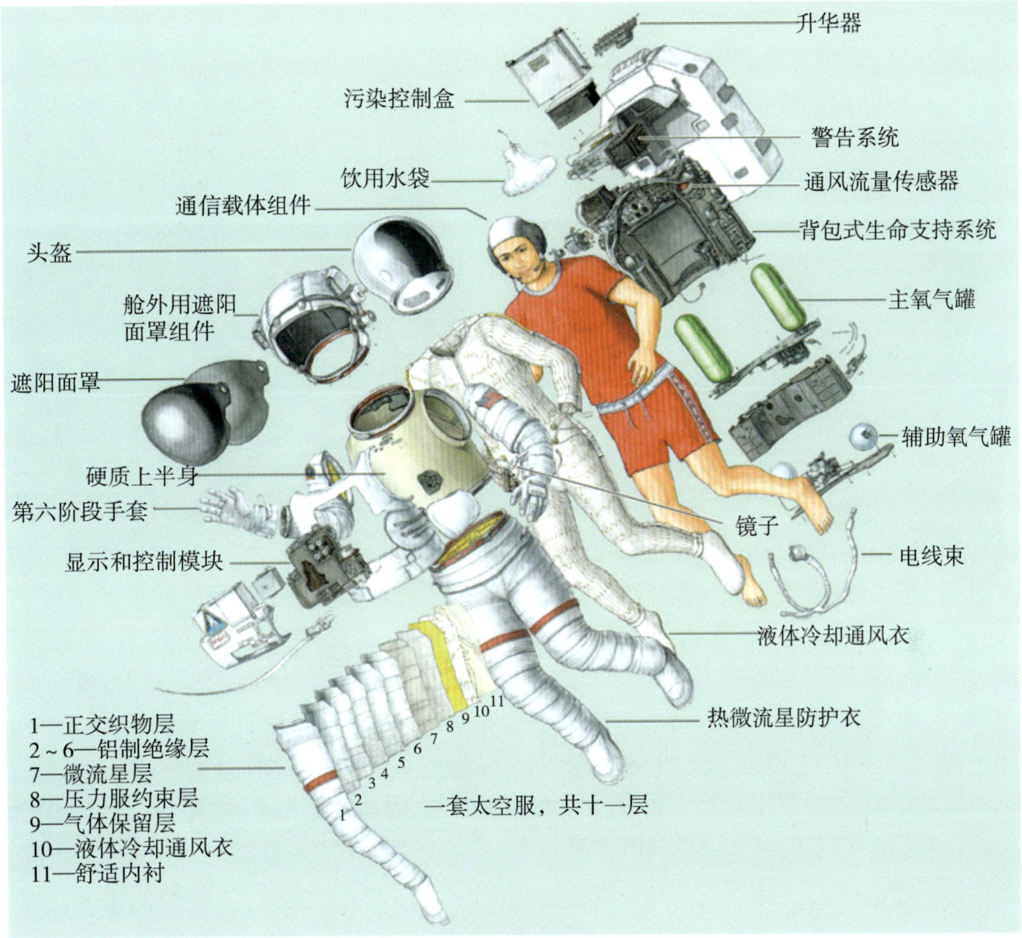

图13.2　太空服设计图

(1)动作自由度：太空服需要提供足够的动作自由度，使航天员能够自如地进行任务和执行各种动作。生物力学分析可以帮助确定关节活动范围和肌肉活动模式，以确保太空服的设计不会限制航天员的运动能力。

(2)重力适应：太空服在太空环境中需要提供适当的压力和支撑，以模拟地球上的重力效应。生物力学研究可以帮助了解失重环境对身体的影响，并根据这些知识设计太空服的压力分布和支撑结构，提供必要的力学刺激和支撑。

(3)压力分布：太空服需要均匀分布压力，以减少航天员身体部位的局部压力和不适感。生物力学分析可以帮助确定人体各个区域的压力敏感性和耐受性，并根据这些信息进行太空服的压力分布设计，减少压力相关的不适和潜在的皮肤损伤。

(4)热调节：太空服设计需要考虑航天员在太空中的热调节需求。生物力学研究可以帮助了解人体在不同温度和湿度条件下的热平衡机制，并根据这些知识设计太空服的通风、散热和绝缘性能，提供舒适的温度环境。

综上所述，生物力学在太空服设计中起着关键的作用，帮助确保太空服能够适应航天员的身体特征和需求，提供必要的保护和支持，使他们能够在太空环境中安全、舒适地执行任务。

案例 2：生物力学在空间站内部设计中的应用

在空间站内部设计中，生物力学考虑了航天员的人体工效学和人机工程学需求，以提供一个安全、舒适和高效的工作和生活环境(图 13.3)。以下是生物力学在空间站内部设计中的应用。

图 13.3　空间站内部设计图

⑴ 空间利用效率：生物力学分析可以帮助确定空间站内部的布局和配置，以最大程度地利用有限的空间。通过考虑人体尺寸、动作范围和工作任务的要求，可以优化空间站内部的功能布局，确保设备和工作区域的合理安排，提高工作效率和舒适性。

⑵ 重力适应：生物力学考虑了航天员在微重力环境中的适应需求。设计空间站内部的设备、工具和家具时，需要考虑到航天员在失重环境下的动作特点和姿势调整，以便可以更好地适应和执行任务。

⑶ 人机交互界面：生物力学分析可以帮助设计人机交互界面，如控制面板、工具和装置的操作界面等，以确保航天员能够方便地进行操作和控制。考虑人体工效学和人机工程学原理，设计人机界面的尺寸、位置和操作方式，以提高操作的效率和准确性。

⑷ 照明和视觉设计：生物力学研究可以指导空间站内部的照明和视觉设计，以确保航天员在工作和生活环境中有适当的照明和视觉条件。考虑到航天员的视觉需

求和视觉疲劳的因素，设计合适的照明强度、颜色和光源位置，以提供舒适的工作环境。综上所述，生物力学在空间站内部设计中的应用旨在优化航天员的工作效率、舒适度和安全性。通过考虑人体工效学、人机工程学和人体适应性的因素，设计出符合航天员需求的空间站内部环境，使他们能够在太空中进行长期工作和生活。

13.2　航空航天生物力学的研究方法和技术

13.2.1　模拟和试验方法

在航空航天生物力学的研究中，使用多种模拟和试验方法来探索人体在空间环境中的生理和力学响应。以下是一些常用的模拟和试验方法。

(1) 失重模拟：失重模拟是通过地面试验设备或水下试验设备模拟太空中的微重力环境。常见的失重模拟设备包括离心机、水下试验池和空中飞行器，这些模拟设备可以用于研究人体在失重条件下的骨骼肌肉变化、平衡和协调性等方面的生物力学响应。

(2) 生物力学试验：生物力学试验是通过测量和分析人体运动、力量和力学特性来研究航空航天中的生物力学问题。常见的生物力学试验方法包括运动分析、力平台测量、肌电图分析和力学测试等，这些试验方法可以帮助研究人体在航空航天环境下的力学行为和适应性。

(3) 数值模拟：数值模拟是通过计算机建立数学模型，并利用计算力学方法进行模拟和预测。在航空航天生物力学研究中，常用的数值模拟方法包括有限元分析、计算流体动力学和多体动力学模型等，这些模拟方法可以帮助研究人体在航空航天条件下的力学行为和生理响应，以及优化相关装备和工具的设计。

(4) 人机交互模拟：人机交互模拟是通过虚拟现实技术创建虚拟环境，模拟人体与航空航天设备和工具的交互过程。通过人机交互模拟，可以评估人体在航空航天环境下的任务执行效果、负荷和适应性，这种模拟方法可以帮助改进设备和工具的人机界面设计，提高工作效率和人员安全性。

综上所述，模拟和试验方法是航空航天生物力学研究的重要工具。通过这些方法，研究人员可以模拟和研究人体在航空航天环境中的力学和生理响应，以便优化航空航天装备和工具的设计，提高航天员的工作效率和安全性。

案例1：在地面试验中模拟微重力环境的方法

在地面试验中模拟微重力环境是航空航天生物力学研究中常见的方法之一(图13.4)。以下是一些常用的方法。

(1) 离心机：离心机是一种通过离心力产生人工重力的设备。在离心机中，被研究的样品或试验对象可以暴露在模拟微重力或其他重力水平下的条件中。通过调整离心机的转速和半径，可以实现不同的重力水平。离心机可以用于研究人体骨骼肌肉变化、心血管功能、平衡和协调性等生物力学响应。

(2) 水下试验：水下试验是通过将试验对象置于水下来模拟微重力环境。水具有减轻重力效应的特性，可以使试验对象体验到类似微重力的感受。水下试验可以用

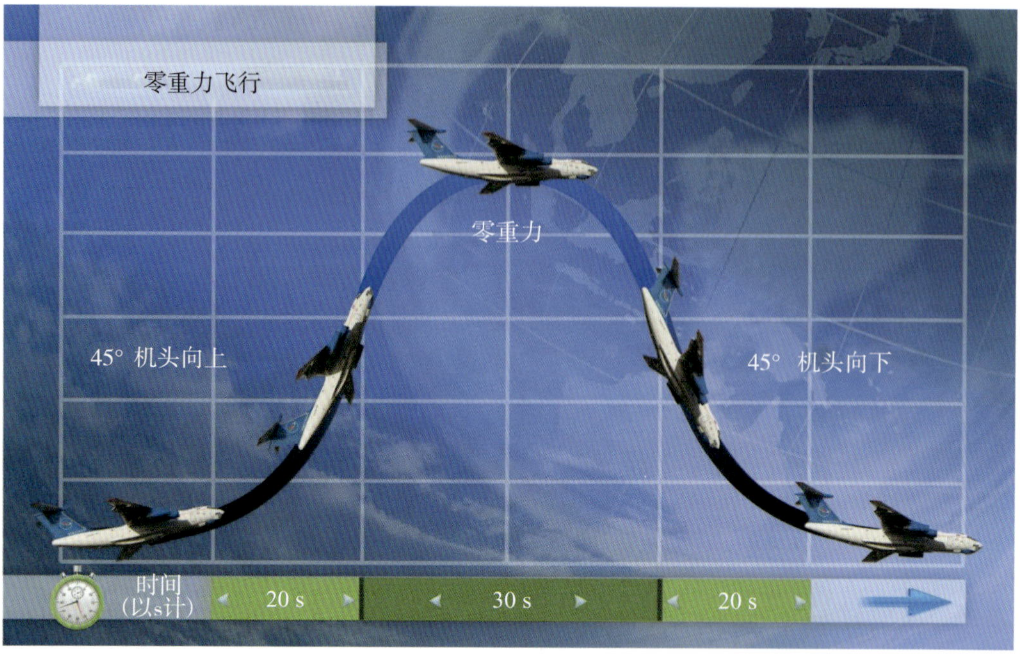

图 13.4　模拟微重力环境图

于研究人体在微重力环境下的运动、平衡和力学特性。

(3) 零重力飞机：零重力飞机是一种特殊的飞机，通过特殊的飞行轨迹和重力补偿设备，在飞行过程中产生短暂的失重状态。乘客在这种失重状态下可以体验到类似太空中的微重力感觉。零重力飞机常用于航空航天相关的试验和训练，包括研究人体生理和力学响应。

(4) 其他设备：除了离心机、水下试验和零重力飞机，还有其他一些设备和技术可用于模拟微重力环境，如旋转椅、空中飞行器和空气浮力装置等，这些设备可以根据需要模拟不同程度的微重力环境，用于研究人体在太空中的生物力学行为。

通过以上这些方法，研究人员可以在地面试验中模拟微重力环境，从而更好地了解人体在航空航天条件下的生理和力学响应，这些模拟方法为航空航天装备和工具的设计提供了重要的参考和优化依据，同时也有助于为航天员的训练和适应性提供支持。

案例 2：在飞行试验中模拟极限环境的方法

在飞行试验中模拟极限环境是航空航天生物力学研究中的重要内容(图 13.5)，以下是一些常用的方法。

(1) 高加速度模拟：高加速度是飞行中的一个极限环境，特别是在飞行器进行高速转弯或执行紧急机动时。为了模拟高加速度环境，可以使用离心机或飞行模拟器。离心机可以产生高加速度的环境，并对受

图 13.5　模拟极限环境飞行

试者进行生物力学测试。飞行模拟器则是一种飞行模拟设备，可以模拟真实飞行中的高加速度情况。

(2) 低氧环境模拟：在高海拔飞行或太空飞行中，会遇到低氧环境的挑战。为了模拟这种环境，可以使用低氧舱室或低氧模拟设备，这些设备可以降低空气中的氧气含量，使受试者暴露在低氧环境下进行试验，从而研究人体在低氧环境下的生理和力学响应。

(3) 高海拔模拟：高海拔环境中的气压和氧气含量较低，对人体的生理和力学功能有一定影响。为了模拟高海拔环境，可以使用高海拔模拟器，这些设备可以模拟高海拔地区的大气条件，包括降低气压和氧气含量，以及调节温度和湿度等参数。

(4) 温度和湿度控制：在一些特殊飞行任务中，可能会遇到极端的温度和湿度条件。为了模拟这些条件，可以使用温度和湿度控制设备，将试验环境调节到所需的温度和湿度范围，从而模拟真实的极限环境。

通过以上这些方法，研究人员可以在飞行试验中模拟极限环境，了解人体在这些条件下的生理和力学响应，这有助于优化飞行器和飞行员的设计，提高飞行安全性，并为航空航天领域的人体工程学和生物力学研究提供重要的依据。

13.2.2　计算和预测方法

在航空航天生物力学研究中，计算和预测方法被广泛应用于模拟和预测人体在不同环境和任务中的生理和力学响应。以下是一些常用的计算和预测方法。

(1) 生物力学建模：通过建立生物力学模型，可以预测人体在特定条件下的生理和力学响应，这些模型基于人体的解剖结构和生物力学特性，利用计算机仿真技术进行模拟和预测。常见的生物力学模型包括肌肉骨骼模型、关节模型和人体运动模型等。

(2) 有限元分析：有限元分析是一种数值计算方法，用于模拟和预测结构在外部载荷下的力学行为。在航空航天生物力学中，有限元分析可以用于预测飞行器结构和装备对人体的力学影响，例如座椅、舱内环境等。通过对结构进行离散化和建模，可以计算和预测结构的应力、变形和载荷分布等。

(3) 计算流体动力学：计算流体动力学是一种数值计算方法，用于模拟和预测流体在复杂几何体中的流动行为。在航空航天生物力学中，计算流体动力学可以用于模拟人体周围的气流和流体环境，如飞行器周围的空气流动、舱内气流等。通过对流体流动进行数值模拟，可以预测人体受到的气动力和风险。

(4) 人体工效学分析：人体工效学分析涉及人体和任务之间的交互作用，以评估人体在特定任务中的表现、舒适度和安全性等方面的影响，通过建立人体模型和运动分析技术，可以预测人体在特定任务中的姿势、力量需求、疲劳和受伤风险等。

以上这些计算和预测方法为航空航天生物力学研究提供了定量的工具和技术，可以预测人体在不同环境和任务中的生理和力学响应，这些方法的应用可以帮助优化航空航天设备和任务设计，提高飞行员的安全性和工作效率，并为航空航天领域的人体工程学研究提供重要的依据。

案例 1：使用计算模型预测飞行员在急速机动中的生理反应

在航空航天生物力学中，可以使用计算模型来预测飞行员在急速机动中的生理反应。模型通常基于人体生物力学和生理学的知识，结合飞行器的动力学模型和操纵输入，以预测飞行员在不同飞行动作中的生理状态和反应。

一种常见的方法是使用生物力学模型和有限元分析来模拟人体在急速机动中的力学响应(图 13.6)，该模型可以考虑飞行员身体的关节、肌肉和骨骼结构，以及各个部位的力学特性。通过模拟不同的机动动作，如加速、转弯、俯仰等，可以预测飞行员身体的受力情况、关节角度变化和肌肉活动等。

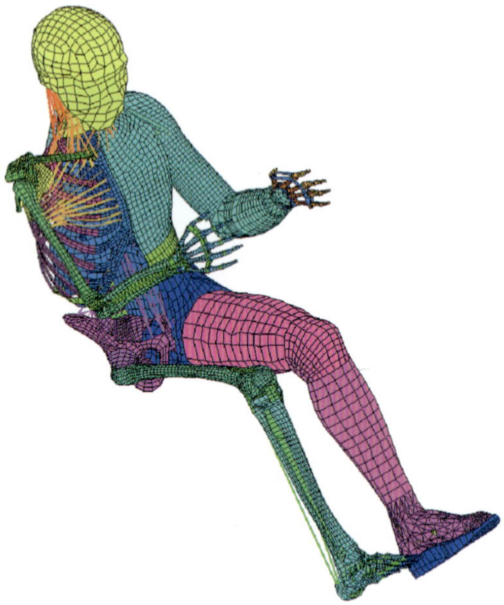

图 13.6　三维生物力学姿态建模示意图

另一种方法是使用生理学模型来估计飞行员在急速机动中的生理反应，这些模型基于人体生理学的知识，包括心血管系统、呼吸系统和神经系统等。通过考虑飞行员的生理参数，如心率、血压、呼吸率等，以及相应的生理反应机制，可以预测飞行员在急速机动中的生理负荷和适应能力。

通过这些计算模型，研究人员和设计人员可以评估飞行员在急速机动中的生理状况，识别潜在的生理限制和风险，并优化飞行器和任务设计，以提高飞行员的安全性和工作效率。此外，这些模型还可以用于制订飞行员训练计划，以提高他们对急速机动的适应能力和抗压能力。

计算模型仅为预测和模拟，并不能取代实际的飞行员测试和监测。因此，在实际操作中，仍需要结合试验和观测数据，以验证和改进这些模型的准确性和适用性。

案例 2：使用计算模型预测宇航员在长期太空飞行后的骨骼改变

使用计算模型来预测宇航员在长期太空飞行后的骨骼改变是航空航天生物力学研究的重要应用之一。在长期失重环境下，宇航员会经历骨质丢失和肌肉萎缩等生理变化，这可能会对他们的健康和执行任务能力产生负面影响。因此，了解并预测这些骨骼改变对于制订有效的预防和康复策略至关重要。

计算模型通常基于人体骨骼系统的生物力学和生理学知识，以及宇航员在太空环境中的运动和生活习惯数据，这些模型可以模拟骨骼的负荷传递、骨骼重建和骨质代谢等过程。通过改变模型中的参数，如骨密度、骨质破坏速率等，可以预测宇航员在太空飞行期间和返回地球后骨骼的变化情况(图 13.7)。

利用这些计算模型，研究人员可以评估宇航员在不同任务时间和工作负荷下的骨骼状况，并提出相应的预防和干预措施。例如，他们可以通过模拟不同的运动和抗重力锻炼方案，预测骨骼负荷的变化和骨质改善的效果，这有助于指导太空飞行任务中的运动训练和康复计划，以减轻骨质丢失和促进骨骼健康。

这些计算模型仅为预测和模拟，并不能完全代替实际的宇航员监测和测量。因此，在实际操作中，仍需要结合实际的太空飞行数据和宇航员监测结果，以验证和改进这些模型的准确性和适用性。同时，综合考虑宇航员的个体差异和任务特点，以制订个性化的骨骼健康管理策略，是更为全面和有效的方法。

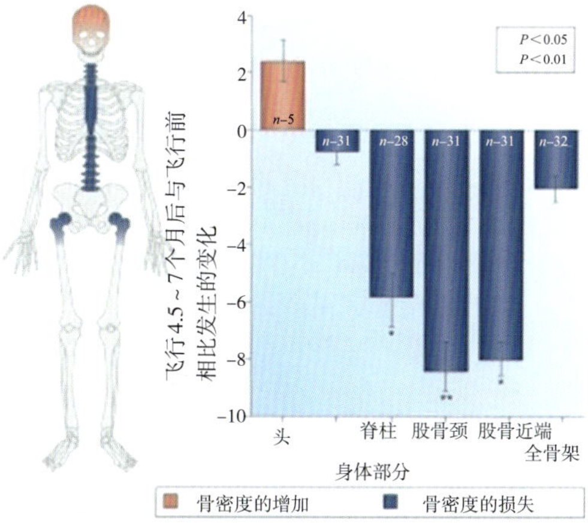

图13.7　预测骨骼改变的计算模型示意图

13.3　航空航天生物力学的应用和挑战

13.3.1　在航空领域的应用和挑战

航空领域中的生物力学应用涵盖了多个方面，包括飞行员座椅设计、飞行员疲劳管理、飞行员人机界面优化等，这些应用旨在提高飞行员的舒适性、安全性和工作效率，从而增强飞行员的工作能力和任务执行能力。

在飞行员座椅设计方面，生物力学的应用可以帮助优化座椅的人体工程学设计，以提供更好的支撑和减轻飞行员长时间坐姿带来的不适。通过分析飞行员的人体尺寸、骨骼结构和运动范围等数据，可以设计符合人体工程学原理的座椅，提供良好的支撑和舒适性。

飞行员疲劳管理是航空领域中的一个重要挑战。长时间的飞行任务和飞行员的工作负荷可能导致疲劳，影响其反应能力和决策能力。生物力学分析可以用于评估飞行员的生理和心理疲劳水平，通过监测心率、眼动、姿势变化等指标来识别疲劳状态，并提供相应的干预措施，例如调整任务安排、提供休息时间等，以减轻飞行员的疲劳程度。

另一个挑战是优化飞行员人机界面，使其更加符合人体工程学原理和人的认知特点。通过研究人体感知、反应和决策过程，可以设计更直观、易于操作的飞行员控制界面和信息显示系统，提高飞行员的操作效率和错误识别能力。

然而，航空领域中的生物力学应用也面临一些挑战。首先，个体差异性是一个重要考虑因素，每个飞行员的生理特点和工作需求可能不同，因此需要个性化的设计和管理策略，其次，实施生物力学分析和应用需要大量的数据和测量，这可能在实际操作中存在困难和成本问题。此外，生物力学应用的效果评估和验证也是一个挑战，需要进行大规模的试验和数据分析来验证其有效性。

因此，航空领域中的生物力学应用需要综合考虑工程技术、人体生理学和心理学等多个学科的知识和方法，以实现更安全、高效和人性化的航空系统设计和操作。

案例 1：飞行模拟器设计

飞行模拟器是飞行员培训的关键工具(图 13.8)，它模拟真实的飞行环境，让飞行员能够在安全的条件下进行各种训练和飞行操作。生物力学在飞行模拟器设计中的应用旨在提供逼真的飞行体验，并使训练过程更符合人体工程学原理。

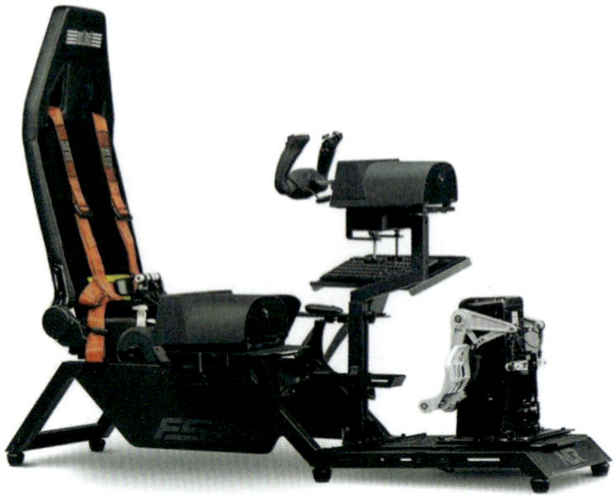

图 13.8　飞行模拟器

(1) 人体工程学座椅设计：飞行模拟器中的座椅设计需要考虑飞行员的舒适性和支持性。生物力学分析可以帮助确定正确的座椅尺寸、座位角度和支撑点位置，以减轻长时间坐姿带来的不适，并提供适当的支撑，以确保飞行员的身体姿势符合飞行操作的要求。

(2) 人机界面设计：飞行模拟器的控制台和显示屏需要与飞行员的身体尺寸和运动范围相匹配，以便飞行员能够轻松访问和操作。生物力学分析可以帮助确定合适的控制台高度、按钮和控制杆的位置，以及显示屏的布局和大小，以最大程度地满足飞行员的操作需求。

(3) 运动反馈系统设计：飞行模拟器的运动反馈系统对于模拟真实的飞行感觉至关重要。生物力学分析可以帮助确定合适的运动幅度、加速度和频率，以确保运动反馈系统能够准确地模拟飞行过程中的加速度、转弯和振动等感觉，从而提供更真实的训练体验。

(4) 身体负荷仿真：飞行员在飞行过程中会承受各种身体负荷，如加速度、重力和震动等。生物力学分析可以帮助确定正确的负荷参数，以在训练中模拟这些负荷，帮助飞行员适应和应对真实飞行中的身体负荷，提高他们的身体适应能力和操作技能。

通过应用生物力学分析和原理，飞行模拟器的设计可以更好地符合飞行员的人体工程学需求，提供逼真的飞行体验，并帮助飞行员培养和提高他们的操作技能，这种设计方法可以减少飞行员在实际飞行中的训练时间和风险，并提高整体的飞行安全性。

案例 2：生物力学在应对高重力环境中的挑战

在航空领域，高重力环境是一个常见但具有挑战性的问题，特别是在高速飞行和空战中。生物力学的应用可以帮助飞行员应对高重力环境，减轻身体的负荷和降低飞行员在高重力环境下的风险(图 13.9)。以下是一个案例，展示了生物力学在应对高重力环境中的应用。

案例：防护装备设计。

高重力环境对飞行员的身体会施加很大的力量，尤其是对头部、颈部和胸部。因此，防护装备的设计至关重要，旨在减少飞行员在高重力环境下的身体负荷和损伤风险。

图13.9　高重力环境图

(1) 飞行头盔设计：生物力学分析可以帮助设计具有适当减震和缓冲功能的飞行头盔，以减轻头部在高重力环境中的冲击和振动。头盔的设计应考虑头部的形状和尺寸，以确保紧密贴合并提供适当的支撑和保护。

(2) 颈部支撑系统设计：生物力学分析可以帮助设计颈部支撑系统，以减少颈部在高重力环境中的扭曲和受力，这可能包括颈部支撑架、颈圈和其他支撑装置，以稳定飞行员的颈部，减少颈椎的受力和损伤风险。

(3) 胸部保护装置设计：生物力学分析可以帮助设计胸部保护装置，以减轻胸部在高重力环境中的压力和挤压，这可能包括胸部防护背心、气垫装置或其他可调节的支撑系统，以提供适当的支撑和保护。

通过应用生物力学分析和原理，防护装备的设计可以减轻飞行员在高重力环境中的身体负荷和损伤风险，这种设计方法可以提高飞行员的舒适性和安全性，使他们能够在高重力环境下更好地应对挑战，并提高飞行的成功率和效率。

13.3.2　在航天领域的应用和挑战

在航天领域，生物力学的应用和挑战涉及宇航员的健康和舒适性，以及宇航器和航天器的设计和操作。以下是一个案例，展示了生物力学在航天领域的应用和挑战。

案例：宇航员适应性和健康管理。

在长期太空飞行任务中，宇航员的适应性和健康管理是一个重要的挑战。生物力学的应用可以帮助监测宇航员的生理状态、适应性和健康状况，以及提供相应的支持和干预措施。

(1) 生理参数监测：生物力学传感器和监测装置可以用于实时监测宇航员的生理参数，如心率、血压、呼吸频率、体温等，这些数据可以提供关于宇航员健康状况和适应性的重要信息，帮助识别潜在的健康问题和提供适当的医疗支持。

(2) 运动和骨骼健康管理：长期太空飞行会对宇航员的骨骼和肌肉健康产生负面影响。生物力学分析可以帮助评估宇航员的运动能力和骨骼健康状况，并提供相应的运动训练和骨骼保护方案，以减轻这些不良影响。

(3) 人机界面设计：在航天器的设计和操作中，人机界面的设计是关键因素。生物力学分析可以帮助评估宇航员与航天器系统的交互效果和舒适性，优化人机界面的设计，提高任务执行的效率和安全性。

通过应用生物力学的原理和技术，可以解决航天领域中涉及宇航员适应性、健康管理和舒适性的挑战，这有助于确保宇航员的身体和心理健康，并提高宇航任务的成功率和效率。此外，生物力学的应用还有助于改进航天器系统的人机交互设计，提高操作员的工作效率和安全性。

案例 1：生物力学在太空行走模拟中的应用

在太空任务中，宇航员需要进行太空行走任务，例如在太空站外进行维修和建设工作。然而，在太空中的行走环境与地球上的行走环境存在很大的差异，因此需要进行太空行走模拟来研究宇航员在这种特殊环境下的运动特征和适应性(图13.10)。以下是一个案例，展示了生物力学在太空行走模拟中的应用。

案例：太空行走模拟试验。

为了研究宇航员在太空行走任务中的运动特征和适应性，科学家和工程师进行了太空行走模拟试验，这些试验通常在地面上进行，模拟太空中的微重力环境和太空服的使用。

图 13.10　太空行走模拟试验图

(1) 重力减载装置：为了模拟太空中的微重力环境，研究人员使用重力减载装置，例如水池或悬挂系统。这些装置可以减少地球引力对宇航员的影响，使其能够体验到类似太空行走的条件。

(2) 太空服仿真：研究人员使用太空服仿真装置，模拟宇航员在太空行走任务中穿着太空服的情况，这些仿真装置包括太空服外部结构、关节限制和压力调节系统，以便研究人员可以评估宇航员在太空服下的运动特征和适应性。

(3) 运动分析：通过运动捕捉系统和生物力学分析，研究人员可以记录和分析宇航员在太空行走模拟试验中的运动数据，这些数据可以包括步态参数、肌肉活动模式、关节力和身体稳定性等，从而了解宇航员在太空行走任务中的运动模式和生物力学特征。通过太空行走模拟试验，研究人员可以更好地理解宇航员在太空行走任务中的

运动特征和适应性，这些研究结果可以用于优化太空服设计、改进宇航员训练计划，并提供有关太空行走任务的指导和建议，以确保宇航员的安全和任务的成功。

案例 2：对抗太空环境对人体骨骼改变的挑战

在长期太空任务中，宇航员会经历微重力环境，这对其骨骼系统造成了一系列挑战。由于缺乏重力刺激，宇航员的骨密度和骨质量会逐渐下降，可能导致骨质疏松和骨折的风险增加。生物力学在对抗这些挑战时面临以下挑战。

(1) 重力模拟：为了对抗太空环境对骨骼的负面影响，研究人员尝试使用重力模拟装置来提供类似地球引力的刺激。然而，创造适当的重力模拟环境是一项技术上的挑战，因为需要准确模拟地球上的重力，并确保其对骨骼系统产生适当的生理刺激。

(2) 训练计划：为了增强宇航员的骨骼健康，研究人员需要开发合适的训练计划，包括骨质疏松预防和康复计划。然而，设计适合太空环境的训练计划需要考虑到微重力条件下的运动限制和适应性变化，这对于生物力学研究提出了挑战。

(3) 数据收集和分析：在太空任务中收集和分析宇航员的骨骼生物力学数据也是一项挑战。由于太空任务的特殊性，获取准确的骨骼生物力学数据可能受到限制，例如受限的数据采集设备和宇航员的行动自由度。因此，研究人员需要寻找创新的方法和技术来收集和分析这些数据，以深入了解太空环境对骨骼的影响(图13.11)。

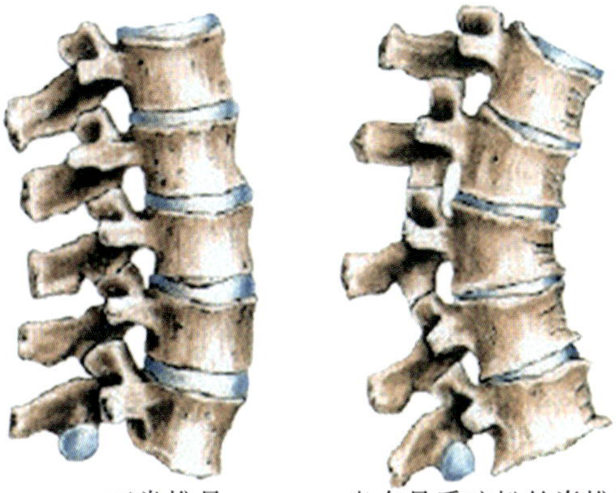

图13.11　太空环境的人体骨骼改变示意图

通过克服这些挑战，生物力学研究可以为对抗太空环境对人体生理的影响提供重要的洞察和解决方案，这将有助于改进宇航员的骨骼健康管理和预防措施，确保他们在长期太空任务中保持良好的健康和执行任务的能力。

第 14 章　生物力学的未来与挑战

14.1　生物力学的未来发展方向

14.1.1　生物力学的新兴领域与应用

1.微纳生物力学

微纳生物力学是生物力学领域的新兴研究方向，它涉及微观和纳米尺度上的生物力学现象和问题。以下是对微纳生物力学的概述。

微纳生物力学研究关注微观和纳米级别的生物体力学特征和现象，例如细胞的力学特性、细胞-基质相互作用、蛋白质和细胞骨架的力学行为等，它结合了生物力学、纳米技术和微流体力学等学科的理论和方法，用于研究生物体内微观力学的本质和其与生物功能之间的关系。

微纳生物力学的应用领域非常广泛，涵盖了生物医学、生物工程、药物输送等领域。以下是一些微纳生物力学的应用方向。

(1) 细胞力学研究：微纳生物力学可以用于研究细胞的力学特性，例如细胞的变形、刚度、黏附力等。这对于理解细胞的功能和疾病发生机制具有重要意义。

(2) 纳米材料和生物界面研究：微纳生物力学可以用于研究纳米材料在生物体内的相互作用和影响，例如纳米颗粒在细胞中的摄取和释放过程，这对于纳米医学和纳米生物传感器的设计具有重要意义。

(3) 生物组织工程研究：微纳生物力学可以用于研究生物组织工程中的细胞-基质相互作用、细胞迁移和组织重构等过程，这对于开发新的生物材料和组织工程方法具有重要意义。

(4) 药物输送和治疗研究：微纳生物力学可以用于研究药物在细胞和组织中的输送和释放过程，以及药物对细胞和组织的力学响应，这有助于改进药物输送系统的设计和优化药物治疗效果。

微纳生物力学面临一些挑战，例如技术和仪器的发展、数据分析的复杂性、尺度效应的考虑等。克服这些挑战需要多学科的合作和创新的研究方法，但也为生物力学领域带来了巨大的发展机会。

2.虚拟和增强现实在生物力学研究和应用中的角色

虚拟现实(virtual reality, VR)和增强现实(augmented reality, AR)是一种将计算机生成的虚拟信息与真实世界进行融合的技术，它们在生物力学研究和应用中扮演着重要的角色。以下是对虚拟和增强现实在生物力学领域的应用和作用的概述。

(1) 模拟训练和可视化：虚拟和增强现实可以用于模拟和可视化生物力学试验和训练。研究人员和从业人员可以通过虚拟环境中的交互和可视化效果来模拟和试验不同的生物力学情境，以便更好地理解和研究人体运动、力学和生理反应。

(2) 运动分析和姿势矫正：虚拟和增强现实可以用于运动分析和姿势矫正。通过使用传感器和追踪设备，结合虚拟和增强现实技术，可以实时跟踪和分析人体的运动、姿势和力学参数，为训练和康复提供即时的反馈和指导。

(3) 生物力学模型和模拟：虚拟和增强现实可以与生物力学模型结合，实现生物力学行为的模拟和仿真。通过创建虚拟模型和场景，研究人员可以进行多种试验和预测，以评估人体运动、力学和生理响应的不同情况和变化。

(4) 人机交互和人体感知：虚拟和增强现实可以改善人机交互和人体感知的体验。通过使用虚拟和增强现实技术，可以提供更加沉浸式和真实的交互环境，使研究人员和从业人员能够更好地感知和理解人体的运动和力学特征。

虚拟现实和增强现实在生物力学研究和应用中的角色还在不断发展和扩大。随着技术的进步和创新，虚拟和增强现实将为生物力学领域带来更多的机会和挑战，促进研究和应用的进一步发展。

14.1.2 生物力学与其他学科的交叉融合

1. 生物力学与基因学的交叉

生物力学与基因学的交叉是指将生物力学和基因学两个领域进行结合和交叉研究，以深入了解生物体的结构、功能和行为背后的基因调控机制，这种交叉研究可以提供对生物体运动、力学和生理特征的更深入的理解，并揭示基因对这些特征的调控作用。以下是生物力学与基因学交叉研究的一些应用和意义。

(1) 遗传变异与运动能力：通过研究人体基因组的遗传变异，可以揭示不同个体之间在运动能力和运动表现上的差异，这有助于人们了解哪些基因对于肌肉力量、耐力、灵活性等生物力学特征的变异具有影响，并为个体化训练和康复提供依据。

(2) 基因调控与骨骼发育和适应性：生物力学研究可以揭示骨骼在力学负荷下的适应性和发育过程。结合基因组学的信息，可以研究基因在骨骼发育和适应性过程中的调控机制，深入了解骨骼相关疾病的遗传因素以及预防和治疗的策略。

(3) 基因表达与肌肉适应性：生物力学刺激可以引发肌肉的适应性反应，包括肌肉增长、肌肉力量的增加等。通过基因表达研究，可以了解哪些基因在肌肉适应性过程中发挥重要作用，从而为优化运动训练、康复和肌肉疾病治疗提供指导。

(4) 基因与损伤恢复：生物力学损伤和康复过程涉及到基因的表达和调控。研究基因在损伤修复、组织再生和康复过程中的作用，可以促进对运动损伤的理解，并为个体化康复计划的制订提供依据。

生物力学与基因学的交叉研究为人们深入理解生物体的结构、功能和适应性提供了新的视角，这种跨学科的研究有助于揭示生物体多种层次之间的相互关系，并为个体化医学和运动训练的发展提供了新的机会和挑战。

2.生物力学与神经科学的交叉

生物力学与神经科学的交叉研究是指将生物力学和神经科学两个领域进行结合和交叉研究,以探索生物体的运动控制、神经机制和行为表现之间的关系,这种交叉研究可以深化人们对神经系统对生物力学行为的调控作用的理解,同时也为神经科学提供了一个具体的应用场景。以下是生物力学与神经科学交叉研究的一些应用和意义。

(1)运动控制与神经机制:生物力学研究可以提供关于运动执行、姿势调整和力学控制的信息。结合神经科学的方法,可以揭示运动控制的神经机制,包括运动信号的产生、传输和处理过程,以及神经元网络的协调和调节机制。

(2)神经可塑性与运动学习:生物力学试验可以提供一系列的运动学和动力学参数,用于研究运动学习和神经可塑性。结合神经科学的技术,可以揭示神经系统在学习和适应过程中的变化,包括突触连接的改变、神经元活动的重塑以及神经通路的调整。

(3)运动障碍和神经疾病的研究:生物力学研究可以帮助人们了解神经疾病和运动障碍的生理机制,并提供诊断和治疗的依据。结合神经科学的方法,可以深入探索神经疾病的神经机制,并为开发治疗策略和康复方法提供指导。

(4)脑-机接口技术的发展:生物力学与神经科学的交叉研究也推动了脑-机接口技术的发展,这种技术通过记录大脑活动并将其转化为运动指令,实现与外部设备的交互。生物力学和神经科学的结合为脑-机接口技术的优化和应用提供了理论和试验基础(图14.1)。

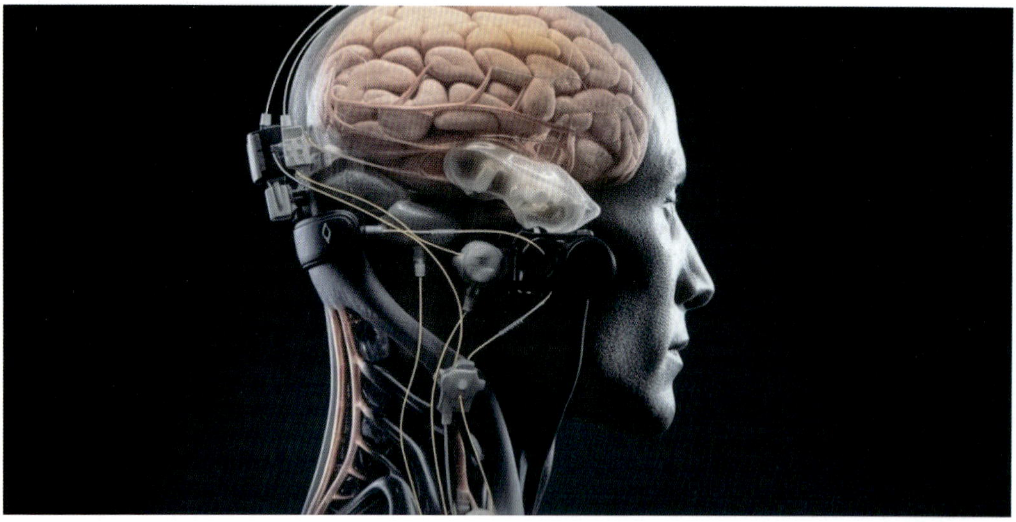

图14.1 脑-机接口技术示意图

生物力学与神经科学的交叉研究有助于深入理解运动控制和神经机制之间的关系,并为运动障碍的治疗和康复提供新的思路和方法,这种跨学科的合作有望推动神经科学和生物力学领域的发展,并为未来的神经控制和康复技术提供创新和突破。

14.2　技术推动生物力学的发展

14.2.1　新材料与新技术在生物力学中的应用

新材料和新技术在生物力学领域的应用具有重要的意义，可以推动生物力学研究的发展和应用的创新。新材料和新技术在生物力学中的应用如下。

(1) 生物可降解材料：生物可降解材料在生物力学中的应用广泛，特别是在组织工程和医疗器械设计中，这些材料可以模拟生物体的力学性质，同时能够逐渐降解并与生物组织进行交互。生物可降解材料的应用可以促进组织修复和再生，例如在骨骼组织工程中用于制造骨修复材料或支架。

(2) 纳米技术：纳米技术在生物力学中的应用也逐渐受到关注。通过纳米材料的设计和制备，可以调控材料的力学特性和表面特性，从而实现对生物体的精确控制和干预。例如，纳米纤维支架可以用于组织工程和创伤修复，其纳米级的结构可以模拟生物组织的特征，并促进细胞生长和组织再生。

(3)3D打印技术：3D打印技术在生物力学中的应用具有巨大潜力，它可以用于制造个性化的生物材料和器械，例如人工关节和组织工程支架。通过3D打印技术，可以实现对材料的精确控制和定制化设计，以满足不同患者的需求和解决特定的生物力学问题。

(4) 虚拟和增强现实技术：虚拟和增强现实技术在生物力学中的应用可以提供更直观、交互和沉浸式的体验。通过虚拟和增强现实技术，研究人员可以模拟和可视化生物力学过程，例如模拟运动和力学分析，以及进行人体姿势和运动的仿真，这些技术有助于更好地理解生物力学现象，并在医疗和康复领域提供更有效的训练和治疗方法。

新材料和新技术的应用为生物力学研究带来了新的机遇和挑战，它们的引入可以扩展研究的范围，提高研究的准确性和可重复性，并促进生物力学的应用创新和发展。随着新材料和新技术的不断发展和应用，可以期待生物力学领域的进一步进展和突破。

1.生物力学在新型生物材料设计中的作用

生物力学在新型生物材料设计中发挥着重要作用，它通过研究和理解生物体的力学行为，为新型生物材料的设计和优化提供了关键的指导和依据。生物力学在新型生物材料设计中的作用如下。

(1) 力学性能评估：生物力学可以用来评估新型生物材料的力学性能，包括强度、刚度、韧性等。通过力学测试和分析，可以了解材料在受力情况下的变形行为和破坏机制，以评估其可靠性和适用性。

(2) 生物相容性评估：新型生物材料的生物相容性是其在生物体内应用的关键因素。生物力学可以通过研究材料与生物组织的相互作用，评估材料的生物相容性，包括细胞相容性、组织相容性和免疫相容性等，这有助于确定材料是否适合用于生物医学领域，并指导材料的优化设计。

(3)组织工程支架设计：生物力学在设计和优化组织工程支架方面发挥着重要作用。通过生物力学模拟和分析，可以确定支架的结构和材料参数，以满足特定组织工程应用的力学需求。例如，在骨组织工程中，生物力学可以帮助确定支架的孔径、孔隙率和力学刺激等因素，以促进骨细胞生长和骨组织再生。

(4)生物力学仿真：生物力学仿真可以模拟新型生物材料在生物体内的力学行为，并预测其在不同力学环境下的性能(图 14.2)。通过生物力学仿真，可以优化材料的设计和参数，以满足特定的应用需求，这可以减少试验成本和时间，并提供对材料行为的深入理解。

图 14.2　生物力学仿真图

综上所述，生物力学在新型生物材料设计中的作用是至关重要的，它通过力学性能评估、生物相容性评估、组织工程支架设计和生物力学仿真等手段，为新型生物材料的研发和应用提供科学依据和指导，推动生物材料领域的创新和发展。

2.生物力学在3D打印组织和器官中的作用

生物力学在3D打印组织和器官方面发挥着重要作用，以下是生物力学在这一领域的作用。

(1)结构设计和优化：生物力学可以用于设计和优化3D打印组织和器官的结构。通过生物力学模拟和分析，可以确定合适的结构形态、孔隙率、孔径大小等参数，以提高组织和器官的力学性能和生物相容性。

(2)力学性能评估：生物力学可以用来评估3D打印组织和器官的力学性能，包括刚度、强度、韧性等。通过力学测试和仿真分析，可以了解材料在受力情况下的变形行为和破坏机制，以确保其能够承受生物体内的力学负荷。

(3) 生物相容性评估：生物力学可以用于评估3D打印组织和器官的生物相容性。通过研究材料与生物组织的相互作用，可以评估材料的细胞相容性、组织相容性和免疫相容性等特性，以确保其适用于生物医学应用。

(4) 功能优化：生物力学可以帮助优化3D打印组织和器官的功能。通过生物力学模拟和优化设计，可以改善组织和器官的生物力学性能，使其能够更好地模拟自然组织和器官的功能。

综上所述，生物力学在3D打印组织和器官方面的应用非常重要，它可以用于结构设计和优化、力学性能评估、生物相容性评估和功能优化，为3D打印组织和器官的研发和应用提供科学依据和指导，推动生物医学领域的创新和进步。

14.2.2　大数据和人工智能在生物力学中的应用

1.大数据在生物力学研究中的角色

大数据在生物力学研究中发挥着重要的角色，以下是大数据在生物力学研究中的一些主要作用。

生物力学模型和模拟融合了有关人体运动的数据，包括关节运动学、关节力矩和地面反作用力，以产生肌肉力、肌肉激活和关节反作用力的估计。

(1) 数据获取和存储：大数据技术可以用于高效地获取和存储生物力学相关的大量数据，包括运动数据、生理数据、力学数据等。通过传感器、监测设备和图像采集等技术，可以实时地获取大量的生物力学数据。

(2) 数据分析和挖掘：大数据分析和挖掘技术可以帮助研究人员从海量的生物力学数据中提取有价值的信息和模式。通过应用统计学、机器学习和数据挖掘算法，可以识别运动模式、发现相关因素、预测运动能力等。

(3) 模型建立和验证：大数据可以用于建立更精确和可靠的生物力学模型。通过整合大量的生物力学数据，可以建立更准确的模型，用于预测和解释生物力学现象，并验证模型的准确性和适用性。

(4) 个性化医学和康复：大数据可以用于个体化的医学和康复方案制订。通过对大量的个体数据进行分析，可以实现个体差异的评估和定制化的康复方案设计，以提高治疗效果和康复进展。

(5) 数据共享和协作：大数据技术可以促进数据的共享和协作。研究人员可以通过共享和整合不同来源的生物力学数据，实现跨学科和跨机构的合作研究，从而加快科学进步和解决复杂问题。

综上所述，大数据在生物力学研究中的作用不可忽视，它可以帮助研究人员获取、存储、分析和挖掘大量的生物力学数据，用于模型建立和验证、个性化医学和康复，促进数据共享和协作。随着技术的不断发展，大数据将在生物力学领域发挥越来越重要的作用，为研究和应用提供更深入的理解和创新。

2.人工智能在解析和预测生物力学行为中的应用

人工智能在解析和预测生物力学行为中发挥着重要的作用。以下是人工智能在生物力学研究中的一些主要应用。

(1)运动行为分析：人工智能可以用于分析和识别人体的运动行为，包括姿势识别、动作分类和运动轨迹预测等。通过深度学习和计算机视觉技术，可以从传感器数据、图像或视频中提取关键信息，实现高精度的运动行为分析。

(2)动力学模拟和预测：人工智能可以用于建立复杂的生物力学模型，预测人体在特定条件下的运动行为和力学响应。通过整合大量的生物力学数据和模型训练，人工智能可以实现精确的动力学模拟和预测，帮助研究人员更好地理解和预测人体的力学行为。

(3)个体化康复和训练：人工智能可以根据个体的特征和需求，定制个性化的康复和训练方案。通过分析个体的生物力学数据和运动表现，人工智能可以自动调整训练强度和方向，提供个性化的反馈和指导，帮助个体实现更好的康复和训练效果。

(4)运动损伤预防：人工智能可以通过分析和整合大量的生物力学数据，预测和识别潜在的运动损伤风险因素。基于这些预测结果，人工智能可以提供个性化的运动建议和调整，帮助人们采取适当的措施预防运动损伤的发生。

(5)智能辅助设备和装备：人工智能可以嵌入到辅助设备和装备中，实现智能化的辅助功能。例如，智能义肢和智能助行器可以利用人工智能算法来适应用户的运动需求和行为模式，提供更准确和灵活的辅助功能。

综上所述，人工智能在解析和预测生物力学行为方面具有广泛的应用，它可以帮助分析运动行为、预测力学响应、定制个性化康复和训练方案、预防运动损伤，并实现智能化的辅助设备和装备。随着人工智能技术的不断发展和进步，它将在生物力学研究和应用中发挥越来越重要的作用，为人们提供更深入的理解和更精确的预测。

14.3 生物力学面临的挑战

14.3.1 理论与实践的差距

1.试验数据和理论模型的匹配问题

匹配试验数据和理论模型在生物力学研究中面临一些挑战，包括以下方面。

(1)数据量和质量：生物力学研究需要大量的试验数据来支持模型的建立和验证。然而，获取大规模、高质量的生物力学数据是一项挑战。试验数据的采集和处理可能受到技术限制、设备精度、测量误差等因素的影响，从而影响数据的质量和可靠性。

(2)复杂性和多样性：生物力学现象往往具有复杂性和多样性，包括不同个体之间的差异、不同运动模式和力学环境下的变化等，这使得选择合适的理论模型和建立统一的框架变得具有挑战性。在模型匹配过程中，需要考虑如何处理多样性和个体差异，以提高模型的适应性和预测能力。

(3)参数估计和不确定性：理论模型通常包含一些参数，用于调节模型与试验数据的拟合。然而，参数估计是一个复杂的问题，其中涉及参数选择、优化算法和不确定性分析等。确定参数的值以使模型与试验数据相匹配是一个挑战，同时需要考虑参数估计的不确定性和灵敏度。

(4) 模型复杂性和计算复杂度：为了更好地描述生物力学现象，理论模型可能需要具备一定的复杂性。然而，复杂模型可能需要更多的参数估计和计算复杂度，可能超出了可获得的试验数据的范围。因此，如何在模型复杂性和计算复杂度之间找到平衡，以实现合理的模型匹配，是一个挑战。

(5) 跨学科合作和数据共享：生物力学研究涉及多个学科领域，包括工程学、生物学、医学等。有效的数据共享和跨学科合作是实现试验数据和理论模型匹配的关键。然而，不同学科之间的语言和方法的差异，以及数据的隐私和保密性等问题，可能限制了数据共享和跨学科合作的程度。

综上所述，匹配试验数据和理论模型在生物力学研究中面临着一些挑战。克服这些挑战需要关注数据量和质量、复杂性和多样性、参数估计和不确定性、模型复杂性和计算复杂度，以及跨学科合作和数据共享等方面。通过克服这些挑战，可以更好地实现试验数据与理论模型的匹配，推动生物力学研究的发展。

2.生物力学理论在实际应用中的限制

在实际应用中，生物力学理论面临一些限制和挑战，包括以下方面。

(1) 简化假设：生物力学理论往往需要基于一些简化假设来建立模型，这些假设可以降低模型的复杂性，但也可能导致与真实生物系统的差异，例如，忽略某些生物组织的非线性特性或复杂的生物力学相互作用，这些简化假设可能限制了生物力学理论在某些实际应用中的准确性和适用性。

(2) 个体差异：生物力学理论往往是基于平均生理参数和标准模型进行建立的。然而，个体之间存在着差异，包括生理结构、组织特性和运动模式等方面的差异，这些个体差异可能影响生物力学理论在不同个体之间的适用性和准确性。

(3) 缺乏完整数据：生物力学理论需要依赖大量的试验数据来验证和校准模型。然而，获取完整的、准确的生物力学数据可能是一项挑战，特别是对于某些特殊情况或人群。缺乏完整的数据可能限制了生物力学理论在实际应用中的可靠性和有效性。

(4) 复杂性和计算复杂度：生物力学涉及复杂的生物组织结构和相互作用，以及多尺度的力学分析。建立精确的生物力学模型可能需要考虑多个因素和多个尺度的相互作用，这导致了计算复杂度的增加。因此，在实际应用中，处理复杂性和计算复杂度的挑战是一个重要的限制。

(5) 跨学科合作和数据共享：生物力学理论的应用涉及多个学科领域，需要跨学科的合作和数据共享。然而，不同学科之间的语言和方法的差异，以及数据的隐私和保密性等问题，可能限制了跨学科合作和数据共享的程度，进而限制了生物力学理论在实际应用中的发展。

综上所述，生物力学理论在实际应用中面临一些限制，包括简化假设、个体差异、缺乏完整数据、复杂性和计算复杂度，以及跨学科合作和数据共享等方面。克服这些限制需要持续的研究和合作，以改进理论模型和数据获取方法，以及促进跨学科的交流和合作，以推动生物力学理论在实际应用中的发展和应用。

14.3 结语：生物力学的未来展望

生物力学作为研究生物体运动和力学行为的学科，在医学、运动科学、工程学等领域扮演着重要的角色。随着科学技术的不断发展和创新，生物力学领域面临着许多令人期待的未来发展。

首先，新材料和新技术的出现将为生物力学研究带来新的机遇。新型生物材料的设计和应用，如生物可降解材料和仿生材料，将促进生物力学的应用和发展。此外，

3D打印技术的发展使得生物力学研究可以更加精细地模拟和研究人体组织和器官的力学行为，为医疗和组织工程领域提供更好的解决方案。

其次，大数据和人工智能的应用将为生物力学研究带来新的突破。大数据的积累和分析将使得研究人员能够更全面、准确地了解生物体的力学行为和生理特征。同时，人工智能的发展将使得生物力学模型的预测和分析更加精确和高效，为医疗诊断、运动训练和康复治疗等领域提供更好的解决方案。

此外，生物力学与其他学科的交叉将为未来的发展提供新的方向。生物力学与基因学和神经科学的交叉研究将揭示生物体运动和力学行为的更深层次机制，为疾病治疗和人体功能改善提供新的思路和方法。

然而，生物力学研究仍面临一些挑战。复杂性和计算复杂度、个体差异、数据获取和处理等问题仍需要克服。跨学科合作和数据共享也需要进一步加强，以促进生物力学研究的发展和应用。

综上所述，生物力学作为一门跨学科的领域，具有广阔的发展前景。未来，可以期待生物力学在医学、工程学、运动科学等领域的应用不断深化和拓展，为人类健康和生活质量的提升做出更大的贡献。同时，解决当前面临的挑战和限制也需要持续的努力和创新，以推动生物力学研究的发展并为人类福祉做出更大的贡献。

14.3.1 预期的技术和理论进步

在生物力学领域，可以期待未来的技术和理论进步将推动研究和应用的发展。以下是一些预期的技术和理论进步。

(1)先进的传感技术：随着传感技术的不断发展，可以期待更先进、更精确的传感器和测量设备的出现，这将使研究人员能够更准确地获取和分析生物体的力学数据，从而更好地理解生物力学行为。

(2)数据科学和机器学习：随着数据科学和机器学习的进步，可以期待更强大的数据分析和模式识别能力，这将帮助研究人员从大规模的生物力学数据中提取有意义的信息，并预测和优化力学行为。

(3)多模态融合：将不同的传感技术和测量方法进行融合，可以提供更全面、多维度的力学数据。例如，结合运动捕捉、压力平台和生物成像技术，可以同时获取骨骼运动、接触力和组织变形等多种信息，从而更全面地分析生物体的力学行为。

(4)基因组学和生物信息学的发展：随着基因组学和生物信息学的进步，可以更深入地了解基因与力学行为之间的关系，这将为个性化医学和运动训练提供更精准

的指导，以实现更好的健康和表现。

(5) 虚拟现实和增强现实技术：虚拟现实和增强现实技术将在生物力学研究和应用中发挥越来越重要的作用。通过虚拟现实技术，研究人员可以模拟和分析复杂的生物力学场景，提供更直观、交互式的研究环境。而增强现实技术则可以将力学信息与实际环境相结合，实时提供反馈和指导。

(6) 多尺度建模和仿真：随着计算能力的提升，可以预期更精细、更准确的多尺度生物力学建模和仿真方法的发展，这将使研究人员能够更好地理解和预测从分子水平到组织和器官水平的力学行为。

这些技术和理论进步将推动生物力学在医学、工程学、运动科学等领域的应用和发展。它们将为个性化医学、康复治疗、运动训练和人体工程学等领域提供更好的解决方案，促进人类健康和生活质量的提升。

14.3.2 对未来生物力学研究者的建议

对未来的生物力学研究者，有以下建议。

(1) 多学科合作：生物力学是一个多学科交叉的领域，涉及物理学、工程学、生物学、医学等多个领域。与其他学科的专家合作和交流将有助于拓宽研究视野，促进创新和发现。

(2) 掌握先进技术和方法：随着科学技术的不断发展，新的试验技术和计算方法不断涌现。研究者应保持学习和更新的态度，掌握最新的试验技术和计算方法，以提高研究的准确性和效率。

(3) 多样化数据采集和分析：生物力学研究需要大量的数据采集和分析。研究者应善于运用多样化的数据采集方法，如运动捕捉、压力平台、生物成像等，并灵活运用数据分析工具和技术，从中提取有意义的信息。

(4) 研究应用导向：生物力学研究的最终目的是应用于实际生活和医学工程中。因此，研究者应保持与应用领域的密切联系，了解实际需求，并将研究成果转化为实际应用，为人类健康和生活提供有益的贡献。

(5) 持续学习和探索：生物力学领域发展迅速，新的发现和理论不断涌现。研究者应保持持续学习和探索的精神，关注最新的研究动态，并积极参与学术交流和会议，与同行分享研究成果和经验。

(6) 关注伦理和安全：生物力学研究涉及人体和生物体，因此研究者应始终关注伦理和安全问题。在研究设计和实施过程中，保护被试者的权益和安全是首要考虑。

(7) 培养团队合作精神：生物力学研究往往需要团队合作，涉及多个研究人员的协作。培养团队合作精神和良好的沟通能力，能够更好地推动研究的进展和成果。

未来的生物力学研究者将面临新的挑战和机遇。通过多学科合作、掌握先进技术、关注应用需求，并持续学习和探索，他们将能够在生物力学领域取得创新性的成果，并为人类的健康和生活贡献力量。

参考文献

［1］杨卫，赵沛，王宏涛. 力学导论［M］. 北京：科学出版社，2020.
［2］洪嘉振，刘铸永，杨长俊. 理论力学［M］. 5版. 北京：高等教育出版社，2023.
［3］孙训方. 材料力学Ⅰ、Ⅱ［M］. 6版. 北京：高等教育出版社，2019.
［4］徐芝纶. 弹性力学［M］. 5版. 北京：高等教育出版社，2016.
［5］龙驭球，包世华. 结构力学结构力学基本教程+结构力学专题教程［M］. 4版. 北京：高等教育出版社，2018.
［6］刘京，刘鹤年，陈文礼，等. 流体力学［M］. 4版. 北京：中国建筑工业出版，2023.
［7］胡海岩. 振动力学［M］. 北京：科学出版社，2023.
［8］蒋文涛，王清远. 连续介质力学［M］. 北京：高等教育出版社，2023.
［9］程靳，赵树山. 断裂力学［M］. 北京：科学出版社，2022.
［10］戴福隆，沈观林，谢惠民. 试验力学［M］. 北京：清华大学出版社，2021.
［11］杨庆生. 复合材料力学［M］. 北京：科学出版社，2021.
［12］李广信，张丙印，于玉贞. 土力学［M］. 3版. 北京：清华大学出版社，2022.
［13］布伦丹·伯克特. 实用运动生物力学教程［M］. 4版. 北京：人民邮电出版社，2021.
［14］信文君. 生理学[M]. 4版. 北京：科学出版社，2022.
［15］朱伯芳. 有限单元法：基本原理及其在土木、水利、机械和航天工程中的应用[M]. 北京：清华大学出版社，2020.
［15］AVERILL M L. 仿真建模与分析[M]. 5版. 范文慧，译. 北京：清华大学出版社，2017.